大型油气田及煤层气开发国家科技重大专项成果（2016ZX05043-001）
"准噶尔、三塘湖盆地中低煤阶煤层气资源评价及选区"课题资助

# 准噶尔盆地南缘中低煤阶煤层气成藏地质及有利区评价

Coalbed Methane Accumulation of Medium-low Rank Coal and Its Favorable Zone Evaluation in the Southern Junggar Basin

杨曙光　李瑞明　汤达祯　严德天　　等编著
黄　涛　王　刚　陶　树　伏海蛟

## 图书在版编目(CIP)数据

准噶尔盆地南缘中低煤阶煤层气成藏地质及有利区评价/杨曙光等编著. —武汉:中国地质大学出版社,2020.8

ISBN 978-7-5625-4801-0

Ⅰ.①准

Ⅱ.①杨…

Ⅲ.①准噶尔盆地-煤层-地下气化煤气-油气藏形成 ②准噶尔盆地-煤层-地下气化煤气-资源评价

Ⅳ.①P618.110.6

中国版本图书馆CIP数据核字(2020)第097308号

| | | | |
|---|---|---|---|
| 准噶尔盆地南缘中低煤阶煤层气成藏地质及有利区评价 | | | 杨曙光 等编著 |
| 责任编辑:唐然坤 | 选题策划:张 旭 毕克成 段 勇 | | 责任校对:张咏梅 |
| 出版发行:中国地质大学出版社(武汉市洪山区鲁磨路388号) | | | 邮政编码:430074 |
| 电 话:(027)67883511 | 传 真:(027)67883580 | | E-mail:cbb@cug.edu.cn |
| 经 销:全国新华书店 | | | http://cugp.cug.edu.cn |
| 开本:787毫米×1092毫米 1/16 | | | 字数:468千字 印张:18.25 |
| 版次:2020年8月第1版 | | | 印次:2020年8月第1次印刷 |
| 印刷:武汉市籍缘印刷厂 | | | |
| ISBN 978-7-5625-4801-0 | | | 定价:298.00元 |

如有印装质量问题请与印刷厂联系调换

# 《准噶尔盆地南缘中低煤阶煤层气成藏地质及有利区评价》

## 编 委 会

主　　　　编：杨曙光　李瑞明　汤达祯　严德天
　　　　　　　黄　涛　王　刚　陶　树　伏海蛟

主要编撰人员：庄新国　姚艳斌　唐淑玲　蔡益栋
　　　　　　　张奥博　蒲一帆　张泰源　郑司建
　　　　　　　周三栋　张　政　李国庆　王小明
　　　　　　　王月江　张　娜　来　鹏　周梓欣
　　　　　　　崔德广　张利伟　徐翰文

# 序

煤层气作为煤炭的伴生资源,自20世纪90年代起已成为国际非常规天然气勘探开发的重要领域。在我国能源资源禀赋条件下,煤层气勘探开发不仅能够补充我国天然气的自主供给,更能够为煤炭开采提供安全保障。我国煤层气产业经历近20年的探索与实践,已先后突破高煤阶、中煤阶煤层气地质选区理论及开发工程技术系列,并以沁水盆地、鄂尔多斯盆地东缘为典范,形成了1.8万多口井、百亿方产能的煤层气产业。

国外煤层气产业总体经历了"中煤阶起步、低煤阶崛起"的过程,目前低煤阶煤层气产量占比较高,与我国形成鲜明对比,这与国内外的区域构造、资源赋存差异有关。但是,低煤阶煤层气资源在我国也极为丰富,重点分布于准噶尔、吐哈、二连、鄂尔多斯等盆地的侏罗系、白垩系及古近系煤层。针对我国煤层气产业接续发展的考量,国家"大型油气田及煤层气开发专项"将我国低煤阶煤炭资源及非常规油气资源丰富、煤层气勘探程度低的新疆地区列入"十三五"重点支持项目,以期通过地质理论与工程技术的探索创新,开启我国低煤阶煤层气大规模勘探开发的序幕。

新疆维吾尔自治区煤田地质局煤层气研究开发中心与中国地质大学(北京)、中国地质大学(武汉)联合完成的《准噶尔盆地南缘中低煤阶煤层气成藏地质及有利区评价》,为"国家十三五科技重大专项"(2016ZX05043)项目的重要成果。该著作系统阐述了国内外中低煤阶煤层气资源及分布、勘探开发历程、地质研究及工程技术进展,全面介绍了新疆煤层气资源评价、勘查、开发的最新成果,重点以新疆最具中低煤阶煤层气勘探开发潜力的准噶尔盆地南缘作为对象,对聚煤规律、构造特征、储层物性、煤层气成因、深部煤层气等方面进行深入剖析;对煤层气风化带形成因机制、煤层气富集成藏规律、中低煤阶煤层可改造性与资源可采性等关键问题进行研究攻关;针对性建立了新疆中低煤阶煤层气勘探开发有利区评价标准与方法,优选了阜康、米泉、吉木萨尔、硫磺沟等勘探有利区块及阜康四工河、阜康白杨河、乌鲁木齐河东矿区等开发"甜点",为今后准噶尔盆地南缘煤层气滚动勘探开发部署奠定了坚实的地质基础。专著内容全面,资料丰富,充分展示了新疆中低煤阶煤层气地质研究与勘探开发实践的突出成绩,成果能够为煤层气地质研究工作者所借鉴。

新疆是我国五大国家级综合能源基地之一,也是"一带一路""西气东输""西电东送"等经济走廊、能源资源陆上大通道的核心或重点地区,蕴藏着丰富的油气、煤炭资源及风能、光能等新能源。新疆是未来我国油气增储上产的"主战场",煤层气、超深油气、超稠油、油页岩等非常规油气资源的科研突破与勘探开发对多元化提升新疆油气产量、保障国家能源安全意义重大。新疆维吾尔自治区煤田地质局、科林思德新能源公司、中石油煤层气公司、中国地质调查局油气资源调查中心等单位近年来在准噶尔盆地、塔里木盆地北缘、三塘湖盆地持续开展煤层气资源调查、勘查及开发试验,准噶尔盆地南缘阜康 CS11-向 2 井直井日产气量高达 $2.8\times10^4\text{m}^3/\text{d}$,乌鲁木齐 WXS-1 井日产气量超过 $5000\text{m}^3/\text{d}$,新疆示范区块煤层气年产能达到 $1.5\times10^8\text{m}^3/\text{a}$,在低煤阶、高倾角、巨厚煤层、多煤层的地质条件下取得了煤层气勘探开发的重大突破,展示了良好的产业发展前景。相信在全国煤层气行业同仁的共同努力下,我国煤层气产业必将形成高—中—低煤阶、华北—西北—东北—西南全域覆盖,为国家保障能源供给、降低采煤安全风险及环境保护做出重大贡献!

中国科学院院士

2020 年 7 月 10 日

# 前 言

煤层气,是与煤炭伴生、高热值、清洁的非常规能源,根据《中华人民共和国矿产资源法》中的矿产资源分类细目,煤层气是一个独立矿种。

新疆维吾尔自治区地域面积约 $166×10^4 km^2$,约占全国陆上面积的 1/6,共有大、中、小型沉积盆地 34 个。各沉积盆地蕴藏着丰富的油气与煤炭资源,煤层气资源也十分丰富。

在石油危机刺激下,1975 年美国开始了煤层气地质评价与勘探开发,2008 年美国煤层气年产量达到峰值 $556.7×10^8 m^3$,北美地区的煤层气勘探开发经历了"理论探索、技术攻关、规模应用、收缩搁置"4 个阶段,近 10 年来受到"页岩气革命"的冲击,天然气勘探开发重点有所转移。澳大利亚煤层气产业异军突起,自 20 世纪初起步,2006 年至今产量持续快速增长,至 2018 年已达到 $445×10^8 m^3$,跃居全球煤层气年产量第一,技术探索与科技进步是其产量快速增长的主要推动力。煤层气开发利用所具有的能源补充、环境保护、煤矿安全综合效益显著,相关产业发展愈发受到各主要产煤国的高度重视。国外煤层气地质研究认为,渗透率中—高、含气性中—低是中低煤阶煤层气的典型特征。澳大利亚、美国和加拿大 95% 以上的煤层气产量来自中、低阶煤。澳大利亚 75% 的煤层气产量来自苏拉特盆地低阶煤,其余来自鲍温盆地中阶煤;美国煤层气 50% 产自低阶煤,如粉河、拉顿盆地等,45% 产自中阶煤,如圣胡安盆地等;加拿大的煤层气产量几乎都产自以低阶煤为主、部分为中阶煤的阿尔伯塔盆地。

中国埋深 2000m 以浅煤层气地质资源量为 $30×10^{12} m^3$,可采资源量为 $12.5×10^{12} m^3$,具有现实可开发价值有利区的可采资源量为 $4×10^{12} m^3$,其中高、中、低煤阶煤层气资源占比基本相近,主要分布在沁水盆地南部、鄂尔多斯盆地东缘、滇东黔西川南和准噶尔盆地南部。与国外煤层气产业发展经历不同,高煤阶煤层气是我国煤层气勘探开发最先突破的领域,沁水盆地是世界上唯一成功开发的高煤阶煤层气区域,其煤层气探明地质储量及产量分别占我国总储量、总产量的 68%、78%(2018 年)。与此同时,中煤阶煤层气大规模勘探开发也在鄂尔多斯盆地东缘获得成功,而低煤阶煤层气尚处于地质理论突破与小区块生产试验阶段。

新疆作为我国中低煤阶煤层气资源最丰富的区域,其 2000m 以浅的煤层气资源总量约为 $9.51×10^{12} m^3$。其中,低煤阶煤层气约占新疆煤层气总资源量的 80% 以上,占全国低煤阶煤层气总资源量的 56.50%。自 1987 年在乌鲁木齐矿区开展首个煤层气资源评价项目、2008 年施工第一口获得工业气流的煤层气生产试验井、2013 年开展首个煤层气预探项目、2014 年实施首个煤层气开发利用先导性示范工程以来,新疆中低煤阶煤层气勘查开发步伐不断加快。截至目前,已开展近 30 个煤层气勘查项目,建成 4 个煤层气开发示范区块共 $1.5×10^8 m^3/a$ 的产能规模,所产出的煤层气已供应工业园区、压缩天然气(Compressed Natural Gas,简称 CNG)加气站及民用燃气管网,中低煤阶煤层气资源勘探开发步伐已步入全国前列。

"十三五"以来,新疆中低煤阶煤层气资源地质评价与勘探开发受到国家高度重视。国家能源局制定颁布的《煤层气(煤矿瓦斯)开发利用"十三五"规划》明确提出要"新建新疆准噶尔盆地南缘煤层气产业化基地",在新疆阜康煤层气开发利用示范工程的基础上,推进艾维尔沟、呼图壁、白杨河等矿区煤层气规模化开发利用。国家科技部组织实施的"国家科技重大专项"将"新疆准噶尔、三塘湖盆地中低煤阶煤层气资源与开发技术"列入重点支持科研项目(2016ZX05043),以支持新疆中低煤阶煤层气地质理论和适用技术的突破。本专著为"准噶尔、三塘湖盆地中低煤阶煤层气资源评价及选区(2016ZX05043-001)"课题的部分研究成果,由新疆维吾尔自治区煤田地质局煤层气研究开发中心牵头,联合中国地质大学(北京)、中国地质大学(武汉)、中国煤炭地质总局地球物理勘探研究院共同科研攻关完成,获得的主要成果如下。

(一)系统深入刻画了准噶尔盆地南缘地质构造演化、沉积聚煤作用、水动力学环境等煤层气地质配置,揭示了推覆构造作用机制下大倾角煤储层的发育特征及成因,厘定了含煤层气系统的构成及沉积控制作用,基于水文地质单元构建了煤层气区域水动力场分布模型

(1)燕山、喜马拉雅运动造成准噶尔盆地受南、北、西相邻板块挤压背景,在强烈挤压应力下,盆缘山体隆升并向盆内推覆,产生边缘坳陷,为盆地充填提供了物源及堆积空间,盆地南缘多期次的逆冲推覆构造使得区内高陡煤层普遍发育,形成大倾角煤层赋存特征。准噶尔盆地南缘主要表现为发生在山前地带的基底卷入式逆冲作用,天山隆起向北推覆,使煤系地层形成北西向的线性构造断褶带和北东东—南东东向的线性构造断褶带。

(2)八道湾组沉积期,准噶尔盆地南缘的物源主要来自北天山。天山削高填低形成的物源开始在准噶尔盆地南缘地区形成粗粒的辫状河三角洲沉积,广泛分布于中部和西部地区;东部地区受物源影响相对较小,主要以细粒三角洲与湖泊相沉积为主。聚煤中心主要分布于准噶尔盆地南缘东部地区,巨厚煤层主要在湖侵体系域发育。八道湾组到三工河组沉积时期,准噶尔盆地南缘物源逐渐由北天山向中天山迁移,到三工河组沉积期湖盆范围达到最大。至西山窑组沉积时期,准噶尔盆地南缘的物源区由中天山相对北移,湖盆开始收缩,东部博格达山开始提供次要物源,表现为在该区粗粒辫状河三角洲沉积复活。在准噶尔盆地南缘主要发育东部米泉、中部硫磺沟以及西部玛纳斯3个聚煤中心,多、薄煤层主要在高位体系域发育。

(3)煤系内部辫状河砂坝、天然堤、决口扇、三角洲分流河道、滨浅湖滩坝等主要骨架砂岩构成潜在疏导性岩层,河间洼地、分流间湾、滨浅湖泥质沉积可视为含煤层气系统的岩性边界。多煤层叠置统一含煤层气系统多发育在三角洲平原环境,内部主要为中砂岩、细砂岩和粉砂岩,煤层间连通性较好,主要发育在玛纳斯—三屯河地区;多煤层叠置独立含煤层气系统中煤层(组)多直接与厚层泥岩相邻,多形成于滨浅湖环境,主要发育在三屯河以东地区;多煤层叠置混合含煤层气系统顶底岩性边界不稳定,既存在渗透性砂岩,又存在致密性泥岩、泥质粉砂岩,在齐古、呼图壁等辫状河道-河间洼地、分流河道-分流间湾岩石急速相变地区局部发育。

(4)依照水头高度、TDS值以及常规离子浓度的差异性变化,准噶尔盆地南缘地区划分为

乌苏、玛纳斯-呼图壁、硫磺沟、米泉、阜康、吉木萨尔以及后峡7个水文地质单元，且归纳出3种煤层气水动力场模型：①开放性弱径流区（有活跃水流的开放性水体），地下水TDS值远低于3000mg/L，水化学类型主要由$HCO_3 \cdot SO_4 - Na$和$SO_4 \cdot HCO_3 - Na$组成，分布于玛纳斯-呼图壁、吉木萨尔与后峡单元；②开放性局部滞留区（局部滞流的开放性水体），TDS值变化范围较大（1000~15 000mg/L），水化学类型主要为$HCO_3 \cdot SO_4 - Na$、$SO_4 \cdot HCO_3 - Na$和$Cl \cdot SO_4 - Na$，局部向斜构造有利于形成具有高TDS值的停滞水体环境，分布于乌苏、硫磺沟和阜康单元；③封闭性停滞区（具有停滞水流的封闭水体），TDS值变化范围为3000~45 000mg/L，水化学类型主要由$Cl \cdot SO_4 - Na$和$Cl \cdot HCO_3 \cdot SO_4 - Na$组成，分布于米泉单元。随水动力强度增强，水文地球化学特征表现为$HCO_3^-$浓度的增加、$Cl^-$浓度与TDS值的降低。受控于地形与水势高差，准噶尔盆地南缘地下水呈现由南向北运移的总趋势，并在向斜等局部构造位置形成停滞的水体环境。此外，乌鲁木齐-米泉走滑大断裂对汇水区分割作用亦很显著。

（二）精细描述了准噶尔盆地南缘煤储层多尺度孔裂隙系统结构，揭示了三元孔裂隙中煤层气赋存、解吸、扩散与渗流特征；结合测井地应力与煤体结构反演等技术手段，提取煤储层可改造性关键地质要素，建立了煤储层可改造性评价指标体系；查明了含气量与含气饱和度变化规律及主控地质因素

（1）采用多尺度（纳米-微米-亚微米级）孔裂隙系统及矿物相的高新定量分析技术（如FIB-SEM、X-CT、NMR等），刻画了煤储层多尺度孔裂隙系统结构，建立PNE模拟和连通成分分析方法，构建了全尺度孔裂隙的三维结构模式，揭示了准噶尔盆地南缘煤储层存在显著的跨尺度非均质分布特征，裂隙或中大孔隙的连通性是决定煤层气储层渗流能力的关键。

（2）通过三轴应力-轴向加载煤芯渗透率与声发射监测及CT模拟的耦合实验，构建了裂隙渗透率的有效应力与裂隙孔隙度耦合模型和准噶尔盆地南缘低煤阶煤的多孔扩散模型，发现了低阶煤的解吸-扩散存在明显的多期性特征及三元孔裂隙中煤层气的渗流、扩散与解吸串联传质规律。

（3）基于煤岩和砂泥岩的应力应变特征，结合测井资料，建立了煤层及顶底板地应力预测模型。以河东矿区为代表，反映出埋藏1000m以浅，侧压系数$\lambda$分布范围较广，应力状态表现为$\sigma H > \sigma v > \sigma h$，地层受到水平方向的挤压作用，地应力基本表现为大地动力场型；在1000m以深，侧压系数$\lambda$变小，主应力表现为$\sigma v > \sigma H > \sigma h$，地层以垂直主应力为主，地应力表现为大地静力场型。基于宏观煤体结构识别和测井曲线响应特征，提出了煤体结构指示因子$D$用于煤体结果预测方法，当$D<0.8$时为原生结构煤，$0.8 \leq D \leq 1.2$时为碎裂结构煤，$D>1.2$时为碎粒及糜棱结构煤。综合分析了影响准噶尔盆地南缘河东矿区煤储层可改造性的关键地质要素，基于层次分析与模糊综合评判法对河东矿区煤储层可改造性进行了综合评价，七道湾背斜轴部和八道湾向斜南翼西部煤层较厚、渗透率高，是煤储层压裂有利区，向斜轴部煤体结构破碎，是煤储层压裂不利区。

（4）准噶尔盆地南缘煤层含气量表现为由东到西逐渐减小的趋势。垂向上，含气量随埋深变化存在临界埋藏深度。在临界深度以浅，压力正效应起主导作用，含气量随埋深增加逐

渐增大；在临界深度以深，转变为温度负效应起主导作用，含气量随埋深增加逐渐减小。研究区含气量临界深度为800～900m，在更深的地层中，由于游离气的出现，含气量可再次增大。含气性主要受煤层厚度、煤化程度、构造特征、水文地质条件和煤物质组成的综合影响。

(三)建立了综合考虑温压场和煤级的深部煤储层含气量预测模型，进而对深部煤储层含气性变化规律进行了预测；基于深部煤储层渗透率、含气量、含气饱和度、储层压力、临界解吸压力及临储比等可采性参数，综合评价了研究区深部煤层气的可采性；结合对深部低煤阶煤层气井产能特征的剖析，揭示了深部煤层气井产能主控因素

(1)准噶尔盆地南缘随煤层埋深增加，地应力场、储层压力场和储层温度场均存在临界深度。地应力场在埋深1000m时发生转化，此深度以浅为以水平应力为主的挤压状态，以深为以垂直应力为主的压缩状态；高倾角地层降低了上覆岩层的压实作用，使得煤层各向异性更加明显，其所受地应力小于同一深度处水平煤层。储层压力和温度随埋深增大呈线性增加的趋势，以800m作为转换深度，埋深大于800m后，煤储层多为常压—异常高压状态，地温梯度趋于稳定；储层温、压场发育受埋深区域性变化、构造剥蚀作用区域性差异及褶皱和断裂活动控制。

(2)在60℃以下中低阶煤吸附量随温度变化影响较小，吸附量主要受压力正效应控制，对于更深煤层，温度负效应对气体吸附起到主导作用，导致煤岩吸附量大幅下降，而压力影响相对减弱。埋深对煤储层渗透率的影响体现在地应力、压力和温度的综合作用，导致深部煤储层具有极低的渗透率，随埋深的增加，渗透率存在明显的垂直分异现象，在埋深范围大于1000m时，渗透率普遍低于$0.1\times10^{-3}\mu m^2$。中低阶煤的甲烷扩散系数随着温度、压力、水分和镜质体(腐殖体)反射率的增高均呈增大的趋势，深部地层高温、高压的条件有利于甲烷在煤储层中的扩散。

(3)根据深部煤层含气量预测结果，吸附气含量随埋深增加呈先增大后降低的趋势，在准噶尔盆地南缘吸附气量"临界深度"约为1300m，超过临界范围以深，地层温度所引起的负效应大于地层压力所引起的正效应。游离气含量随埋深变化趋势呈现出在1300m以浅迅速增大，1300～2500m增长幅度变缓，而后缓慢降低的趋势。不同地区地温梯度、压力梯度及煤化作用程度的差异，将导致其具有不同的临界深度。

(4)深部中低阶煤层气可采性相比于浅部煤层气较差，但深部煤储层中游离气含量的增加提高了深部煤层气井的前期排采产能，降低了深部煤层气的开发难度，进而提高了深部煤层气的可采性。

(四)以中低煤阶煤层气成因、赋存与富集成藏规律研究为主线，通过煤层气地球化学显现特征，揭示了煤层气的气体组分差异性分布规律、甲烷与二氧化碳成因以及生物成因气的形成途径；系统阐明了煤层气富集成藏的聚煤作用基础和构造应力场、水动力场、水化学场等的控制作用与地质效应，建立了煤层气富集成藏模式并反演了富集成藏过程

(1)准噶尔盆地南缘煤层气的气体组分与区域水动力场差异性变化密切相关，即高浓度$CO_2$主要赋存于高TDS地区，而高浓度$N_2$却与活跃的水体环境密切相关。西山窑组煤层气

在米泉地区中表现出明显的原生生物气特征(以 $CO_2$ 还原为主),八道湾组煤层气在阜康地区表现出次生生物成因气特征,玛纳斯—呼图壁地区西山窑组煤层气在浅层与深层分别表现出原生生物成因气(以 $CO_2$ 还原为主)和热成因气特征,八道湾组煤层气在后峡地区则表现为明显的原生生物气特征。水动力滞留区煤层气藏中赋存的 $CO_2$ 具有异常高正值的 $\delta^{13}C$,与相对封闭的储层系统中 $CO_2$ 向 $CH_4$ 的较高转化效率有关。

(2)厚煤层有利于煤层气形成自身封闭作用,对于煤层气富集保存有利。沉积相带对煤储层含气性有一定的控制作用,辫状河三角洲朵体间广泛发育的泛滥平原沉积有利于煤层气富集保存,辫状河三角洲内部沼泽环境形成的煤层含气性则较差。逆断层应力体制在准噶尔盆地南缘浅部占主导地位,表明浅部孔裂隙系统处于挤压封闭状态,此类"浅部挤压、深部伸展"的应力体制有利于煤层气富集成藏。向斜构造发育的西山窑组煤层与背斜构造发育的八道湾组煤层构造应力集中,有利于煤层气富集保存。向斜构造煤层气富集成藏条件优于单斜构造,逆断层相比于正断层更有利于煤层气富集保存。煤层含气性与水文地质条件具有明显相关性,即水动力场越停滞,煤储层含气性条件越好;在开放的水体环境下,向斜构造易于形成水动力滞留区,有利于煤层气富集保存。

(3)结合煤层气与煤层气井产出水的地球化学特征,在准噶尔盆地南缘总结归纳出3类煤层气富集成藏模式:水动力滞留区封存性原生生物气成藏模式、水动力滞留区微生物改造热成因气成藏模式、水动力活跃区浅层生物气补给和深部热成因气逸散成藏模式。早期的煤化作用程度与晚期的水文地质条件共同制约了准南地区煤层气成因、气体组分变化及煤层气赋存特征。

(五)针对制约新疆中低煤阶煤层气资源量估算的关键问题,研究提出了煤层气风化带的界定与形成机制、深度合理划定的原则及方法;建立准噶尔盆地南缘煤层气资源评价的单元划分、方法确定及参数取值方法,计算准噶尔盆地南缘区域煤层气资源潜力;建立了基于煤层气富集成藏条件的勘探阶段煤层气选区评价方法和基于煤层含气性、开发关键参数、可改造性指标和排采关键参数的"甜点"优选评价方法,对准噶尔盆地南缘煤层气有利区、"甜点"(区域、层域)进行了分级评价优选

(1)煤层气风化带的形成受地下水动力条件、构造抬升、盖层性质、构造性质及生物地球化学作用控制,表现为地层流体与地表/大气流体的渗透稀释现象,发现准噶尔盆地南缘煤层中高浓度 $CO_2$ 为低阶煤化作用阶段原生生物和初期热降解成因,受到水溶逸散和次生微生物二氧化碳还原作用消耗改造,据此提出" $CH_4$ 含量大于等于 $1m^3/t$ 且 $N_2$ 浓度小于等于20%"的煤层气风化带底界合理划定方法。

(2)煤层气资源量估算采用体积法,首先进行平面及垂向单元的划分,平面上依据构造单元、煤田面积、行政区划及勘查程度等条件将准噶尔盆地南缘的准南、后峡、达坂城煤田划分为11个评价单元,垂向上以埋深为依据划分煤层气风化带至1000m、1000~1500m、1500~2000m三个深度段;体积法估算得到准噶尔盆地南缘2000m以浅的煤层气资源量为 $6613.56\times10^8 m^3$。

(3)以定义煤层气勘探潜力 $U_i$ 为最终目标,选取煤层气资源条件、煤储层地质条件以及

煤层气保存条件为二级评价指标,优选煤层含气量、煤层总厚度、甲烷浓度、煤层气风化带、储层渗透率、兰氏体积、储层压力梯度、含气饱和度、煤体结构、构造条件、水文地质条件、顶底板保存条件为三级评价指标,建立准噶尔盆地南缘勘探阶段煤层气选区评价数学模型。此外,按 $U_i$ 值的大小将其划分为 4 类,即 $U_i<0.60$ 为较差,$0.60 \leqslant U_i \leqslant 0.70$ 为中等,$U_i>0.70$ 为好。基于此,优选出阜康、米泉、吉木萨尔、硫磺沟 4 个区块为准噶尔盆地南缘煤层气勘探的首选目标。

(4)平面"甜点"区($U_2>0.70$)为乌鲁木齐矿区、四工河矿区和白杨河矿区;垂向"甜点"段($U_3>0.75$)为四工河 A2、A5 号煤层,白杨河 39、41、42 号煤层,均具有高产、稳产的开发潜力。结合生产资料,揭示了高产区煤层气井多因素耦合控产机理,并对煤层气开发工程"甜点"段和优势产层组合优选结果进行了产能验证。

在课题研究、成果总结和著书过程中,得到了国家科学技术部、新疆维吾尔自治区发展和改革委员会、"大型油气田及煤层气开发"重大专项管理办公室和业内众多专家、领导的支持与指导,同时新疆维吾尔自治区煤田地质局及所属一五六队、一六一队、综合队和新疆科林思德能源公司热情全力提供了煤层气勘探开发最新成果资料,煤层气国家工程中心、中国石油勘探开发科学研究院等单位在技术探索、实验测试方面提供了大力支持,藉此表示衷心的感谢。

新疆中低煤阶煤层气资源丰富,特色显著,煤层气产业发展正处于关键起步阶段,着力将资源优势转化为经济社会发展的动力是历史赋予的崇高使命。寄期望于通过本成果的及时推介,博采众长,广纳良策,共同推进煤层气理论研究和技术进步。书中难免有疏漏和不妥之处,恳请专家和广大煤层气地质工作者给予批评指正。

# 目 录

## 第一章 煤层气资源与勘探开发进展 (1)

### 第一节 中低煤阶煤层气资源 (1)
一、中低煤阶煤层气资源分布 (1)
二、新疆煤层气基本地质特征 (3)
三、新疆煤层气资源分布 (6)

### 第二节 中低煤阶煤层气勘探开发及研究现状 (9)
一、煤层气勘探开发历史回顾 (9)
二、中低煤阶煤层气勘探开发现状 (11)
三、煤层气开发工程技术现状 (15)
四、中低煤阶煤层气地质研究 (20)

### 第三节 新疆中低煤阶煤层气勘探开发进展 (24)
一、新疆煤层气资源评价 (24)
二、新疆煤层气勘查程度 (26)
三、新疆煤层气开发现状 (30)

## 第二章 准噶尔盆地南缘煤层气地质背景 (33)

### 第一节 构造演化与大倾角煤层的形成 (33)
一、盆地地理及准噶尔盆地南缘区域概况 (33)
二、现今构造格局与大倾角煤层成因 (34)

### 第二节 煤系沉积环境与聚煤规律 (36)
一、煤系沉积环境 (36)
二、煤层发育特征 (47)
三、聚煤作用主控因素 (54)
四、聚煤模式 (58)

### 第三节 煤层气聚集保存的水动力条件 (60)
一、含水层划分 (60)
二、水文地质单元与水文地质类型 (60)
三、煤系地层水运移路径 (66)

### 第四节 多层叠置含煤层气系统的构成 (67)
一、含煤层气系统识别划分 (67)
二、含煤层气系统的构成 (72)

## 第三章 煤层气储层及其含气性 (80)

### 第一节 煤储层物性精细表征 (80)
一、煤储层纳米尺度孔隙特征 (80)
二、煤储层微米尺度孔隙特征 (97)
三、煤中矿物微观特征 (98)

### 第二节 煤岩裂缝发育机制 (102)
一、准噶尔盆地南缘煤中内生微裂隙 (102)
二、准噶尔盆地南缘煤中外生微裂隙 (103)

### 第三节 三元孔裂隙中渗流、扩散与解吸特征 (105)
一、裂隙渗流作用 (105)
二、孔隙气体扩散特征 (109)
三、煤岩解吸特征 (115)

### 第四节 煤储层可改造性 (119)
一、储层可改造性影响因素 (119)
二、储层可改造性综合评价 (131)

### 第五节 煤储层含气性 (135)
一、实测含气量 (136)
二、含气性主控因素 (140)

## 第四章 深部煤层气地质特征与资源潜力 (144)

### 第一节 深部煤储层地质环境 (144)
一、地应力场 (144)
二、储层压力场 (149)
三、地温场 (153)
四、"三场"耦合作用 (156)

### 第二节 深部煤层含气性预测 (156)
一、煤储层吸附性温压作用机制 (156)
二、吸附气预测模型 (160)
三、游离气预测模型 (161)
四、深部煤层含气量预测 (161)

### 第三节 深部煤层气扩散、渗流作用机制 (162)
一、煤层气扩散温压作用 (162)
二、煤层气渗流温压作用 (165)

### 第四节 深部煤层气可采性分析 (170)
一、深部煤层气可采性参数评价 (170)
二、深部低煤阶煤层气井产能特征 (176)
三、深部含煤层气系统勘探思路 (188)

## 第五章　煤层气成因与赋存机制 ······ (190)

### 第一节　煤层气碳-氢同位素分布规律与成因分析 ······ (190)
一、煤层气气体组分差异性变化规律 ······ (190)
二、甲烷成因与生物成因气的形成途径 ······ (190)
三、二氧化碳成因及其分布规律 ······ (197)

### 第二节　煤层气成藏主控因素 ······ (199)
一、构造控气作用 ······ (199)
二、沉积控气作用 ······ (203)
三、水文控气作用 ······ (206)

### 第三节　煤层气富集成藏模式 ······ (209)
一、水动力滞留区封存性原生生物气成藏模式 ······ (209)
二、水动力停滞区微生物改造热成因气成藏模式 ······ (212)
三、水动力活跃区浅部生物气补给-深部热成因气逸散成藏模式 ······ (214)

## 第六章　煤层气资源评价 ······ (216)

### 第一节　煤层气资源评价方法 ······ (216)
一、评价单元划分 ······ (216)
二、评价方法 ······ (216)
三、资源量评价参数取值 ······ (217)

### 第二节　煤层气风化带深度确定的原则及方法 ······ (219)
一、煤层气风化带定义与形成机制 ······ (219)
二、煤层气风化带划定方法 ······ (220)
三、煤层气风化带划定结果 ······ (222)

### 第三节　煤层气资源量评价 ······ (222)
一、煤层气资源量评价结果 ······ (222)
二、煤层气可采资源量评价结果 ······ (222)

## 第七章　煤层气勘探有利区评价 ······ (226)

### 第一节　煤层气勘探有利区主控因素 ······ (226)

### 第二节　煤层气勘探有利区评价方法 ······ (226)
一、层次分析法 ······ (227)
二、模糊数学评价法 ······ (230)

### 第三节　煤层气勘探有利区优选 ······ (232)
一、参数优选及其权重确定 ······ (232)
二、参数隶属度函数确定 ······ (233)
三、数学评价模型建立 ······ (236)
四、煤层气勘探有利区优选 ······ (236)

# 第八章　煤层气开发"甜点"评价 …………………………………………………… （240）

## 第一节　煤层气开发"甜点"评价指标优选 …………………………………… （240）
一、平面"甜点"区评价指标 ……………………………………………… （240）
二、垂向"甜点"段评价指标 ……………………………………………… （241）

## 第二节　煤层气开发"甜点"评价方法 ………………………………………… （243）
一、模糊数学层次分析法 …………………………………………………… （243）
二、模糊聚类分析 …………………………………………………………… （243）

## 第三节　煤层气开发"甜点"优选 ……………………………………………… （244）
一、评价模型与标准 ………………………………………………………… （244）
二、煤层气"甜点"优选 …………………………………………………… （248）
三、示范区开发地质与产能验证 …………………………………………… （255）

# 主要参考文献 ………………………………………………………………………… （261）

# 第一章 煤层气资源与勘探开发进展

## 第一节 中低煤阶煤层气资源

### 一、中低煤阶煤层气资源分布

全球约有 80 个国家与地区拥有煤炭资源，中亚地区—俄罗斯、美国—加拿大以及中国的煤炭资源最丰富，合计占全球煤炭资源总量的 84% 以上。富煤地区多为煤层气资源聚集地区，据国际能源机构（International Energy Agency，简称 IEA）估计，全球 74 个含煤国家的煤层气资源总量达 $263.80 \times 10^{12} m^3$，以俄罗斯、加拿大、中国、美国、澳大利亚为主。美国煤层气资源量约为 $19 \times 10^{12} m^3$，可采资源量达 $3.1 \times 10^{12} m^3$，主要分布于美国西部落基山脉的粉河、风河、尤因塔、圣胡安等中生代—新生代低煤阶含煤盆地，其次为东部阿巴拉契亚盆地与中部石炭纪含煤盆地。澳大利亚煤层气资源量约为 $14 \times 10^{12} m^3$，主要分布于苏拉特、鲍文、悉尼等盆地二叠系、侏罗系煤层（图 1-1-1）。中国埋深 2000m 以浅煤层气的地质资源量为 $30 \times 10^{12} m^3$，可采资源量为 $12.5 \times 10^{12} m^3$，具有现实可开发价值的有利区可采资源量为 $4 \times 10^{12} m^3$，其中高、中、低煤阶煤层气资源占比基本相近。

目前，全球已有 35 个国家不同程度地开展了煤层气勘探与开发，以美国、澳大利亚、加拿大、中国最为成功，形成了较为成熟的、规模化的煤层气产业。2018 年，国外煤层气产量约为 $785 \times 10^8 m^3$，其中低煤阶（包括褐煤、长焰煤及部分气煤，煤的镜质体反射率 $R_o$ 小于 0.70%）煤层气占比接近 80%，主要产自澳大利亚苏拉特盆地和鲍恩盆地、美国粉河盆地、加拿大阿尔伯塔盆地的白垩系—古近系煤层，其余为产自美国圣胡安盆地白垩系、黑勇士盆地石炭系煤层的中煤阶煤层气。相比之下，中国与国外形成明显差别，2018 年地面开发煤层气产量约为 $53.4 \times 10^8 m^3$，其中沁水盆地石炭系—二叠系高煤阶煤层气占比超过 80%（徐凤银等，2019）。

中国中低煤阶煤层气资源极为丰富，资源量达 $24 \times 10^{12} m^3$，约占总量的 78.78%，且低煤阶煤层气资源赋存量最大，约占总量的 40%（图 1-1-2）（桑逢云，2015；张群和降文萍，2016）。中低煤阶煤层气主要分布于西北、东北地区的鄂尔多斯、准噶尔、吐哈、三塘湖、柴达木、海拉尔、二连、阜新等盆地，主要赋存于中生界侏罗系、白垩系及古近系，具有煤层发育、煤层数多、煤层厚度大、含气量低、煤层欠压等特点。侏罗系低阶煤主要分布于我国西北部的 80 余个不同规模的内陆坳陷盆地，而白垩系低阶煤主要分布于东北地区大兴安岭以西的 40 余个中生代—新生代断陷盆地。截至目前，鄂尔多斯盆地东缘的保德、韩城等区块已成为全国最具规模的中煤阶煤层气开发区域；辽宁阜新盆地低煤阶煤层气商业开发最早实现；陕西鄂尔多斯盆地西南缘彬长区块低煤阶煤层气开发也较为成功,但整体规模均偏小。随着新疆准噶尔盆地阜康、乌鲁木齐河东,内蒙古二连盆地吉尔嘎朗图、霍林河等区块低煤阶煤层气获得工业气流和小规模开发产能,低煤阶煤层气已成为我国煤层气勘探开发的重要战略接替领域。

图1-1-1 美国、澳大利亚煤炭热演化程度与煤层气资源分布示意图

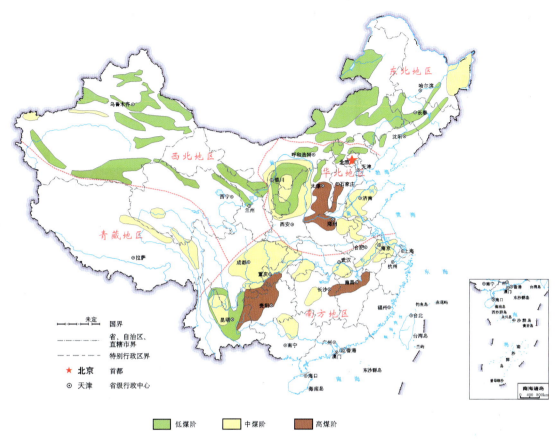

图 1-1-2 中国不同煤阶的煤层气资源量分布图(据李登华,2018改)

与国外白垩系—新近系的中低煤阶煤层气开发层系不同,我国煤层气主要产自上石炭统—下二叠统、上二叠统的高煤阶和中下侏罗统的中低煤阶,因主要成煤期后经历了多期构造运动,改造作用较为强烈,储层非均质性强。与国外煤层气开发条件相比,我国煤层气资源总体具有"三低"(低渗透率、低储层压力、低饱和度)的基本特征,即渗透性小于 $1\times10^{-3}\mu m^2$,储层压力梯度普遍小于 $0.9MPa/100m$,饱和度主要介于 45%~90%之间,导致勘探开发难度大。自 20 世纪 90 年代中期以来,在沁水盆地高煤阶煤层气的勘探实践中,获得了具有中国特点的高煤阶煤层气吸附特征、赋存条件和成藏模式,构造演化和水动力控藏作用,高丰度富集区形成机理等创新性成果,构建了高煤阶煤层气地质理论体系。

## 二、新疆煤层气基本地质特征

既有异于国内中高煤阶,又区别于国外中低煤阶煤层气赋存与开发条件,新疆地区煤层气具有特殊的地质特征。

**1. 煤层层数多,厚度大**

准噶尔盆地南缘的阜康—玛纳斯地区、准东地区、吐哈盆地的大南湖、沙尔湖地区、三塘湖盆地等赋煤区,含煤层数达到 4~56 层,煤层总厚度可达 170~220m,煤层发育远胜于沁水盆地、鄂尔多斯盆地(太原组含煤3～10层,厚度1～18m;山西组含煤1～6层,厚度2～8m)(图1-1-3),与澳大利亚苏拉特盆地(20～30m)、美国粉河盆地(30～118m)较为接近。煤系地层可形成多煤层组合、物性以及烃浓度封闭的多套含气系统。

图1-1-3 准东煤田五彩湾区块西山窑组$B_m$巨厚煤层

**2. 构造复杂,煤层倾角大**

煤层气赋存条件较好的准南煤田、库车-拜城煤田等,位于天山两侧盆地边缘的山前推覆构造带。褶皱及断裂构造复杂,煤层构造倾角较大,多为45°～80°,局部甚至直立,远高于沁水盆地的煤层倾角(10°～20°)(图1-1-4)。煤层构造简单、地层平缓地区多处于盆地中部,例如准东煤田、三塘湖-淖毛湖煤田、沙尔湖煤田等。

**3. 中低煤阶且渗透性较低**

新疆地区中下侏罗统煤层以低灰、低硫以及低变质的长焰煤、弱黏结煤及少量气煤为主。煤层气勘探资料显示,新疆地区低煤阶煤层由于挤压地应力环境以及煤体自身割理裂隙发育差,渗透率较低,多小于$1\times10^{-3}\mu m^2$;而分布于构造强烈的山间谷地或背斜/向斜的中、高阶煤层,构造裂隙较发育,渗透率较高,局部达$1.45\sim13.51\times10^{-3}\mu m^2$,但相较美国粉河盆地、澳大利亚苏拉特盆地、加拿大阿尔伯塔盆地的低阶煤层渗透率($10\times10^{-3}\sim1600\times10^{-3}\mu m^2$)仍严重偏低。

**4. 煤层气风化带深度大,含气饱和度低**

由于新疆气候干旱、煤层易自燃、构造倾角大、第四系覆盖层厚度大等因素影响,新疆煤

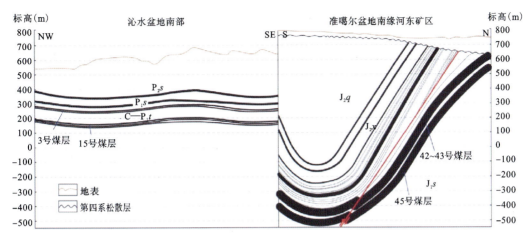

图 1-1-4　沁水盆地与准噶尔盆地南缘煤层特征对比图

层气气风化带深度普遍大于 400m,最大深度达到 900m。由于温带大陆性气候导致的降水量少,气候干旱,以及大地构造活动导致的煤层倾角大、露头多,新疆成为世界上煤层自燃最严重的地区,形成分布广泛、裂隙发育、最大深度可到 400m 的煤层露头火烧区。烧变岩及厚度较大的第四系松散砂砾层直接导致煤层气逸散严重、风化带深度大。白垩纪时期,地层抬升使侏罗系煤层的深成热变质作用终止,压力降低使煤层脱气,煤层吸附气由饱和变为不饱和,含气饱和度降低。

**5. 煤储层普遍欠压**

由于新疆属于温带大陆性干旱气候,存在降水量少、蒸发量大、地下水补给有限及侏罗系地层致密等因素,导致大部分煤田的潜水位低、富水性差,储层压力普遍呈欠压状态。

**6. 地温梯度低,临界深度大**

相比松辽盆地(3.8℃/100m)、沁水盆地(2.82℃/100m)、鄂尔多斯盆地(2.89℃/100m),新疆各大盆地均属于"低温冷盆"。以准噶尔盆地为例,平均地温梯度约为 2.25℃/100m,尤其在 2000m 以浅侏罗系含煤地层主要分布区,即在煤层气重点勘探开发的盆地边缘山前地带地温梯度仅为 1.5℃/100m 左右。根据准噶尔盆地南缘少量钻遇煤层深度超过 1200m 甚至达到 1800m 的煤层气井数据,准噶尔盆地南缘煤层含气量温压耦合转换的临界深度大于沁水盆地、鄂尔多斯盆地东缘等区域,显示深部煤层气仍具有较好的开发潜力。

**7. 煤层含气量以及资源丰度差异大**

准噶尔盆地南缘的煤层含气量为 $3\sim12m^3/t$,略高于同属低煤阶的美国尤因塔盆地($5\sim9m^3/t$)、粉河盆地($0.78\sim3.1m^3/t$)及澳大利亚苏拉特盆地($2.5\sim8m^3/t$);而吐哈盆地、准东地区的煤层含气量多小于 $2m^3/t$。准噶尔盆地南缘阜康区块、乌鲁木齐区块单个主力煤层的煤层气资源丰度达到 $2.3\times10^8\sim2.7\times10^8m^3/km^2$,高于沁水盆地南部($2.0\times10^8m^3/km^2$)、鄂尔多斯盆地韩城区块($1.9\times10^8m^3/km^2$);而新疆其他地区的煤层气资源丰度多小于 $1\times10^8m^3/km^2$。

## 三、新疆煤层气资源分布

据估算,新疆地区2000m以浅的煤炭资源量为$1.90\times10^{12}$t,占全国的34.40%,位居全国第一;2000m以浅煤层气资源量为$9.51\times10^{12}\text{m}^3$,占全国的26%。同时,新疆作为我国低煤阶煤层气最发育地区,低煤阶煤层气资源约占新疆总资源量的80%以上,占全国低煤阶煤层气资源的56.50%。

因煤层气属于煤炭的伴生矿产,煤层气资源基本随煤层而分布,因此基本认为煤田展布即为煤层气田分布。根据板块构造格局,新疆分布有准噶尔盆地、吐哈盆地、天山系列盆地、塔里木盆地及巴里坤-三塘湖盆地5个含气盆地(群),沉积盆地面积广、中生界侏罗系煤及煤层气资源丰富,分布着不同大小的煤层气赋存区,共计36处(表1-1-1)。

表1-1-1 新疆煤层气资源赋存区分布情况表

| 盆地(群) | 煤层气赋存区 |
| --- | --- |
| 准噶尔盆地 | 准南、后峡、托里-和什托洛盖、克拉玛依、和布克赛尔-福海、达坂城、卡姆斯特、准东8个赋存区 |
| 吐哈盆地 | 艾维尔沟、托克逊、吐鲁番、鄯善、沙尔湖、哈密、大南湖-梧桐窝子7个赋存区 |
| 天山系列盆地 | 伊宁、尼勒克、新源-巩留、昭苏-特克斯、巩乃斯、巴音布鲁克、焉耆、库米什8个赋存区 |
| 塔里木盆地 | 温宿、库车-拜城、阳霞、罗布泊、乌恰、阿克陶、莎车-叶城、布雅、白干湖9个赋存区 |
| 巴里坤-三塘湖盆地 | 巴里坤、三塘湖、淖毛湖、青河4个赋存区 |

区域上,新疆地区煤层气资源主要在北疆(准噶尔盆地、三塘湖盆地)、东疆(吐哈盆地)聚集,易形成特大型、大型煤层气赋存区,而位于南疆地区的中国最大沉积盆地——塔里木盆地,仅在盆缘发育中小型煤层气赋存区(表1-1-2,图1-1-5)。层位上,新疆地区聚煤层位主要为中、下侏罗统,由于深成热变质作用有限,绝大部分属于低煤阶煤层气。

表1-1-2 新疆煤层气赋存区资源概况表

| 盆地(群) | 序号 | 煤田名称 | 煤系地层 | 煤层含气量 ($\text{m}^3/\text{t}$) | 预测资源量 ($\times10^8\text{m}^3$) | 赋存区规模 |
| --- | --- | --- | --- | --- | --- | --- |
| 准噶尔盆地 | 1 | 准南 | $J_1b, J_2x$ | 2.54~16.31 | 4 245.46 | 特大型 |
| | 2 | 准东 | $J_2x, J_1b$ | 4.05~10 | 19 482.22 | 特大型 |
| | 3 | 后峡 | $J_2x, J_1b$ | 1.03~4.90 | 1 388.99 | 大型 |
| | 4 | 托里-和什托洛盖 | $J_2x, J_1b$ | 0.67~5.14 | 5 432.4 | 特大型 |
| | 5 | 卡姆斯特 | $J_2x, J_1b$ | 4.05~10 | 3 965.6 | 特大型 |
| | 6 | 和布克赛尔-福海 | $J_2x$ | 7.35~10 | 3 042.61 | 特大型 |
| | 7 | 克拉玛依 | $J_2x, J_1b$ | 4.05~10 | 3 144.9 | 特大型 |
| | 8 | 达坂城 | $J_2x$ | 5.53~10.22 | 979.11 | 大型 |

续表 1-1-2

| 盆地（群） | 序号 | 煤田名称 | 煤系地层 | 煤层含气量（m³/t） | 预测资源量（×10⁸ m³） | 赋存区规模 |
|---|---|---|---|---|---|---|
| 塔里木盆地 | 9 | 库车-拜城 | $J_1t$、$J_1y$、$J_2k$ | 1.76~21.79 | 1 714.23 | 大型 |
| | 10 | 温宿 | $J_1t$、$J_1y$、$J_2k$ | 8.69~15.47 | 126.02 | 中型 |
| | 11 | 阳霞 | $J_2k$、$J_1y$、$J_1t$ | 6~16.56 | 1 004.36 | 大型 |
| | 12 | 乌恰 | $J_1k$ | 6~10 | 5.23 | 小型 |
| | 13 | 阿克陶 | $J_1k$ | 6~10 | 14.97 | 小型 |
| | 14 | 莎车-叶城 | $J_1k$、$J_2y$ | 6~10 | 28.87 | 小型 |
| | 15 | 布雅 | $J_1k$ | 6 | 14.16 | 小型 |
| | 16 | 白干湖 | $J_{1-2}d$ | 6 | 24.6 | 小型 |
| | 17 | 罗布泊 | $J_2k$、$J_1t$ | 8~15 | 9477 | 特大型 |
| 吐哈盆地 | 18 | 艾维尔沟 | $J_1b$、$J_2x$ | 8.79~22.16 | 719.56 | 大型 |
| | 19 | 托克逊 | $J_2x$、$J_1b$ | 3.21~9.69 | 688.11 | 大型 |
| | 20 | 吐鲁番 | $J_2x$ | 2.39~9.76 | 3 283.83 | 特大型 |
| | 21 | 鄯善 | $J_2x$ | 3.07~10.71 | 849.23 | 大型 |
| | 22 | 沙尔湖 | $J_2x$ | 4.46 | 2 255.6 | 大型 |
| | 23 | 哈密 | $J_1b$ | 1.83~8.64 | 3 590.56 | 特大型 |
| | 24 | 大南湖-梧桐窝子 | $J_2x$ | 3.95~5.43 | 2 176.81 | 大型 |
| 天山系列盆地 | 25 | 伊宁 | $J_1b$、$J_2x$ | 2.5~4 | 6 182.13 | 特大型 |
| | 26 | 昭苏-特克斯 | $J_2x$ | 2.5~4 | 300.56 | 大型 |
| | 27 | 尼勒克 | $J_1b$、$J_2x$ | 2.92~7.75 | 632.93 | 大型 |
| | 28 | 新源-巩留 | $J_1b$ | 2.5~4 | 55.71 | 中型 |
| | 29 | 巩乃斯 | $J_1b$ | 2.5~3.5 | 3.5 | 小型 |
| | 30 | 巴音布鲁克 | $J_2k$ | 5.44~7.01 | 292.11 | 中型 |
| | 31 | 焉耆 | $J_2t$ | 5.44~7.55 | 4 615.52 | 特大型 |
| | 32 | 库米什 | $J_2k$ | 5.44~7.55 | 798.17 | 大型 |
| 巴里坤-三塘湖盆地 | 33 | 巴里坤 | $J_1b$ | 10.02~18.87 | 3 927.53 | 特大型 |
| | 34 | 三塘湖 | $J_2x$ | 0.59~6.79 | 5 902.81 | 特大型 |
| | 35 | 淖毛湖 | $J_2x$ | 0.94~10.13 | 444.44 | 大型 |
| | 36 | 青河 | $J_1b$ | 2.5 | 0.27 | 小型 |

煤层含气量的取值：斜体为按简易瓦斯估测值或类比法取值，其余为实测值。

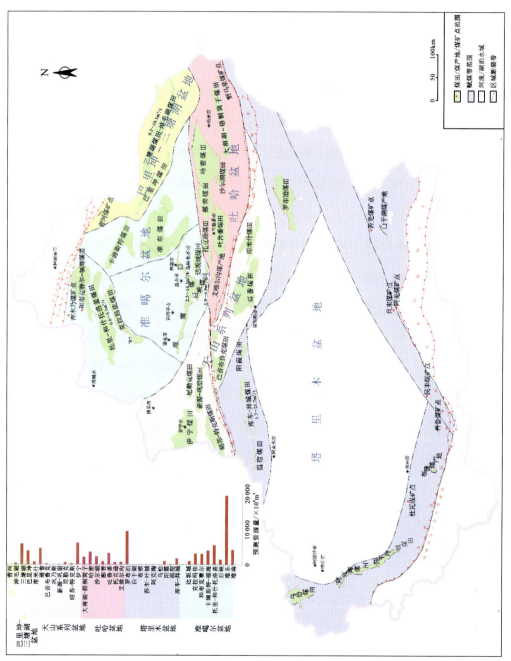

图 1-1-5 新疆煤层气资源分布略图

## 第二节　中低煤阶煤层气勘探开发及研究现状

在国际能源局势总体趋紧的情况下,作为一种优质高效的清洁能源,煤层气规模开发利用前景诱人,同时煤层气的开发利用还具有保障煤矿安全开采、减少温室气体排放等综合效益。目前,美国、加拿大、澳大利亚和中国是世界上开采煤层气的主要国家。

### 一、煤层气勘探开发历史回顾

#### 1. 国外煤层气勘探开发

受国际石油天然气价格、国际形势以及北美页岩气开发技术突破的影响,美国煤层气产业发展在过去近45年时间里经历了"理论探索、技术攻关、规模应用、收缩搁置"4个阶段(图1-2-1)。

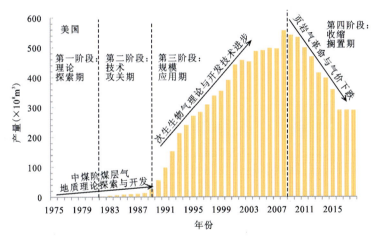

图1-2-1　美国煤层气产业发展历程(据李登华等,2018)

第一阶段:理论探索期(1975—1980年)。20世纪70年代发生的两次石油危机,即1973—1974年第四次中东战争、1978—1980年伊朗政局动荡,导致国际油价暴涨、美国油气供应趋紧,黑勇士盆地Oak Grove区块作为美国首个商业开发的煤层气田,逐步探索建立了中煤阶煤层气开发理论。

第二阶段:技术攻关期(1981—1988年)。随着煤层气产业在美国各地起步,探索并逐渐形成了适合中煤阶煤层气地质特点的煤层气勘探开发工程技术体系。

第三阶段:规模应用期(1989—2008年)。20世纪90年代初,"次生生物气"概念及相应地质理论的突破,指导了美国低煤阶煤层气的大规模勘探开发进程,美国中、低煤阶煤层气产量大幅上升,2008年美国煤层气产量达到峰值$556.7 \times 10^8 m^3$,占全球煤层气总产量的85%以上。

第四阶段:收缩搁置期(2009年至今)。自2009年"页岩气革命"后,美国页岩气产量大幅上升,煤层气钻井数量及产量逐步下降,目前美国煤层气产量仅占全球煤层气总产量的35%。

澳大利亚煤层气勘查起步于2000年,自2004年商业开发以来,煤层气产量稳步增长,尤其是2014年后苏拉特盆地低煤阶煤层气大规模开发,使煤层气产量快速上升(图1-2-2)。从单煤层开发到多层合采,从射孔压裂完井到扩眼完井再到裸眼完井,技术的探索与进步是产量快速增长的主要推动力。2007年前最高年产量不超过$30×10^8 m^3$,2017年猛增到$397.7×10^8 m^3$,2018年已达$445×10^8 m^3$,其中苏拉特盆地产量约占75%,其余产自鲍温盆地。

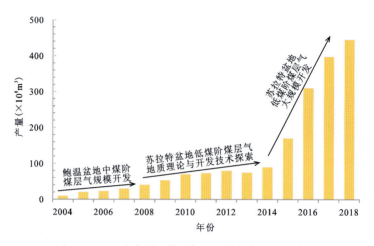

图1-2-2 澳大利亚煤层气产量趋势与影响因素图

**2. 中国煤层气勘探开发**

我国煤层气勘探开发起步于20世纪90年代初,至今近30年时间内,煤层气产量增长缓慢,但稳步增长。由于我国低煤阶煤层气尚未进行规模开发,仅在中高煤阶煤层气勘查开发获得突破,煤层气产能贡献及相关研究成果主要来自中高煤阶。中国煤层气勘探开发历史可分为技术引进与探索期、高煤阶快速开发期、技术优化与中高煤阶成熟开发期、煤系气开发与低煤阶探索期4个阶段(图1-2-3)。

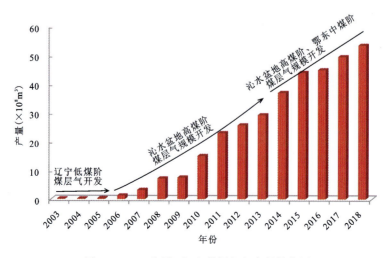

图1-2-3 中国(地面)煤层气年产量趋势图

第一阶段：技术引进与探索期(1990—2005年)。在国家大力倡导下，通过引进国外煤层气勘探开发工程技术，在沁水盆地、鄂尔多斯盆地、准噶尔盆地等高、中、低煤阶区块开展煤层气探井试验，阜新、铁法等区域低煤阶煤层气形成小规模商业化生产，沁水盆地成为我国煤层气大规模勘探开发起步区域。

第二阶段：高煤阶快速开发与技术优化期(2006—2010年)。2006年以后，我国陆续出台煤层气鼓励与优惠政策，沁水盆地高煤阶煤层气产业快速发展，产气量快速增长，技术优化也在同期进行。由于该时期沁水盆地高煤阶煤层气勘探开发遵循非常规天然气连片成藏特点，未开展三维地震勘探，仅以二维地震勘探控制煤层展布，忽略了煤层气勘探的重要性，对"甜点"区的地质评价认识不足，导致一半以上的生产井由于钻遇断层、陷落柱、构造煤、高挤压应力区等因素而低产甚至无产(朱庆忠等，2017)。

第三阶段：中高煤阶成熟开发期(2011—2015年)。通过在韩城、保德实施三维地震物探技术示范，以及储层保护技术、压裂排采新理念的推广应用，煤层气勘探开发的科学性大幅提高，中高煤阶煤层气勘探开发技术系列逐渐形成并全面推广，沁水盆地、鄂尔多斯盆地东缘、贵州、四川、云南等地中高煤阶煤层气投入规模性开发，中高煤阶煤层气产业进入成熟开发阶段。

第四阶段：煤系气开发与低煤阶发展期(2016年至今)。为提高煤层气开发效益，以煤层气、致密砂岩气为主的煤系气开发在鄂尔多斯盆地东缘广泛推进，使煤系气产量快速上升。同期，作为中高煤阶煤层气接替的低煤阶煤层气，在准噶尔、三塘湖、二连等盆地开展了大量煤层气勘查工作，其中新疆乌鲁木齐河东区块正在建设全国首个低煤阶煤层气规模性开发区块。

## 二、中低煤阶煤层气勘探开发现状

### (一)国外勘探开发现状

受北美地区"页岩气革命"影响，2008年以后世界煤层气工业步入平稳期，年产量总体稳定在 $700\times10^8\sim850\times10^8\mathrm{m}^3$。其中，美国煤层气产量由峰值 $556.7\times10^8\mathrm{m}^3$(2008年)降低至 $289\times10^8\mathrm{m}^3$(2018年)，澳大利亚则由 $30\times10^8\mathrm{m}^3$(2007年)大幅上升至 $445\times10^8\mathrm{m}^3$(2018年)。

**1. 美国**

美国是最早和最成功勘探开发煤层气的国家，煤层气资源量为 $19\times10^{12}\mathrm{m}^3$，其中可采资源量达 $3.1\times10^{12}\mathrm{m}^3$。煤层气商业化生产的盆地主要包括圣胡安、粉河、黑勇士、尤因塔、拉顿、阿巴拉契亚、阿科马、皮申斯等盆地，重点集中于美国西部落基山脉的中生代—新生代含煤盆地，其次为东部阿巴拉契亚盆地及中部石炭纪含煤盆地。

美国煤层气勘探开发起步于20世纪70年代中期，1980年，位于黑勇士盆地的Oak Grove区块中煤阶煤层气成为第一个商业煤层气田，标志着美国煤层气产业进入起步阶段(李登华等，2018)，并形成了"排水—降压—解吸—扩散—渗流"的中煤阶煤层气开发理论。20世纪80年代末期，美国煤层气产量达到 $26\times10^8\mathrm{m}^3$。20世纪90年代，随着"次生煤层气藏"地质理论突破及开发技术进步，粉河盆地、尤因塔盆地低煤阶煤层气获得商业开发，煤层气产量逐年稳步上升。2006年，粉河盆地低煤阶煤层气产量超过 $140\times10^8\mathrm{m}^3$，引领了尤因塔、绿河、风河等盆地的低煤阶煤层气大规模开发。2008年，美国煤层气产量峰值达到 $556.7\times10^8\mathrm{m}^3$。受金融危机及北美地区"页岩气革命"的影响，近年来美国煤层气勘探开发逐步放缓，

2018年产量降至 $289×10^8m^3$,仅占天然气总产量的3%,其中一半来源于圣胡安盆地(邹才能等,2019)。

圣胡安盆地是位于美国西部落基山脉南部的一个前陆盆地,面积为 $7×10^4km^2$,估算煤炭资源量为 $3248×10^8t$,煤层气地质资源量为 $2.38×10^{12}m^3$。含煤地层为上白垩统和古近系,其中上白垩统Fruitland组是最重要的含煤地层。煤层厚度一般为 $6\sim20m$,煤级为中煤阶烟煤($R_o$为0.75%~1.20%),埋深 $170\sim1200m$,煤层含气量为 $8.5\sim20m^3/t$,渗透率为 $1×10^{-3}\sim50×10^{-3}\mu m^2$。煤层地下水受北部煤层露头补给,形成了超压储层,压力系数可达到1.36。煤层气为热变质产生的热成因气及浅部地表水补给产生的次生生物成因气,开发条件极为有利。

粉河盆地同样是位于美国西部落基山脉北部的一个前陆盆地,面积为 $6.68×10^4km^2$,估算煤层气地质资源量为 $1.10×10^{12}m^3$。含煤地层为上白垩统—古近系,煤级为低煤阶褐煤($R_o$为0.3%~0.4%),煤层厚度为 $12\sim30m$,埋深为 $90\sim970m$,煤层含气量为 $2\sim5m^3/t$,含气饱和度80%~100%,渗透率为 $10×10^{-3}\sim1500×10^{-3}\mu m^2$,开发深度一般小于300m,开发井数达18 000口,单井产气量 $110\sim6000m^3/d$,平均约 $4500m^3/d$。地表多为草原,煤层水相当活跃,褐煤在产甲烷菌影响下产生大量次生生物气,并在构造高部位等微圈闭有利部位聚集,煤层气风化带深度仅数十米,煤层处于超压状态,有利于煤层气开发。

**2. 澳大利亚**

澳大利亚煤层气资源量位居全球第五,估算煤层气资源量为 $8×10^{12}\sim14×10^{12}m^3$,主要分布在苏拉特、鲍温、悉尼等盆地,中低煤阶煤层气资源占到80%。2005年以来,澳大利亚煤层气产量快速增长,从单煤层开发到多层合采,从射孔压裂完井到扩眼完井再到裸眼完井,技术探索与进步是产量快速增长的主要推动力。2006年总产量仅为 $2×10^8m^3$,2007年为 $30×10^8m^3$,2017年增长到 $397.7×10^8m^3$,2018年已达到 $445×10^8m^3$。其中,苏拉特盆地产量占75%,其余产自鲍温盆地(邹才能等,2019)。

苏拉特盆地是澳大利亚早侏罗世—早白垩世克拉通聚煤盆地,面积约 $30×10^4km^2$,煤层气资源量达 $4.00×10^{12}m^3$。中侏罗统Walloon亚群发育了10个煤层组,单煤层厚度较薄($0.1\sim0.5m$),煤层累计厚度为 $10\sim50m$,煤级为低煤阶褐煤—长焰煤($R_o$为0.4%~0.6%),埋深 $200\sim800m$,煤层含气量为 $1\sim8m^3/t$(俞益新等,2018)。该盆地地层平缓,构造简单,煤层渗透率极好,最高达 $1600×10^{-3}\mu m^2$,因此开发井井距一般在750m左右,以"直井+煤层段裸眼+预射孔套管完井"为主(冯宁等,2019),单井产气量为 $2000\sim4500m^3/d$。受东北缘煤层露头地表水补给,地层水TDS值仅 $100\sim500mg/L$,煤层压力属正常—微欠压。煤层气成因以次生生物成因气为主,北部向斜区的断层-水动力封堵型、东北部鼻状隆起型及东部斜坡带背斜-水动力封堵型等聚气圈闭成为煤层气"甜点",煤与砂岩频繁互层,使圈闭内煤系气极为发育。"甜点"区鼻隆轴部的单井产气量可达 $40\ 000\sim80\ 000m^3/d$,且产水量低(于姣姣等,2018)。

**3. 加拿大**

加拿大煤层气地质资源量为 $76×10^{12}m^3$,主要分布在阿尔伯塔盆地。加拿大煤层气工业起步稍晚于美国,2000年大规模勘探开发,2012年峰值产量达到 $140×10^8m^3$。受天然气价格下降及北美地区"页岩气革命"的影响,近年来产量下降,2018年约 $51×10^8m^3$(邹才能等,2019)。

阿尔伯塔盆地是加拿大西南部落基山脉的前陆盆地,面积约 $98×10^4 km^2$,煤层气资源量达 $14.30×10^{12}m^3$。煤层发育于侏罗系—白垩系、古近系—新近系,目的煤层有阿德莱层、马蹄谷组和曼恩维尔群。上白垩统马蹄谷组煤层气实现了规模化生产,Drumheller 煤层平均厚度为 8m,最高达 30m,埋深为 200~700m,煤级为褐煤($R_o$ 为 0.4%~0.5%),含气量为 1~$5m^3/t$,煤层渗透率为 $10×10^{-3}$~$500×10^{-3}μm^2$。针对煤层不产水的"干煤"特征,大规模采用氮气无支撑剂压裂技术,高产走廊区平均单井产气量达 $3500m^3/d$。2018 年,煤层气井总数约 22 000 口,全盆地平均单井产气量约 $1000m^3/d$。

(二)国内勘探开发现状

我国煤层气勘探开发自 20 世纪 90 年代起步,经历了 20 余年的探索和发展,已形成了适合我国中高煤阶煤层气地质条件的开发工程技术系列,建成沁水盆地高煤阶、鄂尔多斯盆地东缘中煤阶两大煤层气勘探、开发、输送、利用产业化基地。截至 2018 年末,全国煤层气累计探明地质储量 $7425×10^8 m^3$,完成各类煤层气钻井 18 000 余口,累计建设煤层气产能 $95×10^8 m^3$,地面开发煤层气年产量达到 $53.5×10^8 m^3$,其中约 25% 的探明储量、产能、产量产自位于鄂尔多斯盆地东缘的中煤阶煤层气。

总体来看,我国中低煤阶煤层气先后经历了两个发展时期:①2003—2008 年,阜新盆地、铁法盆地等中低煤阶煤层气小规模民用,成为我国煤层气勘探开发的起点;②2013 年至今,以鄂尔多斯盆地东缘保德区块中低煤阶煤层气成功勘探开发为代表,推动了我国煤层气产业由沁水盆地高煤阶进入中低煤阶,新疆准噶尔盆地南缘阜康、乌鲁木齐河东区块及内蒙古二连盆地吉尔嘎朗图凹陷的中低煤阶煤层气也进入勘探开发阶段。

**1. 不同时期煤层气产业发展状态**

早在 20 世纪 50 年代,为保障煤矿生产安全,我国在抚顺煤矿龙凤矿建立瓦斯抽放站,开始煤矿井下瓦斯抽放(李登华等,2018);20 世纪 70 年代,逐步开展煤矿瓦斯利用;20 世纪 80 年代中期,受美国煤层气产业巨大成功的启示,我国开展煤层气勘探开发研究;20 世纪 90 年代初,通过引进美国煤层气地面开发技术,我国正式开启煤层气地面开发;1996 年,在煤矿瓦斯事故频发的严峻安全形势下,煤层气勘探开发受到政府的高度重视,经国务院批准,专门成立中联煤层气有限责任公司,专业从事煤层气资源勘探、开发、输送、销售和利用,并享有对外合作进行煤层气勘探开发的专营权。

进入 21 世纪后,我国煤层气进入商业化开发并快速发展的阶段。2003—2005 年,辽宁省阜新盆地刘家低煤阶煤层气井组产气并开始向居民供气,累计钻井 25 口,日产气量为 $4.5×10^4 m^3/d$,标志着我国进入煤层气商业化生产阶段(赵庆波和田文广,2008);2005 年,我国煤层气地面开采量实现 $0.3×10^8 m^3$。2006 年以来,我国陆续出台了《关于进一步加快煤层气(煤矿瓦斯)抽采利用的意见》《煤层气勘探开发行动计划》《关于"十三五"期间煤层气(瓦斯)开发利用补贴标准的通知》等煤层气鼓励与优惠政策,不断推动煤层气勘探开发进展,并将煤层气勘探开发列入"十一五""十二五""十三五"能源发展规划,制订了具体的实施措施,煤层气产业化发展迎来了利好的发展契机。中石油煤层气公司、华北油田、中石化华东石油局等油气企业,晋煤蓝焰等煤炭企业,以及山西煤层气、贵州能投等地方国企,亚美能源(AAG)、格瑞克能源、奥瑞安、九尊能源、万普隆等国内外油服企业均纷纷积极介入煤层气勘探开发。

"十二五"期间(2011—2015年),煤层气勘探从华北扩展到西北、西南,从高煤阶扩展到中、低煤阶,形成沁水盆地南部、鄂尔多斯盆地东缘两个千亿方级气区。高煤阶煤层气勘探开发在国内占绝对主要份额,沁水气田是我国勘探发现并首次开发的世界第一个高煤阶煤层气田。华北地区沁水盆地的潘庄、樊庄、郑庄、柿庄、马必、古交等区块,以及鄂尔多斯盆地东缘的大宁-吉县、保德、彬长、石楼、延川南等区块的中高煤阶煤层气产量占我国煤层气总产量的90%以上。此外,西南地区的贵州六盘水、织金-纳雍、云南昭通、四川筠连等中高煤阶煤层气区块也获得开发突破。中低煤阶煤层气领域仍处于勘探初期及开发试验阶段,西北地区的新疆阜康、乌鲁木齐河东区块中低煤阶煤层气以及内蒙古二连盆地低煤阶煤层气获得勘探及单井、井网试采的阶段性和局部突破。

"十三五"(2016—2020年)期间,我国西北、西南地区的煤层气勘查开发获得快速推进,高应力、多且薄煤层的贵州煤层气开发获得成功,新疆中低煤阶、厚煤层、急倾斜区建成了阜康白杨河、阜康西、乌鲁木齐河东、拜城4个规模开发区块。贵州织金区块煤层气单井平均产气量达到$2800\sim3000m^3/d$,新疆阜康西区块单井平均产气量超过$4000m^3/d$,为相应地区开发效果最好的区块。此外,"煤系气"作为新概念成为勘探开发新对象,鄂尔多斯盆地东缘的临兴区块开展以致密砂岩气、煤层气为主的煤系气勘探开发,单井产气量达到$6000\sim50\,000m^3/d$,获得极大成功,引领了大宁-吉县、石楼、神府等区块的煤系气勘探开发。

**2. 重点勘查开发区块**

1) 中煤阶煤层气

我国中煤阶煤层气勘探开发以鄂尔多斯盆地东缘的韩城、保德、柳林区块以及塔里木盆地库车-拜城区块为典型代表。

韩城区块,位于鄂尔多斯盆地东缘南段,是我国首个中煤阶煤层气勘探开发区,自1995年钻探3口煤层气探井,至2003年开始煤层气开采先导性试验,至2011年已有各类生产井近1000口,其中产气井680口,最高日产气量达$52\times10^4m^3/d$。

保德区块,位于鄂尔多斯盆地东缘北段,是我国中煤阶煤层气开发最成功的区块,已建成产能$7.7\times10^8m^3$,产气井600余口,日产气量近$160\times10^4m^3/d$,单井平均产气量达到$2372m^3/d$,截至2017年末已累计产气$18\times10^8m^3$。保德区块构造形态简单,总体为西倾鼻状单斜构造,地层倾角平缓。自2004年开始勘探,先后经历中外合作勘探(2004—2009年)、勘探技术试验(2009—2010年)、开发先导试验(2011年)、规模开发(2012—2014年)、气田生产(2015年至今)5个阶段(温声明等,2018)。在勘探不利、外企退出的背景下,中石油煤层气公司通过地质、工程技术的探索创新,"多源共生-水动力控气"的聚气规律指导了该区块的成功开发。保德区块发育煤层13套,主力煤层为山西组4+5号、太原组8+9号,煤层厚度分别为$3\sim14m$、$10\sim18m$,煤层含气量为$4\sim12m^3/t$,储层压力系数为$0.68\sim0.98$(欠压-常压),镜质体反射率($R_{o,max}$)为$0.7\%\sim0.98\%$,煤类为气煤、肥煤,煤层渗透率$3\times10^{-3}\sim12\times10^{-3}\mu m^2$,甲烷$\delta^{13}C$平均为$-52.52\text{‰}$,表明煤层气以热成因气为主,存在生物成因气(于春雷,2017;温声明等,2018)。煤层水普遍检测出产甲烷菌,表明现今可能仍具备生物气生成基础,具备生物气补给条件的弱径流-滞留区与低地应力区的耦合带为煤层气"甜点"区。

库车-拜城区块,位于塔里木盆地北缘西段,是新疆地区最典型、目前勘探程度最高的中煤阶煤层气区块。含煤岩系主要为中生界侏罗系塔里奇克组、阳霞组和克孜努尔组,以焦煤、肥焦煤为主,煤层层数多(19~25层),总厚度较大(20~45m),煤层急倾斜且局部近于直立(65°~90°),煤层含气量高(2.56~21.15m³/t)。自2014年以来持续开展煤层气勘查工作,2019年在拜城矿区建成生产井23口的拜城煤层气开发利用先导试验区,当前产气量已达$1.9×10^4$m³/d。

2)低煤阶煤层气

我国低煤阶煤层气的勘探开发程度极低。截至2017年底,全国低煤阶煤层气钻井数量仅400余口,主要分布于阜新、铁法、准噶尔、吐哈、鄂尔多斯、珲春、依兰、二连、海拉尔等盆地,低煤阶煤层气资源的探明储量、产量仅占全国的1%~2%。为煤矿瓦斯治理服务,阜新-铁法盆地、鄂尔多斯盆地西南缘黄陇煤田的低煤阶煤层气抽采开始较早且已相当成熟,受采动区卸压影响,单井产量较高但气井数量少(蔺亚兵等,2017)。重点开展低煤阶煤层气勘探开发的准噶尔、二连等盆地,已建设多个煤层气开发先导试验区及小规模开发区块,但尚未形成产业化基地。

综上所述,我国煤层气产业在全国多地区、多盆地、多层系、多煤阶均获得产气突破,并成功在沁水盆地、鄂尔多斯盆地东缘建成高、中煤阶煤层气开发利用产业化基地,但直井单井平均产量为994m³/d,仅为美国、澳大利亚等国单井产量的1/4(门相勇等,2017)。低煤阶煤层气仍处于勘探开发突破阶段,准噶尔盆地南缘侏罗系、陕西彬长侏罗系、阜新-铁法盆地白垩系、依兰-珲春盆地古近系+新近系低煤阶煤层气取得小规模商业性开发,二连盆地白垩系低煤阶煤层气勘探获得工业气流。

### 三、煤层气开发工程技术现状

我国煤层气勘探开发工程技术最初引自国外,美国、澳大利亚、加拿大等国煤层气成功开发的根本原因是探索建立了适合储层压力较高、渗透率高、地应力小、井壁稳定性好的中低煤阶煤层气储层地质特点的工艺技术体系,包括多分支水平井、U型井、SIS水平井、洞穴完井、氮气泡沫压裂、连续油管压裂技术等(刘贻军和李曙光,2010)。我国煤层气地质条件与国外差异极大,国外大部分开发工程技术在我国煤层气开发试验中并未获得好的产气效果,仍需进一步探索并优化创新。

随着我国煤层气勘探开发实践,煤层气开发工程技术系列逐渐形成,主要包括三维地震物探技术、直井+定向井丛式钻井技术、大规模水力加砂压裂技术、智能化排采控制技术、低成本地面集输工艺技术、储层敏感性与储层保护技术、低产井改造及提高采收率技术等关键工程技术系列。其中,以中煤阶煤层气为代表的鄂尔多斯盆地东缘形成了"丛式井、低伤害完井、清洁压裂液、高效支撑压裂"等技术体系,并在保德区块首次应用"地质工程一体化"技术(温声明等,2018)。

#### 1. 三维地震物探技术

与常规石油物探技术相似,煤层气三维地震物探技术从"十一五"时期起步,"十二五"时期先后在陕西韩城、山西保德两个煤层气开发区块获得示范应用。该技术在煤层展布的基础上重点对煤层含气性、断层等微构造进行解释,三维地震物探技术避免了上百口低效、无效的煤层气井部署,大幅降低了地质风险,降低了开发成本,保证了煤层气勘探开发决策的科学性。"十三五"时期,继续在煤层裂隙发育带物探解释技术方面进行探索,为煤层气开发有利区优选与井位优化部署提供保障。

针对煤层气勘探开发经济效益差的实际情况,三维地震物探技术必须考虑低成本因素,通过观测系统优化、多信息高精度激发参数设计、提高分辨率处理、高精度成像、精细断层解释等技术探索,定量评价煤层厚度、含气量,定性评价煤层裂缝发育带,形成了综合考虑经济条件、技术要求的"经济技术一体化"煤层气三维地震勘探技术。

**2. 直井+定向井丛式钻井技术**

由于煤层气区块多位于低山、丘陵或农田区,地表条件复杂,采用直井+定向井丛式井钻井技术,又称"井工厂"模式,其集群化建井、批量化实施、流水线作业的特点,能够大幅减少地表占地面积及征地费用,大幅缩短钻井周期,提高钻探效率,实现集中排采集输,提高环保管理水平等。

虽然根据国外经验引进了洞穴井、水平井、U型井技术,并在不同地区、不同煤阶进行了试验(图1-2-4),但总体效果一般,探索发现适合我国煤层气开发的仍为丛式井(含直井)技术。据2013年统计资料,我国煤层气丛式井(含直井)有14 000余口,水平井有393口,丛式井(含直井)数占煤层气总井数的97%,已成为沁水盆地、鄂尔多斯盆地东缘的主要煤层气开发井型。多分支水平井重点针对高资源丰度、储层致密、煤体强度较大的沁水盆地高阶煤地区,而渗透性中等—较好、煤体强度较低的中低煤阶地区适宜选择直井、定向井工艺,因而新疆地区高倾角、高应力煤层更适合定向井+套管射孔压裂完井工艺。2015年以来,新疆、贵州、内蒙古等煤层气新兴勘探开发区域的煤层气开发井型均以定向井为绝对主力井型。

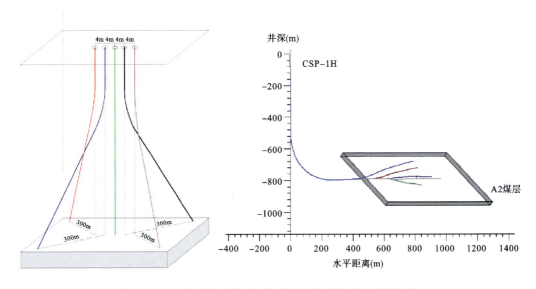

图1-2-4 丛式定向井(左)与多分支水平井(右)井眼轨迹

近年来,澳大利亚鲍温盆地中煤阶煤层气开发中,针对煤层渗透性中等—较高($0.1\times10^{-3}\sim110\times10^{-3}\mu m^2$)、储层平缓的储层特点,大规模应用了由U型井发展而来的SIS水平井工艺,一般包含1口排水采气直井、2口水平段长度1000~1500m的采气水平井,水平井呈"V"形在末端与直井对接,井组井控面积大,产气量高,作业维护方便(丁伟等,2014)。

在钻井工艺方面,针对中低煤阶煤层普遍欠压的特征,加之中低煤阶煤层渗透性较好,具碱敏性,因此采用空气钻井(图1-2-5)、氮气泡沫泥浆钻井等(微)欠平衡钻井及低密度泥浆固井工艺,能够最大幅度地减少钻井液、固井水泥浆渗滤进入煤层,降低对煤层物性的伤害。由于二叠系煤系地层致密、含水性弱,空气钻井技术在沁水盆地获得大规模应用(鲜保安等,2010),但在渗透性较好、煤层含水性好的中低煤阶煤层气开发领域应用极少。

图1-2-5 欠平衡空气钻井的车载钻机

**3. 大规模水力加砂压裂技术**

由于我国大地构造演化史复杂,地应力强,煤层渗透率低,同时煤岩自身具有力学强度低、应力敏感性及水敏性强等特点,煤层压裂相比砂岩层压裂具有更高的技术难度。在煤层气勘探开发初期,煤层气压裂多采用国外引进的洞穴完井工艺,但不适用于我国低渗—特低渗的高、中、低煤阶煤层。因此,近年来以大规模水力加砂压裂技术为主流,不断在压裂液和支撑剂性能、泵注程序、工艺流程等方面进行与地层条件相适应的创新探索。

经过沁水盆地高煤阶煤层气压裂研究与实践的长期探索,煤层气储层压裂工艺理念不断优化创新,由"十一五"时期的"大液量、大排量、大砂量",转为"十二五"时期的"适度液量、变排量、适度砂比"(温声明等,2019),再到"十三五"时期针对低煤阶、厚煤层、强滤失性提出的"大液量、超高排量铺砂、变砂比加砂",煤层气压裂理念针对不同储层条件呈现多元化趋势,但总体均向基于鄂尔多斯盆地致密砂岩气、四川盆地页岩气等非常规天然气成功开发经验的"体积压裂"理念靠近。

活性水加砂压裂作为当前煤层气开发的主体压裂技术(图1-2-6),在清洁压裂液、氮气泡沫压裂(适用于强水敏煤层)、氮气增能压裂、低密度支撑剂、覆膜砂、多层压裂、复合压裂、超大排量压裂、连续油管定向喷砂射孔+底封拖动分段压裂、水平井套管完井分段压裂等新技术方面随着工程技术装备的更新而获得不断突破。

图 1-2-6　活性水压裂液与煤层气大排量压裂车组

**4. 排采理论与智能化管控技术**

煤层作为应力敏感性、速敏性均较强的低渗储层,需要依照"缓慢、稳定、连续、长期"的原则进行排采,以保证储层渗透通道的持续畅通。在保德区块中低煤阶煤层气排采实践中,逐步建立了"压降连通区—区一策,非连通区—井一策"的排采理论,即细化排采单元,建立不同单元、不同井区、不同单井的量化排采标准曲线和合理排采工作制度,分区施策,实现连片降压、整体解吸、整体产气、科学生产。

相较于传统煤层气排采方式工作强度大、效率低、生产成本高、排采控制不及时且精度差等缺陷,自 2010 年以来智能化排采控制技术在油气田及煤层气田开发领域逐渐获得推广应用,获得显著效果。智能化排采控制技术以数据自动化采集、数据定量分析、排采控制自动化为特色,分为硬件部分和软件部分,硬件部分包括抽油机、变频控制柜、流量计、压力计、温度传感器、示功仪等,软件部分主要为数据采集软件、数据采集通信软件、数据库管理软件、数据处理软件、命令处理软件、报警和事件处理软件、安全控制软件、图形界面软件等,能够满足煤层气田大规模井群的精细化排采控制要求。

煤层气井排采因其易吐砂、吐煤粉、储层应力波动等造成储层伤害,需在排采作业中谨慎操作。根据"长期、连续、稳定"的排采原则及"三段制""五段制"等排采控制方案,在排采的不同阶段需采取不同量化控制参数,通过精细监测井口产水量、产气量与井底流压变化情况,进而精细调整井底流压和井口套压,以达到保护储层、最大限度扩展压降面积、最大限度释放产能的目的。

通过智能化排采技术的井群精细控制,能够更好地实现井群排采、整体降压,煤层气田整体降压面积不断扩大,区块产气量逐步升高。

在排采工艺的辅助技术方面,防煤粉、防偏磨、防气锁、欠平衡高效修井等也形成技术系列,以减少煤粉/沉砂堵塞、油杆断脱等排采中断事故导致井底压力异常波动造成储层伤害为目标,保障煤层气井连续排采,使气井维持最佳产能。

**5. 低成本地面集输工艺技术**

煤层气开发具有多井、低产、低压、低成本的特点,通过创新地面设计方法和管网建设思路,简化、优化工艺流程,沁水盆地的煤层气开发实践探索形成了"一站多井、井间串接、低压集气"的地面工程低成本建设模式。该流程简单实用,方法先进可行。近年来随着环保要求提高,针对采出水处理,形成了"气水管网同沟敷设、气水分输、集中处理"的煤层气地面集输系统,并在保德区块大规模应用(侯淞译,2018)。

国内外应用于煤层气田集气管网的常用管材有钢管、HDPE(高密度聚乙烯)管、聚乙烯内衬碳钢管等。通常情况下,我国沁水盆地、鄂尔多斯盆地东缘等煤层气开发区块在小于DN300的管道采用HDPE管,大于DN300的管道采用钢管。随着HDPE技术的发展及成本降低,大口径HDPE管在澳大利亚苏拉特盆地煤层气田得到广泛应用,采气干线HDPE管道最大规格已达到DN900,成本较钢管、聚乙烯内衬碳钢管分别降低约24%、35%(李庆等,2017)。大口径HDPE管道的应用为扩大集气半径和进一步优化、简化厂站布局奠定了基础。

**6. 储层敏感性与储层保护技术**

煤层由于其自身存在塑性较强、力学强度低、黏土矿物含量高等特征,具有较强的应力敏感性及水敏性,且排采过程中因煤层渗流通道内微粒运移堵塞而具有较强的速敏性。

在应力敏感性方面,由于低阶煤的煤体强度较高阶煤低,因此低煤阶储层的应力敏感性和渗透率损害率要远高于中高煤阶,造成的渗透率严重损害且难以恢复(陈刚等,2014)。二连盆地霍林河凹陷的褐煤属于强应力敏感性储层,压裂后导致煤层基质渗透性大幅下降,同时褐煤煤体强度低,支撑剂镶嵌严重,导致改造效果有限(鲍清英等,2017)。

在水敏性方面,由于煤层中含有蒙脱石、伊利石等强水敏性黏土矿物,压裂过程中易遇水膨胀、脱落,形成运移颗粒堵塞孔道。因此,压裂液的配制需严格注意煤层水敏性评价,一般采用 $1.0\%\sim 2.0\%$ KCl 溶液的活性水作为压裂液,防止黏土膨胀。

在速敏方面,煤层中各种粒径的煤粉、黏土矿物微粒等,因煤层演化、水化脱落、压裂等工程扰动和排采阶段煤体结构形变等产生。在排采强度过大的情况下,煤粉等微粒随煤层孔隙内流体(气体、液体)运动而运移,在孔径较小的喉道、孔隙等处堵塞,导致煤层渗透性下降。根据前人研究成果,压裂产生的煤粉是排采过程中煤粉产出的主要来源,但由于压裂缝支撑好、孔隙大、煤粉易排出,储层伤害小,排采阶段储层压力波动产生的煤粉和煤层中原有煤粉,由于存在于储层原生孔隙系统中,极易运移、堵塞通道,是发生速敏效应的主要物质基础。由于低煤阶煤层的基质孔隙发育较好,排采过程中以基质收缩应变效应为主,更易产生速敏效应,需注意排采初期的排采强度,评价煤层的速敏临界值与压降幅度的关系。

**7. 低产井改造及提高采收率技术**

因我国煤层地质条件差,具低渗、低压、低含气饱和度的储层特征,煤层气的采收率介于 $8.9\%\sim74.5\%$,平均仅为 $30\%$,且大量煤层气井处于低产甚至无产状态(于洪观等,2006)。如果不采用低产井改造及提高采收率措施,将有大量煤层气残留于煤层,不仅会大幅降低煤层气田开发的经济效益,同时也会造成煤层气资源的极大浪费。

煤层气资源的成功开发很大程度上受制于钻井、压裂工程技术的进步。目前,空气钻井、羽状多分支水平井、氮气活性水加砂压裂等技术已成功应用于沁水盆地的煤层气开发。近年来,煤层气开发工程技术针对高、中、低煤阶的储层特征进行相应的适用性改进或创新,在技术有效性和经济性方面双重考虑,以实现更高的煤层气区块累计产气量、更高采收率,对于二次(重复)压裂、负压排采、高能气体压裂、$CO_2$/烟道气驱、水平井对接、带压洗井、氮气解堵、储层酸化/电脉冲解堵技术等新技术,已进行了实验室可行性分析或现场试验。其中,成本较低、可行性好的二次压裂、负压排采、带压洗井、氮气解堵等技术已获得广泛应用,烟道气驱有望成为进一步试验和广泛应用的重要技术。

## 四、中低煤阶煤层气地质研究

美国、澳大利亚、加拿大等国家的煤层气主产区,其含煤盆地类型分为克拉通盆地与前陆盆地,成煤时代相对较晚,以侏罗纪—白垩纪、古近纪—新近纪为主,构造运动次数少,强度低,盆地构造简单,煤岩绝大多数为低煤阶,部分为中煤阶。因此,该类煤层热变质过程产生的热成因气相对有限,而简单向斜型宽缓盆地翼部活跃水文地质条件(400~1500mg/L)下的次生生物气发育,煤层含气量普遍偏低(0.1~3.5m³/t),但煤层厚度大,受构造挤压影响小,渗透率好,在微圈闭部位能够形成良好的煤层气或煤系气聚集,单井产量高,开发条件好。

我国的含煤盆地主要分布于中西部地区,受特提斯构造体系域控制,经历印支期、燕山期和喜马拉雅期等多期构造演化,整体以碰撞、挤压活动为主。中西部地区的塔里木盆地、鄂尔多斯盆地西缘、四川盆地西北缘、楚雄盆地西缘等为前陆盆地,中部的鄂尔多斯盆地、四川盆地等则为克拉通内坳陷(戎虎仁等,2009)。与国外情况相比,我国含煤盆地也以克拉通、前陆盆地为主,但成煤时代相对偏早,以石炭纪、二叠纪、侏罗纪为主,局部为白垩纪,且区域构造受太平洋板块、印度洋板块的双重挤压,经历了多期构造运动,使煤层气储层及保存条件受到不同程度的改造和破坏,煤体结构、煤层物性、盖层条件均显著变差。深成热变质作用与区域动力变质作用叠加,使煤层变质程度较高,低、中、高煤阶均有分布,煤层产出的热成因气多,使煤层含气量普遍较高,但煤层渗透性差且非均质性强,常形成大面积含气但资源可采性差的特征,单井产气量低,开发技术难度大。

### 1. 低煤阶煤层气的测试方法待完善

我国的低煤阶煤层具有含气量较高、渗透性差的特点,且基本为生物成因气,游离气含量较中高煤阶煤层高,因此基于中高煤阶吸附气理论的常规煤层含气量测试方法不适用于低煤阶煤层气。同时,低煤阶煤层由于机械力学强度弱而易破碎,在储层物性等常规测试中存在制样困难等问题,因此关于低煤阶煤层气的实验测试方法还有待创新和完善。

美国粉河盆地为褐煤,煤芯含气量测试由于没有计算游离气、溶解气含量,经大规模开发实践后发现,实际含气量相比测试值高22%(员争荣等,2003)。据估测,鄂尔多斯盆地彬长、乌审旗等低煤阶煤层气区块游离气占比为11.96%~38.86%(晋香兰,2015)。由此可见,游离气含量评价是目前低煤阶煤层含气量准确测定的难点。

### 2. 低煤阶煤层气的成因及赋存状态

煤层气的成因机理是成藏地质研究的基础。美国学者Scott等首次提出了"次生生物成因气"概念(Scott,1994),多数学者认为国内外的低煤阶煤层气均以次生生物成因为主,气候环境与生物成因气关系密切,地下水TDS值需低于10 000mg/L,且TDS值越低,产甲烷菌活性越高(李志军等,2013)。气候湿润的北美地区生物型煤层气主要产自埋深300m以浅的煤层,Michael等从粉河盆地煤层气井水样中富集培养获得了本源产甲烷菌(Michael et al,2008),但生物成因的下限深度目前尚无定论。

秦勇等(2000)对中国煤层甲烷稳定碳同位素分布与成因进行了探讨,认为我国中生界—新生界低煤阶煤层气以生物成因为主,但不排除褐煤阶段后期存在低熟气或热催化过渡气的可能性。经甲烷碳同位素法分析,新疆地区准噶尔、吐哈、三塘湖等盆地侏罗系西山窑组、鄂尔多斯盆地西部彬长、乌审旗等区块侏罗系,二连盆地吉尔嘎朗图、霍林河凹陷白垩系的低煤阶煤层甲烷稳定碳同位素介于$-55‰\sim-65.30‰$,均为生物成因(王一兵等,2004;刘燕和高小康,2014;孙钦平,2018;张玉垚等,2019)。此外,准噶尔盆地南缘的低煤阶煤层气局部混合成因存在"深部热成因气运移至中浅部西山窑组生物气藏""八道湾组热成因气藏受浅部地表水淋滤次生生物气补充"等特征。

一般来说,低煤阶煤层气中游离气所占比例较高,使用常规实验手段难以准确评价低煤阶煤层的含气量。低煤阶煤层的吸附能力较中高煤阶差,未饱和吸附状态下的低煤阶煤层是否含有游离气仍待评价。研究低煤阶煤层气的赋存状态有利于科学地评价煤层气储量。

**3. 煤层气风化带特征**

据统计,二连盆地吉尔嘎朗图、霍林河凹陷煤层气风化带深度在$300\sim450$m(雷怀玉等,2010),鄂尔多斯盆地西南缘低煤阶黄陇煤田、东缘中煤阶韩城区块的风化带深度在$450\sim530$m,准噶尔盆地南缘中低煤阶煤层气的风化带深度在$400\sim600$m,而干旱气候条件下的戈壁、沙漠地区,如准噶尔盆地东缘、三塘湖盆地、吐哈盆地、鄂尔多斯盆地北部等低煤阶区块,煤层气风化带深度一般在$800\sim1100$m(晋香兰,2015)。

总体来看,我国中低煤阶煤层气风化带深度较深,且干旱气候条件下的风化带深度更深,结合低煤阶煤层气以生物成因为主的基本特征,反映水文地质条件与中低煤阶煤层气的形成、保存及风化带深度关系密切,干旱气候地区的低煤阶煤层水矿化度高,富水性差,不利于生物气产生与聚集。

**4. 中低煤阶煤层气富集成藏地质规律**

我国的低煤阶煤层气藏普遍具有煤层厚度大、层数多、含气量中等、渗透性偏低、水动力条件较活跃等特点,低煤阶煤层气富集成藏地质特征仍待进一步总结、探索。在勘探开发程度较高的鄂尔多斯盆地东缘,经"十二五"时期的研究,已基本形成"煤层热成因吸附气与次生生物气补给共存、含气量与渗透率优势叠合区富集高产"的中低煤阶煤层气富集地质理论。

内蒙古二连盆地霍林河凹陷、吉尔嘎朗图凹陷等白垩纪聚煤凹陷,其上侏罗统—下白垩统含煤地层的煤层层数多,累计厚度大($60\sim220$m),煤层热演化程度低,煤类为褐煤,煤层气风化带深度中等($300\sim450$m),煤层含气量中等($1.60\sim6.00$m³/t),渗透率较低($0.1\times10^{-3}\sim1\times10^{-3}$ $\mu m^2$),煤层水 TDS 值介于$3800\sim6400$mg/L,生物成因气与低 TDS 值的 $NaHCO_3$ 型水化学特征相互对应,显示弱径流水文环境有利于次生生物气产生。该区低煤阶煤层气聚集的主控因素为煤层上部泥岩层厚度大且稳定,盖层条件良好,形成"斜坡区正向构造带富集"的成藏模式(孙粉锦等,2017;孙钦平,2018)。2016年,吉尔嘎朗图凹陷的吉煤 4 井在埋深 $430\sim470$m 煤层段获得超过 $2000$m³/d 的工业气流(孙粉锦等,2017)。北部的海拉尔盆地煤层气地质特征与二连盆地基本相似(刘洪林等,2005)。

东北地区阜新、珲春、依兰等新生代古近纪小型含煤盆地,多沿深大断裂呈串珠状展布,含煤性较好,煤类以长焰煤-褐煤为主,含气量较高($4.90\sim12.60$m³/t),受岩浆侵入活动影响,在岩浆岩侵入带周围的煤层热演化程度提高至长焰煤,煤层生气量大幅提高,岩浆冷却后煤层收缩缝发育,而未受岩浆影响的地区为褐煤。背斜等构造圈闭为煤层气运聚成藏提供有利圈闭,形成"连续褶皱"型煤层气聚气。阜新刘家、铁法区块及珲春盆地,位于岩浆岩侵入带周围的煤层气单井产气量均超过3000m³/d,产气潜力极好,但分布面积相对有限(王有智,2015)。

新疆地区准噶尔、吐哈、三塘湖等盆地,其侏罗系煤层气层数多,厚度大,煤类以长焰煤、弱黏煤为主,局部为气煤、褐煤,含气量较高。天山南北两侧受冰川融水补给,煤层水动力条件相对活跃,具有次生生物气发育条件,而其他戈壁、沙漠地区煤层气水动力条件滞缓,地层水矿化度高,不利于生物气发育。复杂的天山南北两侧、盆地边缘的逆冲推覆构造带,其构造复杂,向斜-水动力圈闭、背斜圈闭、断块圈闭众多,煤层气富集成藏地质规律多样。

加拿大阿尔伯塔盆地马蹄谷组的低煤阶煤层,富水性弱,煤层气在岩性及地层圈闭聚集成藏,属于一种隐蔽圈闭天然气藏与煤层气藏叠加的特殊类型。美国粉河盆地的生物型煤层气藏,形成与产甲烷菌生存环境、地下水径流方向及微构造特征密切相关,在平缓单斜背景下的鼻状微构造圈闭形成边水煤层气藏。鄂尔多斯盆地彬长区块的中低煤阶煤层气开发试验中,背斜部位的气井产水量少,产气量高,与向斜核部的井形成明显反差。二连盆地的煤层平缓,水动力较不活跃,煤层气井产出水TDS值为5300~6400mg/L,在斜坡带弱滞留区形成煤层气富集。

吐哈盆地的煤层水文特征与加拿大阿尔伯塔盆地相似,有可能形成"干煤层气藏";而天山南北两侧的山前部位,由于融雪水补给,生物型煤层气生成条件较好,加之山前褶皱带的背斜、逆冲断层发育,极有可能形成构造圈闭型煤层气藏。

**5. 煤系气地质研究与综合勘探开发**

近年来,国内中东部地区的煤层气开发经济效益有限,因此相关企业不断拓宽煤层气的概念,着眼于煤系地层中"煤系气"(煤层气、致密砂岩气、页岩气)的综合勘探开发。在煤层气开发中兼顾致密砂岩气,能够大幅提高煤层气井的产量和经济效益。

紧邻长庆油田致密砂岩气区块的鄂尔多斯盆地东缘煤层气区块具有良好的煤系气开发潜力,且临兴、神府、大宁-吉县、石楼西、三交北等区块已加大煤系气勘探开发力度。大宁-吉县、石楼西等区块形成了"1200m以浅采煤层气、1200m以深采煤系气"的立体开发策略。中石油煤层气公司在鄂尔多斯盆地东缘的煤系气探明储量超过$2000 \times 10^8 m^3$,且年产能已超过$10 \times 10^8 m^3$(温声明等,2019),开发效益明显超过单纯煤层气。

新疆地区侏罗系煤系地层的沉积环境为河流—沼泽—滨湖相,煤层、碳质泥岩、泥岩、粉砂岩、细砂岩、中砂岩、粗砂岩等岩性互层分布,煤系地层烃源岩有机碳含量高,煤的有机碳含量介于60%~80%,暗色泥页岩有机碳含量介于1.5%~3.0%,生气潜力大,山前部位的褶皱-逆冲断层带具有大量的构造圈闭,生、储、盖相互组合,能够形成"自生自储,近生近储"的煤系气藏群(图1-2-7)。塔里木盆地北缘阳霞—库车—拜城、准噶尔盆地南缘阜康—乌鲁木齐地区的煤层气勘探中,气测录井均显示煤系地层的部分砂岩层段有气测异常,表明煤系气具有极好的勘探潜力(王刚等,2016)。

在准噶尔盆地东部斜坡带白家海凸起,西山窑组煤层稳定发育,煤层顶底板泥岩封盖层稳定发育,形成典型的自生自储型煤层气藏;八道湾组煤层顶底板及附近砂岩发育煤层吸附气、砂岩层游离气,区域性盖层分布稳定,形成典型的煤系气藏;三工河组煤层不发育,砂岩气气源主要来自附近煤层,属于典型的煤成砂岩气藏。经过试采,彩17井在2811~2828.8m煤层顶板砂岩层段射孔,压裂后产气9890m³/d;彩504井在2567~2583m煤层段压裂后自喷,抽汲2天后产气,产气量稳定在7300m³/d(周梓欣等,2018)。

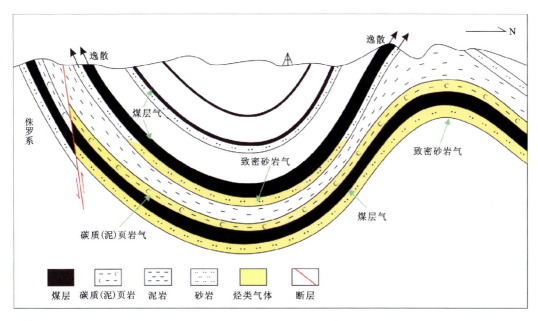

图 1-2-7　乌鲁木齐河东矿区侏罗系煤系地层煤系"三气"赋存模式图

**6. 深层中低煤阶煤层气赋存特点与勘探开发**

受中低煤阶煤层气风化带深度大的条件制约,随着煤层气地质研究及工程技术进步,深层煤层气勘探开发成为选择。目前,我国深部煤层气开发在鄂尔多斯盆地东缘延川南、柿庄北、郑庄里必区块取得进展,目的层深均超过 1000m。其中延川南区块平均目的层深达 1336m,施工 886 口井,建成年产能为 $5×10^8 m^3$,平均单井产气量为 $1390m^3/d$,成为我国深部中煤阶煤层气开发范例(陈贞龙等,2019)。

新疆地区煤层气风化带深度大,而目前煤层气勘探开发主要目的层位均在 1200m 以浅,开发成本问题导致新疆煤层气勘探开发难以突破深度界限。由于远离山前位置、构造较简单的 1200～2000m 深部煤层的分布面积更大,煤层气赋存条件更好,有望实现新疆低煤阶煤层气的新突破。

2014—2019 年,阜康白杨河、四工河区块开展了煤层气开发工作,施工生产井 111 口,目的煤层深度主要介于 750～1500m,最深达 2021m,其中 1000m 以深的气井占 34%。四工河区块目的煤层埋深 1000～1500m 的煤层气井稳定产气量达 $4000～4300m^3/d$,目的煤层埋深 1500～2000m 的煤层气井稳定产气量达 $2200～3900m^3/d$,均表明深部煤层气仍具有良好的开发潜力。

位于准噶尔盆地东缘的彩 17、彩 504 井在埋深约 2600m 的西山窑组煤层段分别获得 $9890m^3/d$、$7300m^3/d$ 的气流,显示准东地区超深煤层气也具有一定的开发潜力。

根据循序渐进的原则,依次进行 1200～1500m、1500～2000m、2000～3000m 的煤层气选区评价、勘探、试验性开发,逐步摸清深层、超深层煤层气的赋存规律及生产特征,有可能实现新疆地区中低煤阶煤层气开发的新突破。

**7. 低煤阶煤层的生物强化采气技术**

1994年，Soctt最早提出利用本源菌强化煤层气开采的设想(Scott，1994)。新疆地区煤炭资源以低煤阶煤为主，适宜煤层气开发的1500m以浅煤储层温度普遍小于22℃，且天山两侧山前区域的多数煤层水属于低—中等矿化度($\leqslant$4000mg/L)、低硫酸盐的$NaHCO_3$-$NaCl$型水(魏迎春等，2016)，适宜产甲烷菌的生长。

新疆农业科学院开展的煤样细菌降解实验表明，吐哈盆地大南湖煤田的长焰煤在产甲烷菌分解下，前20天发酵期可快速产生6.96mL/g的甲烷，准南煤田四棵树煤矿的煤样经60天发酵期可产生15mL/g的甲烷(尤陆花等，2014)。未来通过基因改造等手段提高产甲烷菌活性，辅助一定的物理、化学工程手段，用于衰减期煤层气田的二次开发试验，利用生物工程技术实现煤炭的"地下绿色气化"，有望实现低煤阶煤层气开发的"二次革命"(王刚等，2016)。

## 第三节 新疆中低煤阶煤层气勘探开发进展

新疆地区煤层气(煤矿瓦斯)研究始于1987年，虽然起步较早，也持续开展了多轮煤层气资源评价、重点地区煤层气参数井部署工作，但总体而言进展缓慢。受美国粉河、加拿大阿尔伯塔等落基山脉中生代—新生代含煤盆地以及澳大利亚苏拉特盆地、鲍温盆地低煤阶煤层气成功商业开发的启示，2013年以来以低煤阶为典型特征的新疆煤层气成为我国煤层气研究的新热点与勘探开发的新领域。

### 一、新疆煤层气资源评价

新疆煤层气资源评价工作起步较早，自20世纪80年代以来先后有多家单位在新疆主要煤田开展过煤层气资源评价和分析研究工作。准噶尔盆地煤层气资源评价工作始于国家"七五"科技攻关项目，乌鲁木齐矿区则是"我国煤层甲烷的富集条件及资源评价"专题的重点研究区之一。

1987—1988年，新疆维吾尔自治区煤田地质局(简称新疆煤田地质局)、煤炭科学研究总院西安分院对乌鲁木齐矿区煤层甲烷的赋存条件、分布特征以及地质影响因素进行了研究，编制了1∶25 000的煤层甲烷资源评价图，计算得到该区1500m以浅煤层气资源量为$761\times10^8 \sim 1201\times10^8 m^3$。

1993年，中国科学院兰州地质研究所在"准噶尔盆地南缘煤层甲烷气成藏条件"项目中，对煤层的烃源岩特征、生气特征以及解吸气特征开展了研究，提出含油气封存体、构造低部位、向斜斜坡是煤层甲烷气藏的形成场所，并认为准噶尔盆地南缘煤层气前景广阔。

1995—1996年，新疆煤田地质局开展了"新疆煤层气资源评价"项目工作，重点对乌鲁木齐河-白杨河、乌鲁木齐西山-老君庙、阜康白杨河-大黄山、艾维尔沟等矿区以及库车-拜城煤田俄霍布拉克矿区的煤层气资源进行评价研究，在准噶尔盆地、吐哈盆地等4个评价区获得2000m以浅煤层气资源量$2000\times10^8 m^3$。但是，此次研究工作低估了评价区外的煤层气资源量。

2000年，中国矿业大学受中国石油勘探开发科学研究院廊坊分院的委托，开展了"准噶尔、吐哈盆地煤层气评价研究"项目工作，总结了盆地煤层气地质背景，研究了低煤阶煤储层发育特征与成藏机制，剖析了煤储层含气性变化规律，估算了两盆地煤层气资源量逾 $3×10^{12}m^3$，优选了有利区带。

2002年，新疆煤田地质局开展了"新疆乌鲁木齐河东、河西矿区煤层气资源评价"科研项目，对乌鲁木齐河东、河西矿区煤层气资源做了进一步分析与评价，施工了1口煤层气参数井，取得了重要的煤层气评价参数。

2002年起，中石油吐哈油田分公司初步完成了吐哈盆地煤层气区带评价与优选工作，并陆续开展了煤层气探井的钻探与分析测试工作。

2005年，国土资源部开展了全国煤层气资源评价，预测陆地埋深2000m以浅煤层气资源量为 $36.8×10^{12}m^3$。其中，新疆准噶尔盆地、吐哈盆地、天山系列盆地、塔里木盆地等主要含气盆地（群）预测煤层气资源量约 $9.51×10^{12}m^3$（表1-3-1）。

表1-3-1  新一轮全国油气资源评价新疆煤层气资源评价表

| 序号 | 含气盆地 | 预测资源量（$×10^{12}m^3$） |
| --- | --- | --- |
| 1 | 准噶尔盆地 | 3.83 |
| 2 | 吐哈盆地 | 2.12 |
| 3 | 塔里木盆地 | 1.93 |
| 4 | 天山系列盆地 | 1.63 |
|  | 合计 | 9.51 |

2008—2010年，新疆煤田地质局煤层气研究开发中心编制了《1∶125万新疆维吾尔自治区煤矿瓦斯地质图说明书》，从盆地构造演化、煤层埋深、上覆基岩厚度以及顶底板岩性等方面系统地研究了新疆主要煤田瓦斯地质规律及瓦斯分布特征，估算煤层气资源量为 $7.68×10^{12}m^3$。

2009—2010年，新疆煤田地质局煤层气研发中心与中联煤层气有限责任公司合作开展"新疆准噶尔盆地南缘煤层气选区评价"研究工作，系统分析了准南、后峡煤田煤层气赋存的地质、构造、水文等条件，研究了该区的渗透率、储层压力、含气量等煤层气开采参数，计算了该区2000m以浅煤层气资源量，并对下一步工作提出建议。

2010年，新疆煤田地质局煤层气研发中心与新疆维吾尔自治区油田公司勘探开发研究院（简称新疆油田公司勘探开发研究院）开展"准噶尔盆地煤层气勘查选区评价"研究工作，分准南、准东、准北3个专题进行了研究评价工作，系统分析了煤层气储集特征和富集规律，优选了勘查开发的有利区。

2010—2012年开展的"新疆煤层气勘查开采特定区域选区基础研究"项目，评价了新疆煤层气资源勘查开发潜力，优选了新疆煤层气资源富集区带，划定了煤层气勘查开采特定区域，分析了新疆煤层气勘查开发技术现状，对新疆煤层气与煤炭资源勘查开采的时空配置进行了研究，提出了新疆煤层气资源综合勘查与开发利用的工作部署建议。

2013年,在全国油气资源动态评价(2012—2013年)的框架下,国土资源部油气资源战略研究中心委托新疆煤田地质局煤层气研发中心开展"新疆地区煤层气资源动态评价"工作,基于最新的《新疆煤炭资源潜力评价报告》,通过对新疆五大主要盆地(群)埋深2000m以浅区煤层气赋存条件进行研究,估算新疆煤层气潜在总资源量为 $8.99×10^{12} m^3$。

2016—2020年,基于2013年以来新疆地区开展的煤层气勘查工作成果,国家科技重大专项"准噶尔、三塘湖盆地中低煤阶煤层气资源评价及选区(2016ZX05043-001)"课题对准噶尔、三塘湖盆地煤层气赋存地质规律进行系统研究,建立了新疆地区中低煤阶煤层气地质评价标准,并对两个盆地煤层气资源进行重新估算,更为准确地指导两个盆地的煤层气勘查开发工作。

截至目前,全疆级别内的煤层气与煤矿瓦斯资源评价工作已开展过4次,小范围、详细的煤层气资源评价工作主要集中在准噶尔盆地的准南煤田,其次为吐哈盆地、塔里木盆地的库车-拜城煤田,其余盆地的煤层气资源评价工作很少。由于新疆煤层气探井、参数井、生产试验井部署多在2013年以后,且重点分布于准噶尔盆地南缘东段、塔里木盆地北缘、三塘湖盆地。因此,2015年以后重点地区的煤层气资源评价数据更为精确、可靠。

## 二、新疆煤层气勘查程度

以煤层气为典型代表的非常规天然气勘探,基础工作是寻找面积大、分布稳定、有聚气潜力的层状储集体,核心工作是优选含气性好、储层物性佳、埋藏深度适中、可经济开采的开发"甜点"区。在以上勘查思路的引导下,煤层气勘查工作程度分为预查(调查评价)、普查、预探、勘探4个级别。新疆地区的煤层气勘查工作总体分为4个阶段。

2008年以前,资源评价阶段,仅在乌鲁木齐河东区块、吐哈盆地等地区施工了少量煤层气参数井,获取了煤层含气量、吸附性、储层物性等相关参数,部分油井对煤层段进行试气,初步获取其产气能力。

2008年,准噶尔盆地南缘阜康矿区施工的FS-1生产试验井成为新疆第一口获得工业气流的煤层气井(图1-3-1),具有里程碑式的意义,标志着新疆煤层气勘查进入新阶段。

2008—2012年,在FS-1井的基础上,阜康白杨河矿区再施工4口生产试验井,形成新疆第一个煤层气生产试验井组并获得产气突破,单井产量最高可达 $2522 m^3/d$,井组产量达到 $7000 m^3/d$。

2013年至今,由于新疆地质勘查基金对全疆煤层气勘查项目的大力支持,新疆准南、后峡、库车—拜城、三塘湖、艾维尔沟、和什托洛盖、阳霞、达坂城等地区全面开展煤层气勘查工作,准南煤田阜康甘河子—大黄山、阜康四工河、乌鲁木齐河东、库车-拜城煤田拜城区块局部达到勘探级别,准南、库车-拜城、后峡、三塘湖、艾维尔沟等地区总体达到普查—预探级别(图1-3-2)。

由于新疆地区煤层气勘查工作主要自2013年起步,开展时间相对较短,仅在准南煤田、库车-拜城煤田的个别区块局部地区达到勘探级别,重点区块总体处于普查—预探级别,仍待进一步提升勘查程度。此外,煤炭、煤层气资源丰富的准噶尔盆地东缘—北缘、吐哈盆地、天山系列盆地等地区的煤层气勘查工作仍处于基础调查评价阶段。整体看来,新疆地区煤层气勘查程度总体偏低。

图 1-3-1　新疆第一口获工业气流煤层气井——FS-1 井

**1. 准噶尔盆地**

相对于全新疆而言,准噶尔盆地南缘煤层气勘查工作程度较高,共施工了煤层气参数井和生产试验井 60 余口,取得了储层物性和含气性参数。通过长期的煤田地质勘探,结合近年来煤层气勘查成果,发现准南煤田吉木萨尔—阜康—乌鲁木齐—硫磺沟—呼图壁一带煤层气资源赋存状况较好。

准噶尔盆地南缘:包括准南煤田、后峡煤田、达坂城煤田。2002—2005 年,新疆煤田地质局在乌鲁木齐河东矿区先后施工乌试 1、乌试 2 等煤层气参数井。2006 年,中联煤层气有限责任公司在昌吉硫磺沟施工昌试 1、昌试 2 两口煤层气参数井。2006—2009 年,中石油在呼图壁矿区、阜康大黄山矿区施工了 3 口煤层气生产试验井。2008 年,新疆煤田地质局在阜康白杨河矿区施工了新疆第一口具有工业气流的煤层气生产试验井——FS-1 井。2009—2012 年,FS-1 井周边继续施工了 4 口生产试验井,形成了新疆地区首个煤层气开发试验井组。2013—2015 年,煤层气勘查进入新阶段,新疆煤田地质局、中国地质调查局油气资源调查中心、新疆科林思德能源公司等单位在乌鲁木齐河东矿区、阜康矿区、吉木萨尔水西沟矿区、呼图壁矿区、玛纳斯矿区、后峡煤田开展了煤层气调查评价、普查、预探、勘探工作,施工煤层气参数井、生产试验井 20 余口,其中阜康四工河区块的 CSD01 煤层气参数＋生产试验井日产气量最高可达 17 200 $m^3$,创造了全国直井、单层排采煤层气井产量最高记录,乌鲁木齐矿区新乌参 1 井获得产气量超过 3500 $m^3/d$ 的高产工业气流(单衍胜等,2018)。2016—2019 年,新疆煤田地质局在乌鲁木齐矿区进行煤层气勘探、北单斜预探项目,施工煤层气参数井、生产试验井 37 口,可为煤层气开发利用先导性试验以及规模性勘探开发提供资料基础。

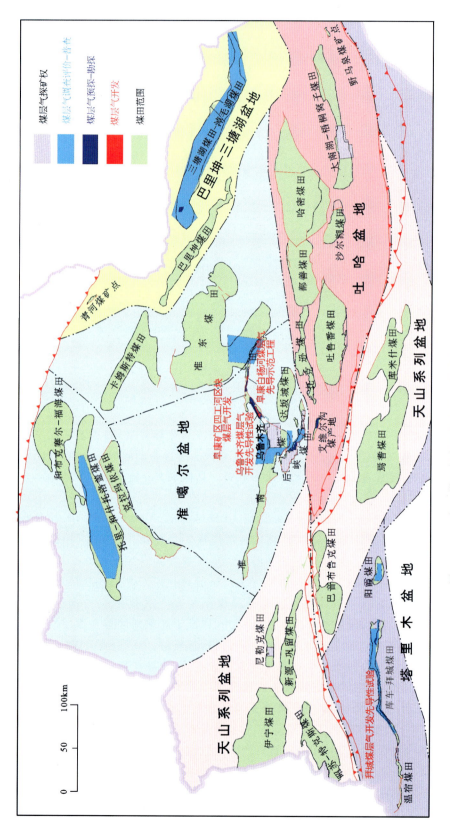

图 1-3-2 新疆煤层气资源勘查开发程度图（截至 2019 年 12 月）

准噶尔盆地东缘：包括准东煤田、卡姆斯特煤田、青河煤矿点。1999年，煤炭科学研究总院西安研究院与中联煤层气有限责任公司在进行"新疆地区煤层气资源评价及选区研究"项目时，曾对准东煤田煤层气资源作了初步评价，认为准东地区是煤层气开发中等程度有利区。2005—2007年，中石油新疆油田在准东五彩湾、沙帐地区施工了煤层气参数井2口、生产试验井3口，针对主要煤层进行解吸实验，评价煤层气可采性及产能，综合评价准东含气量较低，对彩504井（埋深2567～2583m）西山窑组煤层进行射孔、压裂后，获得日产气7000m³/d。2009年，中石化华东局在大井地区施工了大井1煤层气参数井，并进行了含气量和试井测试，测试结果含气量很低。

准噶尔盆地西北缘：包括克拉玛依煤田、托里和什托洛盖煤田、和布克赛尔-福海煤田。2017—2019年，托里-和什托洛盖煤田开展煤层气普查，施工了煤层气参数井4口、生产试验井1口，对该区煤层含气性以及产气能力进行了测试。

**2. 吐哈盆地**

吐哈盆地包括哈密、大南湖、沙尔湖、鄯善、吐鲁番、艾丁湖、托克逊、艾维尔沟等煤田、煤产地，煤炭资源丰富、煤层气勘查程度较低，总体处于预查阶段，截至目前仅施工了3口参数井和14口生产试验井。

2002年开始，中石油吐哈油田在初步完成吐哈盆地煤层气区带评价与优选的基础上，陆续开展了煤层气井的钻探与分析测试，并进行了排采试验工作，哈密、沙尔湖煤田施工了1口参数井、6口生产试验井，但生产试验井最高产气量仅200m³/d；2005年，新疆煤田地质局在吐鲁番艾丁湖煤田施工了2口生产试验井，产气效果不佳；2010年，新疆焦煤集团在艾维尔沟矿区先后施工了2口参数井；2016—2018年，新疆煤田地质局在艾维尔沟矿区施工参数井、生产试验井6口，评价该区煤层气的资源潜力与产出能力。

通过参数井及生产试验井的施工，获得了吐哈盆地部分煤田煤层的等温吸附性能、含气量、气成分及储层渗透率、储层压力等物性参数。

**3. 天山系列盆地**

天山系列盆地的煤层气勘查程度极低，到目前为止，仅在伊宁煤田、尼勒克煤田施工煤层气参数井4口，显示煤层含气量中等—偏低，渗透率较低。

通过参数井的施工，获得了伊宁煤田及尼勒克煤田煤层的等温吸附性能、气含量、气成分数据及储层渗透率、储层压力等物性参数。

**4. 塔里木盆地**

塔里木盆地的煤层气勘查工作集中于塔里木盆地北缘，重点包括库车-拜城煤田、阳霞煤田，累计施工了煤层气参数井22口、生产试验井17口，但总体勘查程度仍偏低，整体处于普查程度。

2014—2015年，新疆煤田地质局开展了"新疆库车-拜城煤田煤层气评价及示范工程靶区优选"项目，在库车-拜城煤田施工煤层气参数井5口、生产试验井4口，测试显示煤层含气量以及渗透率均较高，定向井单井最高产气量达到4710m³/d，显示具有较好的产气前景。

2015—2018年，对库车-拜城煤田开展了煤层气资源勘查工作，在库车-拜城煤田范围进行煤层普查，在拜城矿区小范围进行勘探，施工参数井5口、生产试验井12口，水平井稳定产气量达到6000m³/d，并开创了国内在高陡煤层（煤层倾角80°）施工水平井的先河。

2017—2019年,在阳霞煤矿区开展煤层气资源普查,施工煤层气参数井5口、生产试验井1口,单井稳定产气量超过1100m³/d,并发现良好煤系气显示。

**5. 巴里坤-三塘湖盆地**

巴里坤煤田尚未开展煤层气勘查工作。三塘湖盆地煤层气勘查达到普查程度,累计施工煤层气探井8口、参数井16口、生产试验井4口。

2009—2012年,在三塘湖煤田进行煤炭资源详查、勘探工作期间,施工煤层气探井8口、煤层气参数井2口。2015年至今,新疆煤田地质局在三塘湖盆地先后开展煤层气资源评价、普查和汉水泉预探项目,总计施工煤层气参数井14口、生产试验井4口。中石油吐哈油田对油气探井马18井进行试采,获得200m³/d左右的低产煤层气流。

三塘湖盆地煤层分布广,埋深浅,煤层层数多,单层厚度大,煤层气勘查研究程度较低,尽管大面积区域煤层气风化带较深,且只获得了低产煤层气流,但盆地东部仍然显示了煤层气良好的勘探潜力。

### 三、新疆煤层气开发现状

新疆地区煤层气开发起步晚,经验积累少,煤层气产业总体仍处于地质与工程技术探索性研究、煤层气田开发试验阶段。2013年以来,为扶持煤层气产业,新疆加大煤层气开发示范力度,先后开展了阜康白杨河、乌鲁木齐河东、拜城3个煤层气开发利用示范工程,实施了阜康四工河煤层气开发项目(图1-3-2)。截至目前,乌鲁木齐河东区块正在开展煤层气开发示范工程建设,新疆中低煤阶煤层气开发获得实质产量突破,为继新疆继沁水盆地、鄂尔多斯盆地东缘之后成为我国第三个煤层气开发利用基地奠定了工作基础。

以天山南、北两侧的山前逆冲推覆构造带为煤层气富集有利区,在准噶尔盆地南缘东部的阜康、乌鲁木齐河东矿区以及塔里木盆地北缘拜城矿区获得未上表的煤层气探明地质储量$164 \times 10^8 m^3$,建成了4个小规模的煤层气开发试验、示范区块。现有煤层气生产井近240口,年产能达到$1.5 \times 10^8 m^3$,2017年实际产气量为$8235 \times 10^4 m^3$,所产煤层气经脱水、增压制备成CNG后供附近工业园区、CNG加气站及民用燃气管网使用。

2014—2015年,新疆煤田地质局承担并建成了新疆首个煤层气开发利用先导性示范工程——阜康市白杨河煤层气开发利用先导性示范工程,成为新疆煤层气开发领域的首次突破(图1-3-3)。白杨河示范区在前期5口开发井组的基础上,再施工51口煤层气生产井及1座集气处理站,建成产能$3000 \times 10^4 Nm^3/a$,所产煤层气经脱水、压缩后,以CNG管输方式供应阜康甘河子工业园区(赵力和杨曙光,2018)。

2014年,新疆科林思德公司在阜康四工河区块进行煤层气开发工作。截至目前,建成生产井44口产能$7000 \times 10^4 Nm^3/a$的开发区块,峰值产气量达到$17.5 \times 10^4 Nm^3/d$。现阶段,所产煤层气主要用于CNG加气站,少量用于瓦斯发电项目。

2016年,毗邻阜康市白杨河煤层气开发利用先导性示范工程的白杨河煤层气二期开发项目的14口煤层气生产井(图1-3-4),产气量超过$2 \times 10^4 m^3/d$,平均单井产气量达到1500m³/d,远超过目前沁水盆地700~900m³/d的平均单井产气量。

2016—2018年,新疆乌鲁木齐河东、拜城矿区分别建设了乌鲁木齐煤层气开发利用先导试验区、拜城煤层气开发利用先导试验区。乌鲁木齐先导试验区施工生产井17口,产气量为

图1-3-3 阜康白杨河区块煤层气开发利用先导性示范工程

$2.2\times10^4\mathrm{m}^3/\mathrm{d}$;拜城先导试验区施工生产井23口,产气量为$1.9\times10^4\mathrm{m}^3/\mathrm{d}$。

2019年,乌鲁木齐河东矿区正在开展河东区块煤层气示范工程建设,设计生产井72口,建设产能规模为$0.5\times10^8\mathrm{m}^3/\mathrm{a}$,未来将继续扩大产能,用以弥补乌鲁木齐市天然气供应缺口。

图1-3-4 阜康白杨河区块煤层气二期开发项目

从单井产量看,新疆中低煤阶煤层气开发区块单井最高产气量位居全国前列,显示出良好的开发前景。例如,乌鲁木齐区块WXS-1井产气量超过$5000\mathrm{m}^3/\mathrm{d}$;拜城BCS-1井产气量最高达$4710\mathrm{m}^3/\mathrm{d}$;首创国内高陡煤层水平钻井先河的BCS-30L水平井稳产气量达到$6000\mathrm{m}^3/\mathrm{d}$;阜康四工河CS11-向2定向井最高产气量达到$2.8\times10^4\mathrm{m}^3/\mathrm{d}$;稳定产气量为$2.4\times10^4\mathrm{m}^3/\mathrm{d}$(图1-3-5),再创全国煤层气单直井产量新高。从区块开发看,新疆已建成4个小规模的中低煤阶煤层气开发区块,且更大规模的乌鲁木齐河东矿区煤层气开发示范工程正在建设,国家规划实施的"准噶尔盆地南缘低煤阶煤层气产业化基地"正在加快推进,这是我国在低煤阶煤层气资源勘探开发领域的重大突破。

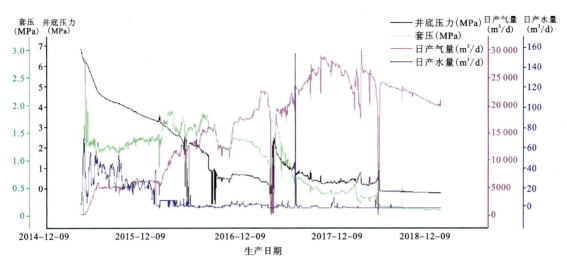

图 1-3-5　阜康四工河区块 CS11-向 2 井排采曲线图

# 第二章 准噶尔盆地南缘煤层气地质背景

## 第一节 构造演化与大倾角煤层的形成

### 一、盆地地理及准噶尔盆地南缘区域概况

准噶尔盆地位于新疆北部,为中生代—新生代大型坳陷盆地,面积约 $13.4 \times 10^4 \mathrm{km}^2$,平面上呈南宽北窄的不等边三角形,东西长 1120km,南北最宽处约 800km。准噶尔盆地是在相邻板块挤压条件下得以演化形成的,叠加于晚古生代海陆过渡相沉积盆地之上。从平面上看,盆地周围被褶皱山系环绕,西北为加依尔山与哈拉阿拉特山,东北为青格里底山与克拉美丽山,南面是天山山脉的依连哈比尔尕山(北天山)与博格达山(图 2-1-1),盆地腹部为古尔班通古特沙漠,面积约占盆地总面积的 36.9%。准噶尔盆地南缘地处天山北麓低山-丘陵地带,地势北低南高,海拔 1000~3000m,为现代沟谷或冲沟发育的侵蚀堆积地形。该区属大陆性干旱—半干旱气候,冬季严寒,夏季酷热,春季气候多变,秋季降温迅速。统计表明,全年最低气温在 1 月和 2 月,月平均气温一般在 $-18 \sim \pm 13.6$℃,全年最高气温在 7 月和 8 月,月平

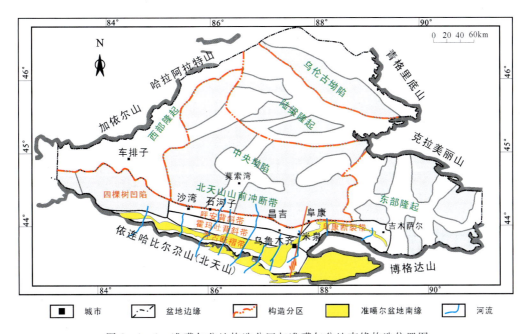

图 2-1-1 准噶尔盆地构造分区与准噶尔盆地南缘构造位置图

均气温一般在25.8～23.4℃,昼夜温差一般在10℃以上。全年降水量较小,年降水量一般170.4～337.3mm,而蒸发量高达1 882.6～2 497.4mm。每年11月至次年3月为冰冻期,冻土深度为100～120cm,4月初解冻。一般风速为1.2～2m/s,风向西南、西北最多。

准噶尔盆地南缘位于准噶尔盆地南部、依连哈比尔尕山北侧的区域,其煤层气资源主要赋存于山前逆冲推覆构造带的准南煤田、后峡煤田以及柴窝堡凹陷的达坂城煤田,行政区划自西向东覆盖塔城地区(乌苏市、沙湾县)、石河子市、昌吉州(玛纳斯县、呼图壁县、昌吉市)、乌鲁木齐市、昌吉州(阜康市、吉木萨尔县)。

## 二、现今构造格局与大倾角煤层成因

准噶尔盆地为中生代—新生代大型坳陷盆地,在相邻板块挤压作用下演化形成,其叠加于晚古生代海陆过渡相沉积盆地之上,古老基底为前震旦纪强磁性刚性结晶地块(吕嵘等,2005)。二叠纪时期,准噶尔盆地受到区域性南北向挤压应力的影响,形成了以北西西向为主的大型隆坳相间的构造格局。基于此,以二叠系沉积时的构造格局为基础,可将盆地划分为6个一级构造单元,分别为陆梁隆起、乌伦古坳陷、北天山山前冲断带、西部隆起、中央坳陷以及东部隆起(图2-1-1)。其中,北天山山前冲断带指准噶尔盆地南缘紧邻天山的区域,自西向东由四棵树凹陷、齐古断褶带、霍玛吐背斜带、呼安背斜带、阜康断裂带5个二级构造单元组成,是一个以晚海西期前陆湖陷为基础,经长期发育、多期叠合的继承性构造带。准噶尔盆地南缘研究区范围主要包括齐古断褶带与阜康断裂带。

自晚古生代开始,准噶尔盆地相继经历了海西、印支、燕山、喜马拉雅等多期构造运动(图2-1-2)。其中,燕山、喜马拉雅期运动对煤系后期改造影响巨大。准噶尔盆地受南、北、西相邻板块挤压背景而演化,在强烈挤压应力下,盆缘山体隆升,并向盆内推覆,产生边缘坳陷,为盆地充填提供了物源及堆积空间,盆地南缘多期次的逆冲推覆构造使得区内高陡煤层普遍发育,形成了特殊的推覆构造作用下形成的大倾角煤层的发育特征。

**1. 基底构造**

石炭纪至二叠纪准噶尔地块发生陆-陆碰撞,周边海槽先后关闭,早期沉积物褶皱隆升,形成的造山楔依次向盆内逆冲。盆地基底形态呈现隆凹相间、南北分带、东西分块的构造格局。

早二叠世末海水从博格达一带退出,晚二叠世初处于相对稳定的陆相湖滨三角洲-深水湖泊沉积,早二叠世与晚二叠世为连续沉积,显示槽盆渐变转化关系。中三叠世湖泊有所扩大,晚期形成湖泊沼泽相杂色砂、泥质碎屑岩建造。晚三叠世形成湖泊和沼泽相杂色砂岩、泥岩建造。三叠纪末盆内古地形北高南低、北缓南陡,以厚大的冲积扇、扇三角洲或三角洲沉积向盆中进积,具有填平补齐的效应,为早—中侏罗世聚煤创造了前陆挠曲盆地基底构造条件,为聚煤前盆地基底填平补齐阶段。

**2. 聚煤期构造**

在经历了海西期、印支期构造活动后,准噶尔盆地内的构造运动相对有所减弱,沉积作用却明显增强。在早—中侏罗世含煤建造极为发育,形成了两个主要聚煤期。受依连哈比尔尕、博格达等边界断裂和中央断裂的联合控制,准噶尔盆地南缘形成了规模较大的山前坳陷区,早—中侏罗世的断裂构造控制作用明显。早侏罗世坳陷在准噶尔盆地南缘东部大黄山、阜康水磨河一带的沉降速度与沉积速度相适应,对聚煤作用有利,形成多层厚煤层。头屯河

## 第二章 准噶尔盆地南缘煤层气地质背景

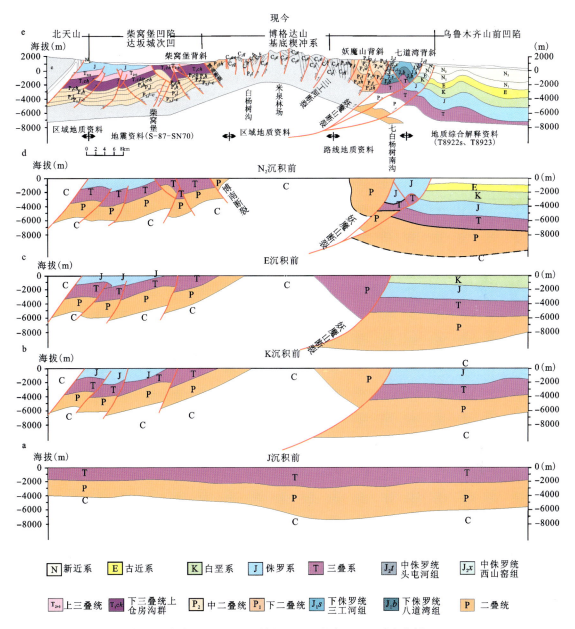

图 2-1-2　准噶尔盆地南缘地区北天山—博格达山—米泉地区地质演化剖面(据李丕龙等,2010改)

以西,由于坳陷的沉降速度慢,不利于聚煤作用,所以未形成有工业价值的煤层。中侏罗世坳陷区内聚煤作用明显比早期普遍加强,聚煤中心主要分布在阜康、乌鲁木齐河东和河西等地,形成厚煤层发育的富煤带。

**3. 聚煤期后改造作用**

白垩纪—古近纪,盆地演化在前期挤压挠曲作用下逐渐进入均衡挠曲盆底阶段,此时断裂活动明显减弱。燕山期,盆地以上升运动为主,使内陆盆地得以进一步发展。晚侏罗世末燕山中期构造对盆地产生强烈挤压,盆地变形收缩,形成北北东向褶皱和断裂,伴随部分边界断裂走滑盆地基底由北西向南东掀斜。该期博格达山前构造活动剧烈,阜康断裂强烈逆冲,造成早期博格达山前坳陷褶皱回返,以增生楔成为博格达山的一部分。燕山运动晚期以盆地腹地为中心,全盆地缓慢而均衡下沉,白垩系覆盖盆内岩系,在南缘呈较强烈的挤压冲断,形成第二、第三排褶皱带。

第四纪以来,准噶尔盆地南缘发生强烈的挤压变形,其中上新世末期的喜马拉雅运动Ⅲ幕主要影响到变形后缘的山前推举带,早更新世晚期的新构造运动时,变形传递到变形中带和前锋带,形成第二、第三排背斜,整个南缘地区构造定型。在此期间,准噶尔盆地南缘西部主要表现为发生在北天山山前地带的基底卷入式逆冲作用;准噶尔盆地南缘东部变形主要表现为沿博格达山前的基底卷入式逆冲作用。天山隆起造成的向北推覆,使煤系地层形成北西向的线性构造断褶带和北东东—南东东向的线性构造断褶带。在此阶段,整个准噶尔盆地南缘地区受到强烈的南北向挤压应力作用,形成一系列山前褶皱。这种挤压作用形成的褶皱包括背斜、向斜和复合褶皱,在挤压作用强烈的地区甚至形成倒转向斜(如大黄山地区的黄山-三工河倒转向斜),导致煤层产状陡倾,部分地区含煤地层近乎直立。因此,在逆冲挤压构造大背景下盆缘煤层产状多具有大倾角的特点。

## 第二节 煤系沉积环境与聚煤规律

准噶尔盆地南缘中—下侏罗统是该区发育煤系的主要地层,含煤地层自下而上依次为八道湾组($J_1b$)、三工河组($J_1s$)以及西山窑组($J_2x$)。其中,可采煤层产于八道湾组与西山窑组,煤种从褐煤到气煤均有产出,兼有热成因与生物成因煤层气的物质基础。研究表明,西山窑组地层分布范围广,煤层层数普遍较多,可采煤层多为厚或巨厚煤层,属于稳定、较稳定的煤层;八道湾组地层的含煤性则相对较差。

### 一、煤系沉积环境

通过对准噶尔盆地南缘野外露头剖面、钻井岩芯以及测井资料整理分析,结合相关地质理论知识,该区中—下侏罗统八道湾组、三工河组以及西山窑组地层共识别出3种沉积相类型,分别为辫状河三角洲相、曲流河三角洲相以及湖泊相,并进一步划分出6种沉积亚相及对应的16种沉积微相(表2-2-1)。

表2-2-1 准噶尔盆地南缘中—下侏罗统沉积相、亚相以及微相统计表

| 沉积相 | 沉积亚相 | 沉积微相 |
| --- | --- | --- |
| 辫状河三角洲相 | 辫状河三角洲平原亚相 | 辫状河、分流间湾、泥炭沼泽 |
|  | 辫状河三角洲前缘亚相 | 河口坝、远砂坝、水下分流河道 |
| 曲流河三角洲相 | 曲流河三角洲平原亚相 | 分流河道、天然堤、分流间湾、泥炭沼泽 |
|  | 曲流河三角洲前缘亚相 | 远砂坝、水下分流间湾 |
| 湖泊相 | 滨湖亚相 | 滨湖滩坝、滨湖沼泽、泥炭沼泽 |
|  | 浅湖亚相 | 浅湖泥 |

## (一)辫状河三角洲相

辫状河三角洲指辫状河体系前积到停滞水体中形成的富含砂与砾石的三角洲,为一种介于粗粒扇三角洲与细粒正常三角洲之间的具有独特属性的三角洲类型,其发育受到季节性洪水流量或山区河流流量控制,沉积作用以辫状河平原的垂向加积与远端辫状河的前积作用为特征。辫状河三角洲可分为3个次级沉积单元,即辫状河三角洲平原、辫状河三角洲前缘以及前辫状河三角洲,但在准噶尔盆地南缘只存在三角洲平原和辫状河三角洲前缘。在研究区,辫状河三角洲发育较为广泛,主要分布于玛纳斯、呼图壁以及硫磺沟等地区。

### 1.辫状河三角洲平原亚相

辫状河三角洲平原主要发育于盆地边缘与湖泊岸线之间,据现有钻井揭露的沉积特征,沉积微相主要为辫状分流河道,少部分为泥炭沼泽。辫状分流河道主要特征为:具底冲刷面,冲刷面之上为底砾岩滞留沉积(图2-2-1a),滞留沉积之上为具槽状和板状交错层理的含砾砂岩、中粗砂岩沉积,呈下粗上细的正粒序序列。垂向上,砂体呈多个旋回反复叠置,单个旋回都具自下而上由粗变细的特征,发育平行层理、槽状或板状交错层理(图2-2-1b~d)。

图2-2-1 准噶尔盆地南缘硫磺沟剖面八道湾组地层特征
a.底砾岩;b.多期旋回;c.交错层理;d.薄煤层

八道湾组在准噶尔盆地南缘昌吉市硫磺沟剖面出露良好,底部为大套厚层状砂砾岩,向上粒度逐渐变细,形成下粗上细的透镜体,厚度3~8m,砂砾岩段多个透镜体在垂向上和平面上相互叠置冲刷,发育底部冲刷面和大型交错层理。砂砾岩透镜体有时由薄煤层或碳质泥岩分割(图2-2-2)。此外,硫磺沟剖面八道湾组下部地层多期的砂砾岩充分叠置,表现出典型的辫状河道沉积特征,多期砂砾岩透镜体互相叠置、冲刷由辫状河频繁迁移改道而形成,也表示距离物源区较近。

图 2-2-2 准噶尔盆地南缘硫磺沟剖面八道湾组下部特征
a.辫状河沉积;b.砂砾岩层;c.底部冲刷

细粒的砂泥岩互层段向上,大套砂砾岩层段再次发育。厚层砂砾岩冲刷、覆盖于下伏细粒砂泥岩层段之上。砂砾岩段横向分布稳定,砾石粒径达 3cm,发育大型槽状交错层理;粒度在垂向向上变细,由多个正旋回透镜体叠置而成(图 2-2-3)。

图 2-2-3 准噶尔盆地南缘硫磺沟剖面地层冲刷界面特征

**2. 辫状河三角洲前缘亚相**

辫状河三角洲前缘沉积岩性以浅灰色砂砾岩、粗砂岩、细砂岩、砂质泥岩以及泥岩为主。沉积微相主要包括水下分流河道、分流河道间以及远端坝。其中，水下分流河道特别活跃，沉积物在前缘亚相中占总量的90%以上。

水下分流河道是辫状河三角洲前缘沉积的主体，岩性相对分流河道更细，以灰白色砂砾岩、粗砂岩、中砂岩为主，构成正旋回结构，呈颗粒支撑，夹薄层深灰色泥岩，为水下河道切割河口坝后形成的水下河道充填。底部可见冲刷面，砂岩内发育板状交错层理、平行层理等（图2-2-4）。

图2-2-4　准噶尔盆地南缘硫磺沟剖面辫状河三角洲前缘水下分流河道沉积

水下分流河道间主要发育由水下分流河道迁移而形成的细粒沉积，岩性组合整体上以灰白—深灰色泥岩为主，夹有少量粉砂岩，见水平纹理和沙纹交错层理（图2-2-5）。

**（二）曲流河三角洲相**

曲流河三角洲指由曲流河体系前积到稳定水体中形成的三角洲体系。根据沉积环境和沉积特征，可将该类三角洲相进一步划分为三角洲平原、三角洲前缘以及前三角洲。在准噶尔盆地南缘，曲流河三角洲主要分布于阜康到甘河子一带，三角洲平原为主要的亚相类型。

**1. 曲流河三角洲平原亚相**

三角洲平原是三角洲的陆上沉积部分，亚环境多种多样，以分流河道为格架，分流河道两侧有天然堤、决口扇，而分流河道间常发育泥炭沼泽与分流间湾等。曲流河沉积物粒度较辫状河更细，主要由中砂岩、细砂岩与粉砂质泥岩组成，构成向上变细的正旋回结构，天然堤与河道砂坝均较为发育。三角洲平原二元结构明显，下部为河道砂坝沉积，上部结构为河漫滩、泛滥平原沉积，自然电位曲线常呈钟形或箱形负异常。

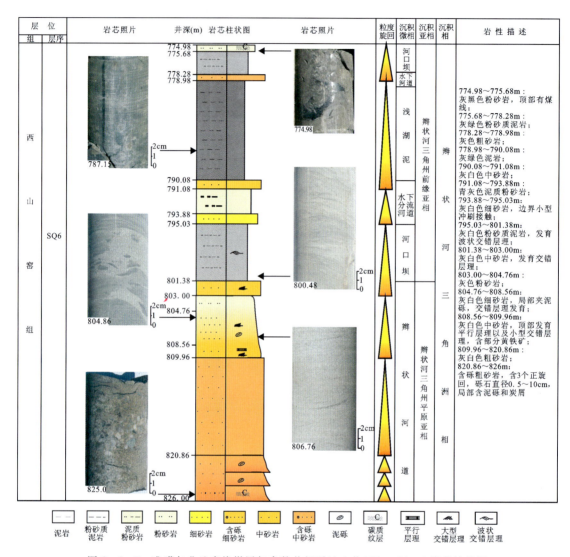

图 2-2-5 准噶尔盆地南缘煤层气参数井新呼地 1 井(774~826m)岩芯柱状图

在准噶尔盆地南缘阜康市中部甘河子剖面,八道湾组出露良好,中下部为主要含煤层段,发育曲流河三角洲相沉积。在甘河子剖面八道湾组底部发育大套煤层、碳质泥岩、泥页岩夹薄层粉砂岩、细砂岩。由于物源输入较少,泥炭大量堆积,反映出较为稳定的滨湖沼泽成煤环境(图 2-2-6)。

甘河子剖面底部向上发育砂-泥岩互层段,以细砂岩、粉砂岩、碳质泥岩以及煤层为主,且煤层自燃现象广泛发育。受自燃现象影响砂岩呈红色,可见砂岩层发育小型交错层理(图 2-2-7)。沉积物总体粒度较细,砂岩、泥岩和煤互层,反映水动力较弱的稳定泛滥平原相沉积。靠近河道处发育天然堤,为洪水期由洪水携带的沉积物在河岸堆积而成,小型交错层理发育较好。洪水期之后,在泛滥平原上形成广泛分布的泥炭沼泽。

# 第二章 准噶尔盆地南缘煤层气地质背景

图 2-2-6 准噶尔盆地南缘甘河子剖面八道湾组底部沉积特征
a. 湖泊相；b. 厚煤层；c. 薄层砂岩

煤层自燃段上部发育大套中细粒砂岩，具槽状交错层理，呈向上变细的正韵律，厚约20m（图2-2-8）。该段较下部砂泥岩互层段粒度开始变粗，大套的中细粒砂岩出现，指示沉积环境发生变化，该地区开始了新一轮的物源输入。

煤层自燃段之上，分流河道相发育，厚层状细砂岩覆于碳质泥岩、砂质泥岩之上，发育槽状交错层理，底部可见泥砾，位于河道最底部的冲刷面之上，为河道底部滞留沉积。厚层状砂岩发育槽状交错层理，分选较好，具向上变细的正韵律，垂向上叠置多个正旋回，旋回下部为具槽状交错层理的砂岩，向上粒度变细发育具平行层理的砂质泥岩或碳质泥岩（图2-2-9）。

甘河子剖面上部，发育大套砂砾岩段覆于下部砂泥互层段之上，厚约2m；底部具冲刷面，发育大型槽状交错层理，呈向上变细的正韵律特征（图2-2-10）。

准噶尔盆地南缘甘河子剖面主要发育细粒三角洲亚相，分流河道微相底部可见泥砾、砾石和粗粒砂岩，为河道底部滞留沉积，与下伏碳质泥岩、砂质泥岩冲刷接触，垂向发育向上变细的正韵律，由底部具槽状交错层理的砂砾岩与粗砂岩向上变化为具平行层理的细砂岩、砂质泥岩与碳质泥岩，表现出河流二元结构。河道间发育天然堤与泛滥平原沉积，岩性以细砂岩、粉砂岩与泥岩为主，具小型交错层理，呈薄层的砂岩与泥岩互层，层厚10～20cm，泥岩顶部发育薄煤层。一般来说，分流河道沉积主要发育于低位体系域，湖侵体系域期间三角洲退

图2-2-7 准噶尔盆地南缘甘河子剖面八道湾组下部地层特征
a.煤层烧变段；b.小型交错层理；c.小型交错层理

图2-2-8 准噶尔盆地南缘甘河子剖面八道湾组下部煤层自燃段

积，湖泊相发育，开始发育较厚煤层与大套泥岩，夹有薄层粉砂岩、细砂岩透镜体。从三级层序SQ3开始，湖泊相不再发育，沉积物粒度较粗。

西山窑组在准噶尔盆地南缘阜康市西部水磨河剖面出露良好，主要发育泛滥平原相沉积。岩性以细砂岩、粉砂岩、砂质泥岩夹煤层为主，砂泥岩层段互层。在剖面底部，可见大套煤层自燃段(图2-2-11)，多期厚层状中细粒砂岩覆于泥岩层之上，在煤层自燃段上部砂岩层段逐渐变薄，与泥岩层呈互层状产出，厚20～30cm。

图 2-2-9 准噶尔盆地南缘甘河子剖面八道湾组中部沉积特征
a. 冲刷面；b. 冲刷面；c. 多期正旋回

图 2-2-10 准噶尔盆地南缘甘河子剖面八道湾组上部沉积特征
a. 冲刷面；b. 冲刷面；c. 槽状交错层理；d. 正韵律

图 2-2-11　准噶尔盆地南缘水磨河剖面煤层自燃段

煤层自燃段往上为大套灰绿色砂质泥岩、泥岩段，含有多套薄煤层(20～50cm)。在泥岩层间夹有中—细粒砂岩薄层，厚 20～30cm，发育小型交错层理(图 2-2-12)。洪泛期受到洪水作用影响，携带大量沉积物形成中—细粒的砂质沉积；洪泛期结束，随着洪水退去，泛滥平原小型湖泊与泥炭沼泽开始发育，形成厚层泥岩和煤层。受到洪泛作用影响，该时期形成的煤层层数较多，厚度较薄。

图 2-2-12　准噶尔盆地南缘水磨河剖面西山窑组下部沉积特征
a.灰绿色泥岩层；b.灰绿色泥岩层；c.中砂岩层

水磨河剖面中上部发育大套灰绿色泥岩、砂质泥岩，夹有薄煤层，反映出受物源影响较小，向上粒度变粗，发育厚层中粗粒砂岩。在靠近顶部，砂岩粒度变粗，发育多套红褐色砂砾岩夹粗砂岩，具向上变细的正韵律，顶部受到头屯河组底部砂砾岩冲刷，砾径达 8cm，为基质支撑，向上发育槽状交错层理，头屯河组底部向上为多套红褐色砂砾岩、粗砂岩沉积(图 2-2-13)。这表明西山窑组晚期准噶尔盆地南缘气候开始逐渐变得干旱。

第二章　准噶尔盆地南缘煤层气地质背景

图 2-2-13　准噶尔盆地南缘水磨河剖面西山窑组顶部沉积特征

水磨河剖面西山窑组主要为一套泛滥平原相沉积,岩性以粉砂岩、砂质泥岩、泥岩为主,为水体较平静环境中形成的间湾与沼泽沉积。部分层段发育较厚层的中—细粒砂岩,是洪泛期泛滥平原被淹没由河道携带沉积形成的,受洪泛事件影响煤层发育较薄,顶部被砂质沉积冲刷。

**2. 曲流河三角洲前缘亚相**

曲流河三角洲前缘亚相主要发育于三工河组沉积时期的呼图壁、玛纳斯与硫磺沟地区。岩性由泥岩、砂质泥岩、泥质砂岩和薄层中—细砂岩交互形成。准噶尔盆地南缘硫磺沟剖面三工河组为一套浅水细粒三角洲沉积,岩性以大套灰绿色中细粒砂岩夹砂质泥岩为主(图 2-2-14)。

图 2-2-14　准噶尔盆地南缘硫磺沟剖面三工河组曲流河三角洲前缘沉积特征

## (三) 湖泊相

湖泊相沉积在整个准噶尔盆地南缘均有发育,湖侵时期,滨岸上超形成以泥岩、砂质泥岩夹薄层细砂岩的湖泊相沉积。依据测井资料、野外露头观察等,可在准噶尔盆地南缘地区识别出滨湖亚相和浅湖亚相沉积。

### 1. 滨湖亚相

滨湖亚相主要发育中厚层泥质砂岩与泥岩互层,夹薄层细砂岩,泥质含量较高(图 2-2-15)。砂质沉积主要为滩坝沉积,具有沙纹交错层理、透镜状层理和波状层理。滨湖泥炭沼泽发育于滨湖滩坝砂质沉积之上,范围较广,向上变为大套泥岩沉积。

图 2-2-15　准噶尔盆地南缘硫磺沟剖面滨湖亚相沉积特征
a. 湖泊相;b. 薄层砂岩

准噶尔盆地南缘硫磺沟剖面可见大套泥岩、砂质泥岩,夹薄层碳质泥岩和煤层。在泥岩层段间发育多层粉砂、细砂岩,呈透镜状产出(图 2-2-16)。

图 2-2-16　准噶尔盆地南缘硫磺沟剖面滨湖亚相沉积特征

## 2. 浅湖亚相

浅湖亚相主要发育深灰—灰黑色粉砂质泥岩或泥岩,发育水平层理,纹层呈水平状,厚2~3mm,局部夹薄层粉—细砂岩,具沙纹交错层理和小型水流波痕纹理,反映了较为平静低能的水体环境(图2-2-17)。

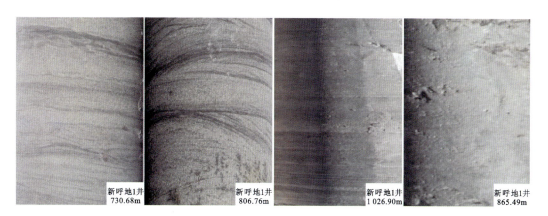

图2-2-17 准噶尔盆地南缘新呼地1井浅湖亚相岩芯特征

呼图壁地区部署了煤层气参数井——新呼地1井,该钻井岩芯可见大套湖泊相沉积发育特征。底部为较粗粒滨湖滩坝沉积,与泥岩互层发育交错层理,向上泥质增多递变为大套泥岩,发育水平层理(图2-2-18)。

## 二、煤层发育特征

中生代早—中侏罗世时期,由于区域构造较为稳定,气候适宜,准噶尔盆地南缘广泛发育了一套含煤建造。在目标地层中,八道湾组与西山窑组为主要含煤地层,三工河组煤层几乎不发育。

### 1. 八道湾组煤层发育特征

通过层序地层研究,可将下侏罗统八道湾组划分为3个三级层序,分别为SQ1、SQ2和SQ3。

三级层序SQ1时期,煤层主要发育于准噶尔盆地南缘东部阜康一带(图2-2-19),煤层总厚度可达40m。整体看来,煤层单层厚度大,分布较广,煤层顶底板以大套的砂质泥岩与泥岩为主要特征。FC-3井钻遇的44号煤层厚度达33.48m。八道湾组煤层在准噶尔盆地南缘东部米泉一带较为发育,但单煤层厚度较薄,煤层顶底板为薄层泥质砂岩和粉砂岩。除此之外,准噶尔盆地南缘西部四棵树凹陷也发育少量八道湾组煤层。

三级层序SQ2时期,煤层发育继承SQ1时期的分布特征,主要在准噶尔盆地南缘东部阜康地区(图2-2-20)。该时期煤层发育厚度大,FC-3井钻遇的42号煤层就是在此时形成,厚度达27.66m。此外,米泉与硫磺沟地区也发育较厚的八道湾煤层。整体看来,准噶尔盆地南缘西部乌苏、玛纳斯、呼图壁等地区八道湾组煤层几乎不发育。

三级层序SQ3时期,八道湾组煤层在全区范围内发育较少,仅在硫磺沟与乌木鲁齐地区有少量煤层发育(图2-2-21),单煤层厚度较薄,煤层顶底板主要为中砂岩、含砾不等粒砂岩等。

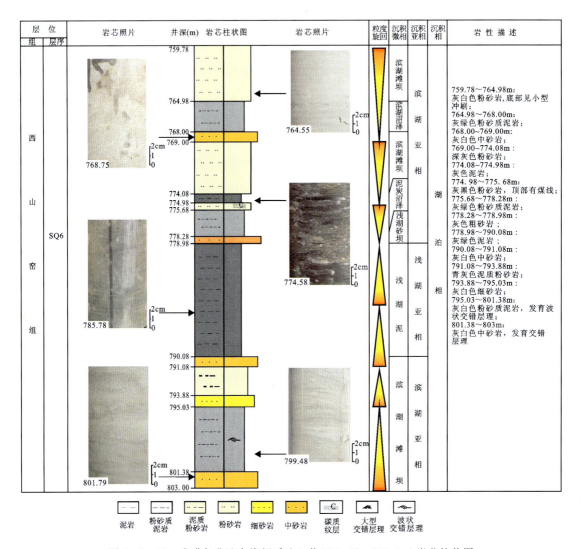

图2-2-18 准噶尔盆地南缘新呼地1井(759.78~803.0m)岩芯柱状图

整体看来,下侏罗统八道湾组沉积期,准噶尔盆地南缘地区八道湾组煤层主要发育在东部博格达山前阜康地区,表现出单层厚度大、分布广泛的特征。此外,米泉地区八道湾组煤层也较为发育,煤层层数多,单层煤厚度较薄。在层序格架中,煤层主要发育在三级层序SQ1和SQ2时期,在三级层序SQ3时期,全区煤层发育相对较差。

**2. 西山窑组煤层发育特征**

三级层序SQ5时期,西山窑组煤层主要发育在准噶尔盆地南缘的东部米泉、中部硫磺沟、西部玛纳斯及以西地区(图2-2-22)。对比分析可知,米泉地区煤层厚度最大,层数较多,单层厚度较小,横向连续性较差,当受物源输入影响较小时,厚煤层则较为发育。WS-1井与WS-2井的43号与45号煤就在此阶段形成。三级层序SQ6时期,西山窑组煤层发育特征基本与SQ5时期一致,仅在玛纳斯及以西地区,富煤带略向南偏移(图2-2-23)。

第二章 准噶尔盆地南缘煤层气地质背景

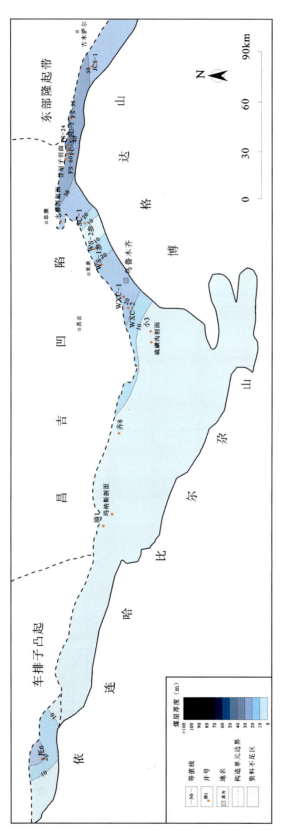

图 2-2-19 准噶尔盆地南缘 SQ1 层序煤层厚度等值线图

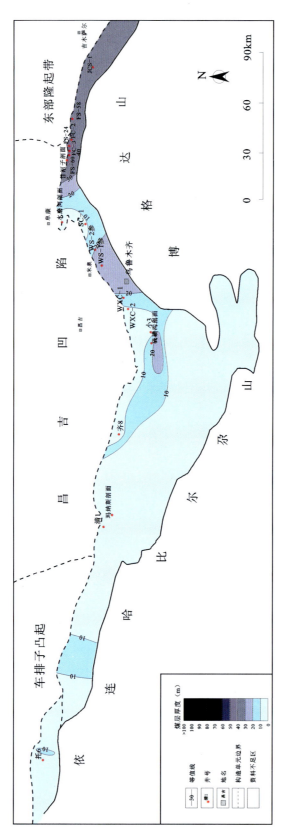

图2-2-20 准噶尔盆地南缘SQ2层序煤层厚度等值线图

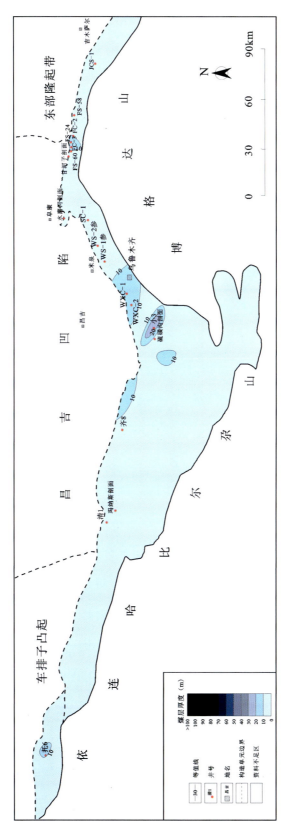

图2-2-21 准噶尔盆地南缘SQ3层序煤层厚度等值线图

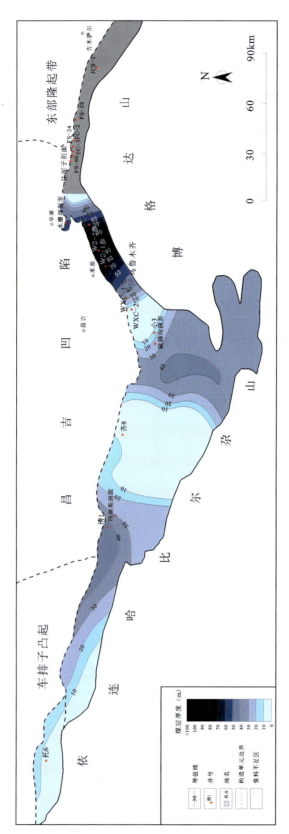

图 2-2-22 准噶尔盆地南缘 SQ5 层序煤层厚度等值线图

# 第二章 准噶尔盆地南缘煤层气地质背景

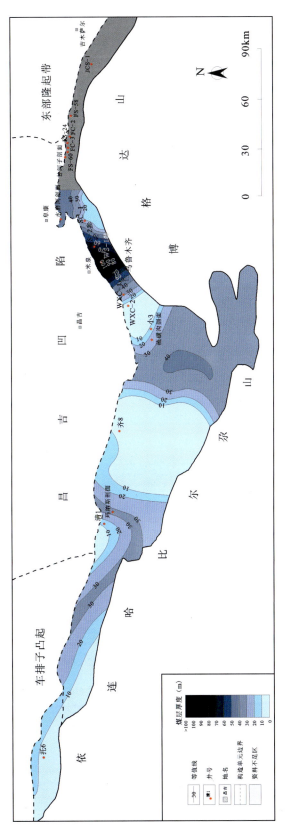

图 2-2-23 准噶尔盆地南缘 SQ6 层序煤层厚度等值线图

整体看来,西山窑组沉积时期,准噶尔盆地南缘主要发育3个聚煤中心,分别位于东部米泉、中部硫磺沟、西部玛纳斯及以西地区。米泉地区煤层总厚度最大,区域上煤层以发育层数多、厚度较薄为特征,当受物源影响较小时,厚煤层开始形成。

### 三、聚煤作用主控因素

聚煤作用的主控因素包括古构造、古地理、古气候以及古植物等。这些因素综合作用控制着煤层分布、煤层发育程度以及煤岩煤质特征等。

#### (一)古构造

构造作用控制着盆地的构造格局及其演化。准噶尔盆地南缘在早—中侏罗世处于稳定凹陷的弱伸展构造背景下,构造条件相对稳定,可为煤层的形成与保存奠定基础。在早—中侏罗世,天山遭受持续性的剥蚀去顶,准噶尔盆地南缘物源区由北天山逐渐向南迁移至中天山(图2-2-24),在三工河组沉积期盆地范围达到最大。西山窑组沉积期,天山物源区开始逐渐向北迁移。王敏芳等(2007)指出准噶尔盆地在早侏罗世仅发育单一沉降中心,在中侏罗世发育3个沉降中心,盆地的构造应力场由早侏罗世整体沉降的应力松弛状态演变为中侏罗世发育多个沉降中心的挤压应力状态。该构造演化过程可对准噶尔盆地南缘的古地理演化产生重要影响,控制着该区聚煤作用的发生,使得准噶尔盆地南缘地区八道湾组与西山窑组沉积时期聚煤作用表现出不同的特征。

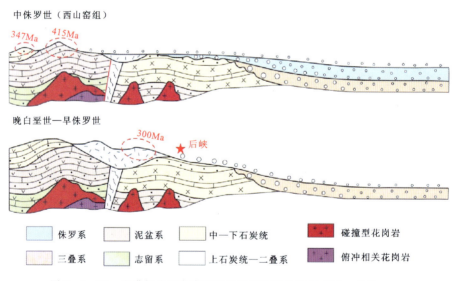

图2-2-24 准噶尔盆地南缘中下侏罗统物源示意图(据房亚男等,2016)

#### (二)古气候

古气候控制着植被的生长以及煤层的形成。

下侏罗统八道湾组沉积期至西山窑组沉积期,准噶尔盆地主要处于半潮湿—潮湿性气候的轻微波动环境,至头屯河时期气候则开始向亚热—干旱性气候转变。

八道湾组沉积时期,广口分属Chasmatosporites与铁粉属Cycadopites孢粉数量比例最大。该类孢粉常见于温带湿热环境中,反映该时期主要为温带潮湿气候。

三工河组早期,指示干旱性环境的克拉梭粉属有个短暂激增又减少的过程,生物丰度减少,表明三工河组早期研究区表现为热带—亚热带环境。三工河组晚期,生物种属与丰度开始变大,蕨类植物大量生长,松柏类和苏铁类裸子植物繁盛,指示干旱性气候的克拉梭粉属较少出现,表明研究区开始向潮湿性气候转变,且在三工河组末期已处于潮湿—半潮湿气候。

西山窑组时期,孢粉中蕨类孢粉含量下降,裸子植物占优势,反映该时期气候开始向热带潮湿气候转变。

整体看来,八道湾组与西山窑组沉积期研究区均处于温热潮湿的气候环境,三工河组沉积期气候一度转变为干旱性气候,一定程度上反映出三工河组的气候条件不利于成煤,而八道湾组和西山窑组适宜成煤。

### (三) 古地理

古地理条件在一定程度上受到构造作用的控制,进而影响煤层的分布。准噶尔盆地南缘在八道湾组时期聚煤中心主要发育在东部阜康一带,在中部和西部辫状河三角洲分布广泛,不利于煤层发育。在东部阜康一带,广泛发育细粒三角洲和湖泊相沉积,形成的煤层分布较广,单层厚度大,以湖相沼泽成煤为主。三工河组时期,湖泊大范围进积,全区广泛分布浅水三角洲前缘和滨浅湖,基本无聚煤作用发生。西山窑组时期,准噶尔盆地南缘辫状河三角洲发生复活,在三角洲朵体间广泛发育泛滥平原,并且普遍沼泽化,该时期在研究区发育3个聚煤中心,分别为东部米泉、中部硫磺沟以及西部玛纳斯,主要为泛滥平原沼泽成煤。

### (四) 层序地层

受控于构造作用下的物源以及盆地基底沉降相互作用,准噶尔盆地南缘发生周期性湖侵作用,使得沉积相带发生变化,影响聚煤作用的发生。在准噶尔盆地南缘,层序地层对八道湾组与西山窑组煤层发育产生不同的控制作用。

#### 1. 八道湾组层序地层格架下的煤层分布

前文所述,八道湾组时期聚煤作用主要发生在三级层序SQ1和SQ2沉积期,该时期准噶尔盆地南缘东部由博格达山提供少量物源,细粒三角洲和湖泊相发育,有利于成煤作用的发生。八道湾组上部三级层序SQ3沉积期,辫状河三角洲大范围进积,湖盆萎缩,准噶尔盆地南缘东部聚煤中心被辫状河三角洲冲刷覆盖,全区煤层发育较少。整体看来,八道湾组沉积期,在构造作用控制下,随着古地理的演化,在不同的三级层序时期,煤层的发育以及分布规律不同。在三级层序划分方案下,以体系域为单位对煤层发育厚度进行统计,发现八道湾组煤层主要发育于湖侵体系域(图2-2-25)。

前文对古地理演化规律以及钻孔煤层发育特征的研究表明,八道湾组沉积时期,准噶尔盆地南缘相对邻近物源区,坡度较陡,由于天山剥蚀去顶产生大量物源输入。低位体系域时期,物源输入速率大于可容空间增长速率,辫状河三角洲大范围进积,分布广泛。此时期煤层发育较少,仅在河道间湾发育少量薄煤层,表现为煤层厚度薄,煤层顶底板以砂岩为特征。

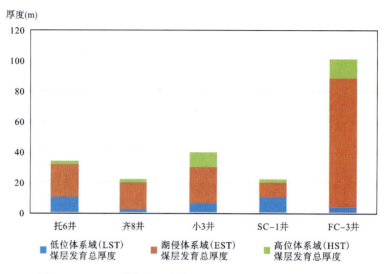

图2-2-25 准噶尔盆地南缘八道湾组钻井煤层厚度统计图

湖侵体系域时期，随着基准面上升速度加快，可容空间迅速增大，超过物源输入速率，滨岸上超，三角洲退积，发育大量滨湖沼泽(图2-2-26)，该时期成煤厚度较大，分布范围广，钻孔煤层顶底板以大套泥岩或砂质泥岩为特征。高位体系域时期，三角洲进积，滨湖沼泽被河道砂体覆盖，仅在河道间湾地区发育少量煤层(图2-2-27)。

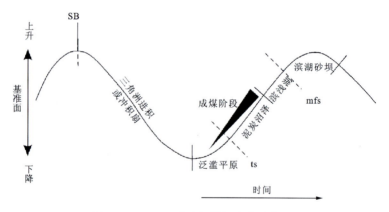

图2-2-26 八道湾组煤层发育示意图

**2. 西山窑组层序地层格架下的煤层分布**

在西山窑组三级层序SQ5和SQ6时期，准噶尔盆地南缘主要发育3个聚煤中心，分布于东部米泉、中部硫磺沟及西部玛纳斯和以西地区。在三级层序地层格架下，西山窑组煤层在垂向上主要发育于低位体系域和高位体系域，湖侵体系域时期煤层发育较少(图2-2-28)。

由前文可知，西山窑组沉积时期湖盆开始收缩，南部天山物源区相对向北迁移，辫状河三角洲发生复活并且呈单一朵体近东西向分布。由于三工河组时期准噶尔盆地南缘发生大范

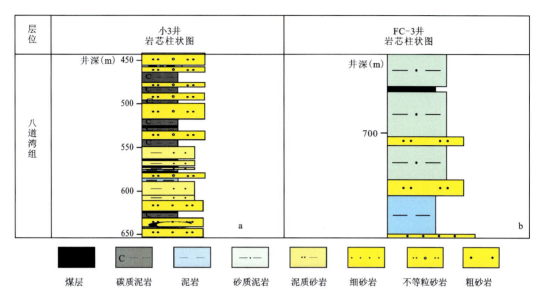

图 2-2-27 八道湾组钻孔煤层特征
a.高位体系域；b.湖侵体系域

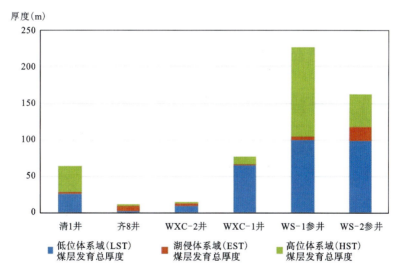

图 2-2-28 准噶尔盆地南缘西山窑组钻井煤层厚度统计图

围湖侵,具有较高的潜水面和较大的可容纳空间,西山窑组沉积期对此有所继承。在低位域时期可容纳空间仍然较大,在辫状河三角洲发育地区煤层较少,而在三角洲朵体间物源输入较少,泛滥平原大面积沼泽化,煤层广泛发育(图 2-2-29)。该时期形成的煤层层数多、单层厚度较薄,部分煤层厚度较大,顶底板主要为砂质泥岩。米泉地区 WS-1 井和 WS-2 井钻遇的 45 号煤就是在这一时期形成,当碎屑物源输入影响减弱,泥炭沼泽发育稳定,有厚煤层形成,单层厚度最大达 15.18m。

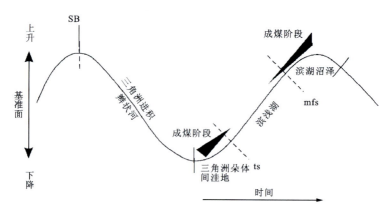

图 2-2-29　西山窑组煤层发育示意图

湖侵体系域时期，辫状河三角洲发生退积，在泛滥平原地区由于经过天山物源区削高填低和三工河组形成时期大范围湖侵，地势较为平坦，泥炭沼泽被迅速淹没，煤层发育较少。高位体系域时期湖泊退积，聚煤作用再次发生，以泛滥平原成煤和滨湖沼泽成煤为主。WS-1井和WS-2井钻遇的43号煤就在这一时期形成，煤层厚度薄，煤层层数多，部分煤层厚度较大，厚度达9.6m。高位体系域时期，湖泊发生退积，聚煤作用再次发生（图2-2-30）。

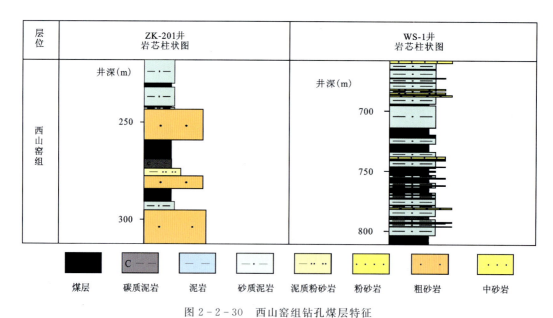

图 2-2-30　西山窑组钻孔煤层特征

## 四、聚煤模式

综合准噶尔盆地南缘层序地层、沉积演化、煤层发育以及控煤因素等内容研究成果，准噶尔盆地南缘地区中—下侏罗统聚煤模式归纳如下。

**1. 八道湾组聚煤模式**

八道湾组沉积期,准噶尔盆地南缘的物源主要来自北天山。天山削高填低形成的物源开始在准噶尔盆地南缘地区形成粗粒的辫状河三角洲沉积,广泛分布于中部和西部地区;东部阜康地区受物源影响相对较小,以细粒三角洲与湖泊相沉积为主。因此,八道湾组沉积时期,聚煤中心主要分布于准噶尔盆地南缘东部地区,煤层厚度大,分布较广,顶底板以泥岩、砂质泥岩和细砂岩为主。在准噶尔盆地南缘中西部地区,仅有少量煤层发育,煤层厚度相对较薄,顶底板经常为中砂岩、粗砂岩与含砾砂岩。

该时期物源相对较近,地形坡度较陡,低位体系域时期可容空间较小,可容空间增长速率小于物源输入速率,三角洲发生进积,仅在河道间湾处发育少量泥炭沼泽;湖侵体系域时期,可容空间增长速率大于物源输入速率,湖泊相进积,发育大量滨湖泥炭沼泽,煤层厚度大,分布广;高位体系域时期,三角洲再次进积,泥炭沼泽不发育(图 2-2-31)。

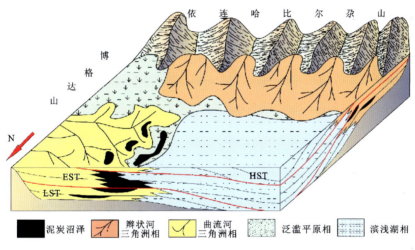

图 2-2-31 准噶尔盆地南缘八道湾组地层成煤模式图
HST. 高位体系域;EST. 湖侵体系域;LST. 低位体系域

**2. 西山窑组聚煤模式**

八道湾组到三工河组沉积时期,准噶尔盆地南缘物源区逐渐由北天山向中天山迁移,到三工河组沉积期湖盆范围达到最大,有学者甚至指出该时期准噶尔盆地80%的面积被湖水覆盖。此外,三工河组早期生物种属变少,气候一度变得干旱,到三工河组中晚期气候逐渐向温暖潮湿转变,生物种属开始增多。干旱性气候可在一定程度上反映三工河组沉积期成煤环境较差,但大范围的湖侵、中晚期气候的转变、生物种属的增多可为西山窑组沉积期煤层的形成奠定物质基础。

西山窑组沉积时期,准噶尔盆地南缘的物源区由中天山相对向北迁移,湖盆开始收缩,东部博格达山开始提供次要物源,表现为在该区粗粒辫状河三角洲沉积发生复活。辫状河三角洲朵体在东西向单一分布,朵体间泛滥平原广泛发育,并且大量沼泽化。

该时期在准噶尔盆地南缘主要发育3个聚煤中心,即东部米泉、中部硫磺沟以及西部玛纳斯地区。在经过三工河组时期大范围湖侵以及湖盆扩张之后,准噶尔盆地南缘具有较大的可容空间且地势较为平坦。低位体系域时期在三角洲朵体间泛滥平原地区泥炭沼泽广泛发育,煤层层数多,单层厚度薄,顶底板以砂质泥岩为特征,表现为泛滥平原沼泽成煤;湖侵体系域时期,快速的湖侵使得泥炭沼泽被淹没,煤层发育较少;高位体系域时期,湖泊相退积,聚煤作用再次发生(图2-2-32)。

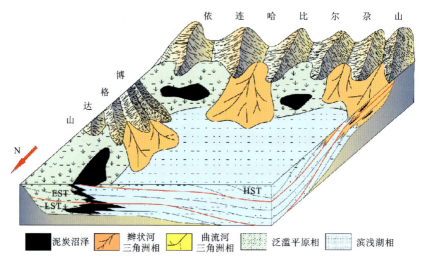

图2-2-32 准噶尔盆地南缘西山窑组成煤模式图
HST.高位体系域;EST.湖侵体系域;LST.低位体系域

# 第三节 煤层气聚集保存的水动力条件

## 一、含水层划分

准噶尔盆地属于典型的温带大陆性干旱气候,年平均蒸发量为1 882.6～2 497.4mm,远大于年平均降水量。受冰雪融化周期的影响,北天山雪融水易于形成地表径流,并最终汇入地表水系统。区域上,准噶尔盆地南缘自西向东发育一系列近平行的河流,河流流量随季节性的融雪强度而变化。准噶尔盆地南缘在垂向上发育5套彼此相互独立的含水层,分别为:第四系砂砾含水层(Ⅰ)、侏罗系头屯河组下段砂岩含水层(Ⅱ)、侏罗系西山窑组上段砂岩含水层(Ⅲ)、侏罗系西山窑组下段砂岩含水层(Ⅳ)、侏罗系八道湾组上段含水层(Ⅴ)(图2-3-1)。需要注意的是,不同含水层之间的隔水层主要由泥岩或粉砂质泥岩组成,其对于阻隔地层水的垂向运移具有重要作用。此外,准噶尔盆地南缘的断层以逆断层为主,正断层发育相对较少,逆断层在阻止不同含水层地层水的垂向运移中扮演着屏障的作用。

## 二、水文地质单元与水文地质类型

通过对准噶尔盆地南缘50个煤矿的现场资料以及早期煤田勘探报告进行收集,系统整理相关资料中与水文地质相关的数据,包括水头高度($H$)、单位涌水量、渗透系数、常规离子、矿化度(TDS)等(表2-3-1)。单位涌水量、渗透系数以及水头高度($H$,水势)等参数主要通

# 第二章 准噶尔盆地南缘煤层气地质背景

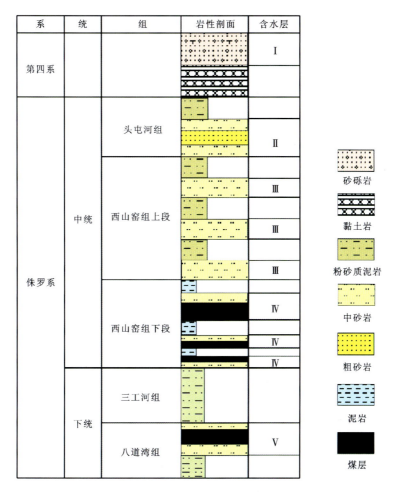

图 2-3-1 准噶尔盆地南缘煤系地层与含水层分布示意图

过煤矿抽水试验直接获取。其中,水头高度($H$)指原位状态下煤层静水面的海拔高度,通过公式求得:

$$H = H_1 - h$$

式中,$H_1$指抽水井的地表海拔;$h$指静止状态下液面的埋深。地下水的运移方向可通过水头高度($H$)的相对大小判断,地下水由高水势区向低水势区流动。

在准噶尔盆地南缘,除阜康、吉木萨尔以及后峡等地区,煤矿抽水试验在该区主要针对西山窑组含水层开展了工作。50个煤矿的水动力参数[如水头高度($H$)、单位涌水量与渗透系数]与水化学参数(如主要离子浓度与TDS)被系统整理于表2-3-1。统计分析显示,准噶尔盆地南缘侏罗系含水层的水头高度($H$)为712~2490m,TDS值为338~44 490mg/L,单位涌水量为0.000 073~2.155L/(s·m),渗透系数为0.000 387~2.151m/d。整体上,准噶尔盆地南缘侏罗系含水层的富水性相对较弱,明显表现为承压水的地质特征。需要注意的是,在单个煤矿区范围内均部署了多口抽水井,例如大白杨沟煤矿部署了5口抽水井。因此,准噶尔盆地南缘部署的抽水井实际数量应远超过50个,基本可以覆盖研究区大部分范围。

表 2-3-1 准噶尔盆地南缘不同水文地质单元水文地质参数统计表

| 水文地质单元 | 边界 | 编号 | 煤矿 | 含水层 | $H$ (m) | $Cl^-$ (mg/L) | $HCO_3^-$ (mg/L) | $SO_4^{2-}$ (mg/L) | 水型 | TDS (mg/L) | 单位涌水量 L/(s·m) | 渗透系数 (m/d) |
|---|---|---|---|---|---|---|---|---|---|---|---|---|
| 乌苏 | $F_1$ 和 $F_3$ | 1 | 四棵树 | 西山窑组 | 1331~1570 | 无数据 | 无数据 | 无数据 | 无数据 | 1556~7008 | 0.001 16 | 无数据 |
| | | 2 | 红山 | 八道湾组 | 1519 | 1050 | 1046 | 1086 | $SO_4·Cl·HCO_3-Na$ | 4194 | 0.035 8 | 0.06 |
| | | 3 | 大沟 | 西山窑组 | 1430 | 1719~6634 | 518~714 | 2545~4255 | $Cl·SO_4-Na$ | 6638~15 456 | 0.000 1~0.042 | 0.001 4 |
| | | 4 | 达孜 | 西山窑组 | 1418 | 295 | 522 | 3497 | $SO_4·HCO_3-Na$ | 9607 | 0.000 073 | 0.000 387 |
| | | 5 | 夹皮沟 | 西山窑组 | 1265~1524 | 64~829 | 25~903 | 248~1343 | $SO_4·HCO_3·Cl-Na$ | 695~4163 | 无数据 | 无数据 |
| | | 6 | 德翔 | 西山窑组 | 1609 | 23~66 | 439~781 | 148~413 | $HCO_3·SO_4-Na·Mg·Ca$ | 601~1280 | 0.000 67~0.008 | 0.001~0.043 6 |
| | | 7 | 玛纳斯 | 西山窑组 | 无数据 | 89~333 | 683~1091 | 437~856 | $HCO_3·SO_4-Na$ | 1350~2786 | 无数据 | 无数据 |
| | | 8 | 大白杨沟 | 西山窑组 | 1248~1437 | 27~982 | 228~2288 | 48~441 | $HCO_3·Cl·SO_4-Na$ | 473~3705 | 0.019 78~0.122 0 | 0.025 26~0.152 5 |
| | | 9 | 俊塔 | 西山窑组 | 1410 | 28~43 | 545~659 | 283~307 | $HCO_3·SO_4-Na·Mg$ | 837~1137 | 无数据 | 无数据 |
| | | 10 | 涝坝湾子 | 西山窑组 | 1842 | 119 | 970 | 701 | $HCO_3·SO_4-Na$ | 1995~2000 | 无数据 | 无数据 |
| | | 11 | 天伟 | 西山窑组 | 1660 | 85 | 604 | 941 | $SO_4·HCO_3-Na$ | 1980 | 无数据 | 无数据 |
| | | 12 | 小白杨沟 | 西山窑组 | 1457~1463 | 35~574 | 469~881 | 615~1249 | $SO_4·HCO_3·Cl-Na$ | 1270~3370 | 无数据 | 无数据 |
| | | 13 | 塔西河 | 西山窑组 | 1409~1415 | 298 | 1451 | 643 | $HCO_3·SO_4-Na$ | 3808 | 1.24 | 无数据 |
| 玛纳斯-呼图壁 | $F_1$、$F_3$ 和 $F_4$ | 14 | 宽沟 | 西山窑组 | 1455~1213 | 245~415 | 238~610 | 538~850 | $SO_4·HCO_3·Cl-Na$ | 1719~2341 | 0.220~0.24 | 0.129~0.157 |
| | | 15 | 西沟 | 西山窑组 | 无数据 | 23~59 | 375~751 | 331~1398 | $SO_4·HCO_3-Mg·Na·Ca$ | 794~2610 | 无数据 | 无数据 |
| | | 16 | 芳草湖 | 西山窑组 | 无数据 | 35~83 | 421~665 | 240~600 | $SO_4·HCO_3-Na$ | 716~1119 | 无数据 | 无数据 |
| | | 17 | 铁列克西 | 西山窑组 | 无数据 | 106~115 | 336~976 | 19~1027 | $SO_4·HCO_3-Na$ | 936~2509 | 无数据 | 无数据 |
| | | 18 | 白杨树 | 西山窑组 | 1643~1656 | 170~184 | 528~646 | 306~610 | $SO_4·HCO_3-Na·Ca$ | 1324~1663 | 无数据 | 无数据 |
| | | 19 | 石梯子西沟 | 西山窑组 | 1534~1569 | 9~25 | 180~265 | 120~216 | $HCO_3·SO_4-Ca·Na·Mg$ | 338~558 | 无数据 | 无数据 |
| | | 20 | 106 团 | 西山窑组 | 1256~1447 | 339~1560 | 73~342 | 452~1016 | $Cl·SO_4-Na$ | 1930~3398 | 0.05~0.067 | 无数据 |
| | | 21 | 小东沟 | 西山窑组 | 1803 | 无数据 | 无数据 | 无数据 | $SO_4·HCO_3-Na$ | 400~1500 | 0.2 | 无数据 |
| | | 22 | 小甘沟 | 西山窑组 | 1670 | 无数据 | 无数据 | 无数据 | $SO_4·HCO_3-Na$ | 1300~3000 | 无数据 | 无数据 |
| | | 23 | 马道沟 | 西山窑组 | 1571 | 103 | 433 | 404 | $HCO_3·SO_4-Na·Ca·Mg$ | 1109 | 0.007 71 | 无数据 |
| | | 24 | 苇子沟 | 西山窑组 | 1599~1723 | 无数据 | 无数据 | 无数据 | $SO_4·HCO_3-Na·Ca$ | 1010~1100 | 无数据 | 无数据 |

## 第二章 准噶尔盆地南缘煤层气地质背景

续表 2-3-1

| 水文地质单元 | 边界 | 编号 | 煤矿 | 含水层 | $H$ (m) | $Cl^-$ (mg/L) | $HCO_3^-$ (mg/L) | $SO_4^{2-}$ (mg/L) | 水型 | TDS (mg/L) | 单位涌水量 L/(s·m) | 渗透系数 (m/d) |
|---|---|---|---|---|---|---|---|---|---|---|---|---|
| 硫磺沟 | F1、F4以及乌鲁木齐-米泉走滑断层 | 25 | 宝平 | 西山窑组 | 1021~1126 | 无数据 | 无数据 | 无数据 | $HCO_3 - Ca$ | 3266~10592 | 无数据 | 无数据 |
| | | 26 | 土圈子 | 八道湾组 | 无数据 | 951~2167 | 1078~1451 | 1318~3355 | $SO_4·Cl·HCO_3 - Na$ | 4614~9652 | 无数据 | 无数据 |
| | | 27 | 昌吉监狱 | 西山窑组 | 1047~1051 | 无数据 | 无数据 | 无数据 | $Cl·SO_4 - Na$ | 1000~3000 | 无数据 | 无数据 |
| | | 28 | 三井田 | 西山窑组 | 984~1069 | 28~4657 | 15~161 | 19~2380 | $Cl·SO_4 - Na$ | 3060~9634 | 无数据 | 无数据 |
| | | 29 | 老君庙 | 西山窑组 | 无数据 | 36~430 | 336~756 | 769~1896 | $SO_4·HCO_3·Cl - Na$ | 4194 | 0.001 38 | 0.027 2 |
| 米泉 | $F_2$、$F_5$以及乌鲁木齐-米泉走滑断层 | 30 | 祥瑞 | 八道湾组 | 823~841 | 无数据 | 无数据 | 无数据 | $Cl·SO_4 - Na$ | 36 160~44 490 | 0.010 2 | 0.000 21 |
| | | 31 | 米泉县 | 西山窑组 | 723 | 9146~14 514 | 3898~4984 | 933~1096 | $Cl·HCO_3·SO_4 - Na$ | 20 024~30 509 | 无数据 | 无数据 |
| | | 32 | 铁厂沟 | 西山窑组 | 1246 | 502~2545 | 1234~2349 | 654~657 | $Cl·SO_4·HCO_3 - Na$ | 3167~8084 | 无数据 | 无数据 |
| | | 33 | 大红沟 | 西山窑组 | 712 | 1666~3414 | 3001~4144 | 563~702 | $HCO_3·Cl·SO_4 - Na$ | 7448~11 980 | 无数据 | 无数据 |
| | | 34 | 碗窑沟 | 西山窑组 | 无数据 | 533~6948 | 314~3506 | 163~1889 | $Cl·HCO_3·SO_4 - Na$ | 1938~14 516 | 无数据 | 无数据 |
| | | 35 | 沙沟 | 八道湾组 | 718~855 | 1382~2748 | 498~639 | 1123~8216 | $SO_4·Cl - Na$ | 4418~8184 | 0.912~1.484 | 18.81 |
| | | 36 | 新峰 | 西山窑组 | 703.86 | 1383~2748 | 639~3931 | 1123~8217 | $SO_4·HCO_3·Cl - Na$ | 3462 | 0.851 | 0.000 014 |
| | | 37 | 神龙 | 八道湾组 | 785~799 | 无数据 | 无数据 | 无数据 | $Cl·HCO_3 - Na$ | 1260~6151 | 0.001 1 | 无数据 |
| | | 38 | 天池 | 西山窑组 | 897~997 | 无数据 | 无数据 | 无数据 | $Cl·SO_4 - Na$ | 890~15 600 | 无数据 | 无数据 |
| | | 39 | 城关 | 西山窑组 | 804 | 99~718 | 396~1249 | 209~1211 | $HCO_3·SO_4·Cl - Na$ | 1174~2654 | 无数据 | 无数据 |
| | | 40 | 城关第三 | 西山窑组 | 774~889 | 158~163 | 563~881 | 326~363 | $HCO_3·SO_4 - Na$ | 1392~2540 | 0.8394~2.155 | 2.151 |
| | | 41 | 规划8号 | 八道湾组 | 869 | 1893 | 793 | 733 | $Cl·HCO_3·SO_4 - Na·Mg·Ca$ | 4848 | 0.0011 | 0.002 1 |
| 阜康 | $F_2$、$F_5$以及$F_6$ | 42 | 天龙 | 八道湾组 | 950~973 | 无数据 | 无数据 | 无数据 | $Cl·SO_4 - Na$ | 5100~10 000 | 0.012~0.02 | 无数据 |
| | | 43 | 泉水沟 | 八道湾组 | 958~1071 | 43~48 | 323~348 | 96~106 | $HCO_3·SO_4 - Na$ | 2920~5220 | 0.007 6~0.021 | 无数据 |
| | | 44 | 二十号井 | 八道湾组 | 1132 | 518 | 690 | 495 | $HCO_3·SO_4·Cl - Na$ | 1478~8310 | 0.002 34~0.039 4 | 0.000 13~0.054 |
| | | 45 | 小龙口 | 八道湾组 | 1051~1069 | 200 | 1000 | 1642 | $SO_4·HCO_3 - Na$ | 1750~5900 | 0.009~0.017 | 0.002 9~0.025 6 |
| | | 46 | 大黄山7 | 八道湾组 | 976~1014 | 43~48 | 323~348 | 96~106 | $HCO_3·SO_4 - Na$ | 1500~8210 | 0.002 34~0.039 4 | 0.000 13 |
| | | 47 | 大黄山 | 八道湾组 | 976~1014 | 3583~3649 | 591~824 | 2438~3116 | $SO_4·HCO_3 - Na$ | 9833~10 715 | 无数据 | 无数据 |
| 吉木萨尔 | $F_6$ | 48 | 红山洼 | 八道湾组 | 1119~1130 | 81 | 277 | 671 | $SO_4·HCO_3 - Na·Ca$ | 1300 | 无数据 | 无数据 |
| 后峡 | $F_1$ | 49 | 腾宇 | 八道湾组 | 2324~2451 | 17 | 327 | 167 | $HCO_3·SO_4·Cl - Ca·Na$ | 539 | 无数据 | 0.73 |
| | | 50 | 板房沟 | 八道湾组 | 2360~2490 | 598 | 598 | 725 | $SO_4·HCO_3·Cl·Ca - Na$ | 2035 | 无数据 | 无数据 |

为清晰展示采样点位置,图2-3-2仅展示了50个煤矿的中心位置,单个煤矿水样的分析化验数据则列在表2-3-1中。此外,通过采集阜康神龙煤矿范围内4口煤层气井的水样,对其开展常规离子浓度与TDS值等参数的测定工作。对比分析可知,神龙煤矿煤田勘探报告中的煤层水TDS值和水型分析结果与煤层气井产出水的测试结果一致(表2-3-2),表明煤田勘探报告中的水文地质资料准确可信,可用来分析准噶尔盆地南缘水动力场差异性分布规律。

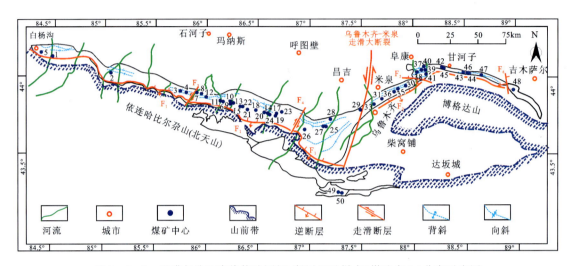

图2-3-2 准噶尔盆地南缘构造圈闭、断层以及样本(煤矿中心)分布示意图

表2-3-2 阜康神龙煤矿范围内典型煤层气井产出水化学分析结果

| 水文地质单元 | 煤矿 | 井号 | 离子浓度(mg/L) | | | | | | | 水化学类型 | TDS (mg/L) |
|---|---|---|---|---|---|---|---|---|---|---|---|
| | | | $HCO_3^-$ | $CO_3^{2-}$ | $Cl^-$ | $SO_4^{2-}$ | $Na^+$ | $Ca^{2+}$ | $Mg^{2+}$ | | |
| 阜康 | 神龙 | 1 | 1452 | 0 | 2843 | 9 | 2876 | 35 | 15 | $Cl \cdot HCO_3 - Na$ | 7230 |
| | | 2 | 29 | 101 | 279 | 107 | 316 | 10 | 3 | $Cl \cdot SO_4 \cdot HCO_3 - Na$ | 846 |
| | | 3 | 379 | 14 | 707 | 195 | 812 | 21 | 5 | $Cl \cdot HCO_3 - Na$ | 2135 |
| | | 4 | 605 | 0 | 559 | 145 | 599 | 39 | 9 | $HCO_3 \cdot Cl - Na$ | 1653 |
| 范围 | | | 29~1452 | 0~101 | 279~2843 | 9~195 | 316~2876 | 10~39 | 3~15 | $Cl \cdot HCO_3 - Na$ | 846~7230 |

水文地质单元的划分对于研究区域水动力场分布特征以及分析煤层气富集规律具有重要意义(Bachu and Michael,2003;Bates et al,2011)。水文地质单元指具有统一的补给、径流以及排泄条件的地下水分布区,划分主要基于自然地理、地质背景以及水文地质背景等(Li et al,2016)。不同水文地质单元之间的水化学差异明显,表现为不同的TDS值与常规离子浓度。综合图2-3-3样品点分布与表2-3-1水文地质参数的数值,可知准噶尔盆地南缘50个煤矿的主要水文地质参数[即水头高度($H$)、TDS值以及常规离子浓度]均存在明显的差异变化。例如,TDS值由西向东变化显著,即乌苏地区相对较高(695~15 456mg/L),玛纳斯—呼图壁地区非常低(338~3808mg/L),硫磺沟地区相对较高(1000~10 592mg/L),米泉地区异常高(1938~44 490mg/L),阜康地区相对较高(1174~15 600mg/L),吉木萨尔地区非

常低(1300mg/L)。由表 2-3-1 亦可看出，TDS 值随水头高度($H$)的减小而增大，水化学类型也逐渐由 $HCO_3 \cdot SO_4 - Na$ 与 $SO_4 \cdot HCO_3 - Na$（如玛纳斯—呼图壁）演化为 $Cl \cdot SO_4 - Na$ 与 $Cl \cdot HCO_3 \cdot SO_4 - Na$（如米泉）。因此，基于水头高度($H$)、TDS 值以及常规离子浓度的差异性变化，可将准噶尔盆地南缘划分出不同的水文地质单元。

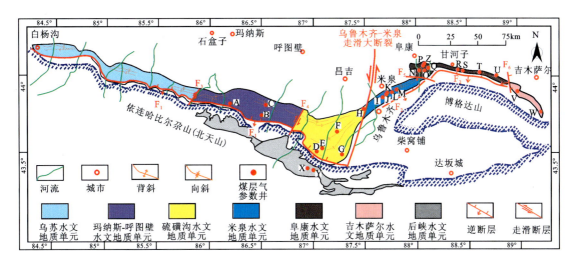

图 2-3-3 准噶尔盆地南缘煤层气参数井分布与水文地质单位划分

一般来说，水文地质单元的边界主要通过地质边界、阻水构造或者封闭性断层进行确定(Gusyev et al, 2013)。其中，由于导水性较差，封闭性断层经常被用来划分不同的水文地质单元。准噶尔盆地南缘隶属于山前断褶带，侏罗系含煤地层受构造运动改造强烈(Fu et al, 2017)。研究区范围内广泛发育封闭性断层（逆断层或走滑断层）(图 2-3-3)，且断层两侧水文地质条件差异明显(表 2-3-1)。其中，逆断层 $F_1$ 和 $F_2$（图 2-3-1）分别为北天山山前断层与博格达山山前断层；乌鲁木齐-米泉走滑断层是一条重要的封闭性断层，对周边地区构造沉降、沉积以及水文地质特征有着重要影响(Fu et al, 2017)。此外，在早期煤田勘探中，亦发现了逆断层($F_5$ 和 $F_6$)与走滑断层($F_3$ 和 $F_4$)，这些断层两侧的导水性也比较差(李升等, 2016)。因此，准噶尔盆地南缘的水文地质单元边界主要为逆断层($F_1$、$F_2$、$F_5$ 和 $F_6$)与走滑断层($F_3$、$F_4$ 和乌鲁木齐-米泉走滑断层)。基于水文地质参数的区域性变化以及封闭性断层的分布，可将准噶尔盆地南缘划分为乌苏、玛纳斯-呼图壁、硫磺沟、米泉、阜康、吉木萨尔以及后峡 7 个水文地质单元，不用水文地质单元的边界如图 2-3-3 所示。

随着埋深的增加，低溶解度的矿物易于优先沉淀(Kinnon et al, 2010; Quillinan and Frost, 2014)。$HCO_3^-$、$SO_4^{2-}$ 和 $Cl^-$ 的沉淀序列分别代表着活跃、弱径流或停滞的水动力环境(田冲等., 2012)。在浅层活跃的水体环境中，地下水中的溶解矿物由 $HCO_3^-$、$SO_4^{2-}$、$Na^+$、$Ca^{2+}$ 和 $Mg^{2+}$（几乎不含 $Cl^-$）组成，TDS 值相对较低；当水体缓慢流动或停滞时，溶解矿物主要由 $Cl^-$、$SO_4^{2-}$、$Na^+$ 等离子组成（含有丰富的 $Cl^-$)，且具有较高的 TDS 值。因此，TDS 值与常规离子浓度是可作为研究地下水运移路径或划分水文地质类型的特征化学参数。综合 TDS 值与水化学类型，可在准噶尔盆地南缘总结归纳出 3 种水文地质类型：开放性弱径流区（有活跃水流的开放性水体）、开放性局部滞留区（局部滞流的开放性水体）和封闭性滞留区

(具有停滞水流的封闭水体)。

在开放性弱径流区,几乎所有水样的 TDS 值都远低于 3000mg/L,水型主要由 $HCO_3 \cdot SO_4 - Na$ 和 $SO_4 \cdot HCO_3 - Na$ 组成,该类水文地质单元包括玛纳斯-呼图壁、吉木萨尔与后峡。在开放性局部滞留区,TDS 值变化范围较大(1000~15 000mg/L),水型主要由 $HCO_3 \cdot SO_4 - Na$、$SO_4 \cdot HCO_3 - Na$ 和 $Cl \cdot SO_4 - Na$ 组成,向斜构造有利于形成具有高 TDS 值的局部停滞水体环境,该类水文地质单元包括乌苏、硫磺沟和阜康。在封闭性滞留区,TDS 值变化范围为 3000~45 000mg/L,水型主要由 $Cl \cdot SO_4 - Na$ 和 $Cl \cdot HCO_3 \cdot SO_4 - Na$ 组成,该类水文地质单元为米泉。简言之,随着水文地质类型从封闭性滞留区、开放性局部滞留区转变为开放性弱径流区,水动力强度明显增强,其主要地球化学特征表现为 $HCO_3^-$ 浓度的增加以及 $Cl^-$ 浓度与 TDS 值的降低。

### 三、煤系地层水运移路径

北天山补给形成的承压水由南向北运移至克拉玛依,经盆地腹地直至克拉美丽山前地区(孙钦平等,2012)。准噶尔盆地南缘的地下水格局主要表现为上游补给、中游径流和下游排泄,且春季是地下水排泄的主要季节。一般来说,地下水的水动力条件由补给区至排泄区可依次划分为强径流区、弱径流区和停滞区。然而,由于准噶尔盆地南缘属于干旱—半干旱气候背景,该区强径流区的发育则十分有限。

受控于地形高差与水势高差,准噶尔盆地南缘地下水首先倾向于由南向北运移(图 2-3-4),并易于在向斜等局部构造位置形成停滞的水体环境。此外,该区煤系地层水的 TDS 值表现出由西向东和由南向北的增加趋势(表 2-3-1),与水头高度($H$)由西向东以及由南向北的减少趋势一致(图 2-3-5a、b)。这意味着地下水在低水势的区域易于形成具有高 TDS 值的停滞水体环境。如上所述,研究区侏罗系含水层自西向东划分为 7 个水文地质单元,分别具有独立的补给-径流-排泄系统,表现出不同的水文地质特征(表 2-3-1)。不同水文地质单元的 TDS 值、常规离子浓度(如 $HCO_3^-$、$SO_4^{2-}$、$Cl^-$)以及水头高度等参数的对比分析表明,地下水除由南向北运移外,也表现出自西向东运移的特征,且在高 TDS 值的硫磺沟、米泉、阜康

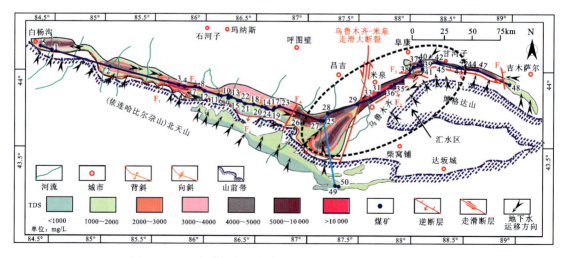

图 2-3-4 准噶尔盆地南缘煤系地层水 TDS 值与运移路径

等地形成汇水区(图2-3-5a)。封闭性的乌鲁木齐-米泉走滑大断裂不仅有利于形成区域性的停滞水动力环境,而且还可以通过复杂化周边地区的地质构造形成若干局部滞留区(如向斜构造)。准噶尔盆地南缘煤系地层水的运移路径是"由南向北"与"由西向东"叠合作用的结果,且乌鲁木齐-米泉走滑大断裂在形成汇水区过程中扮演着重要作用(图2-3-4)。

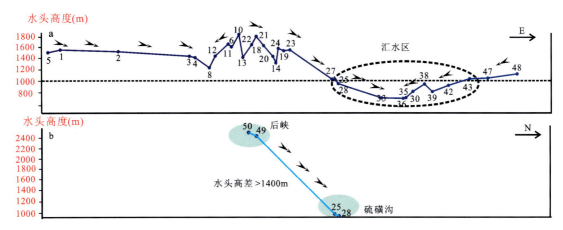

图2-3-5　准噶尔盆地南缘煤系地层水水头高度($H$)变化规律
a.由西向东水头高度($H$)的变化规律;b.由南向北水头高度($H$)的变化规律

## 第四节　多层叠置含煤层气系统的构成

含煤层气系统的厘定不仅有助于揭示煤层气赋存与分布规律,而且可以为煤层气有利目标优选、开发层系组合、储层合层改造、排采方案优化等提供重要依据。准噶尔盆地南缘西山窑组与八道湾组两套煤系地层厚度巨大,发育多套煤层,使之垂向上存在多层叠置含煤层气系统。准噶尔盆地南缘含煤层气系统的构成由于聚煤环境差异产生空间分异。沉积控制主要体现在对煤层(群)区域及层域展布的控制以及对含煤层气系统围岩组合分割关系的控制。

### 一、含煤层气系统识别划分

#### (一)含煤层气系统概念

含煤层气系统最早起源于石油领域的含油气系统概念,含油气系统(petroleum system)是油气地质学理论发展的阶段产物,它是介于盆地和油气聚集区带之间的一个研究范畴。地质学家 Dow 于1972年在美国丹佛举行的 AAPG(美国石油地质学家协会,American Association of Petroleum Geologists)年会上提出了石油系统的概念。随后,Magoon和Dow(1994)进一步完整概括了含油气系统的概念,它包含有效的烃源岩和与其相关的所有油气,以及形成油气成藏所必需的地质要素和作用。有效烃源岩指目前正在大量生烃、排烃,或者在过去某一地质时期曾大量生、排过烃的源岩。所有油气包括常规油气、天然气水合物、致密砂岩气、页岩气和煤层气等,而烃源岩、储集层、盖层、上覆岩层,以及圈闭的形成、油气的生成、油气的运移、油气的聚集分别是形成油气聚集所必需的4个基本地质要素和4个基本地质作用。至此,标志着含油气系统概念的成熟。

刘焕杰等(1998)提出了与含油气系统类似的含煤层气系统概念:含煤层气系统包括煤层气、煤储层、盖层、上覆岩层和煤层气藏形成时的一切地质作用及其合适的时空配置。同年吴世祥(1998)也提出了相似的概念,并详细定义了煤层气系统(图2-4-1):一个具有一定埋深的含煤体系,包括形成煤层气富集的各种静态因素和动态因素。其中,"一定埋深"是指瓦斯风化带以下至埋深2000m;"静态因素"包括煤层的空间分布、煤储层物性、煤储层含气量及煤层顶底板;"动态因素"包括构造发育史、埋藏史、热史、水动力场和古构造应力场等。Ayers(2002)指出含煤层气系统在聚气条件中的生气储气、运移、聚集、保存等条件与常规含油气系统的差别。苏现波和张丽萍(2002)定义含煤层气系统为独立于其他流体单元的含气煤层。朱志敏(2006a,2006b)、倪小明等(2010)、郭晨等(2013)进一步结合煤层气特点,提出了对含煤层气系统概念的认识。实际应用中,含有一定数量煤层气并具有统一流体压力系统的地质体,即为一个独立的含煤层气系统,相当于煤层气开发地质单元。

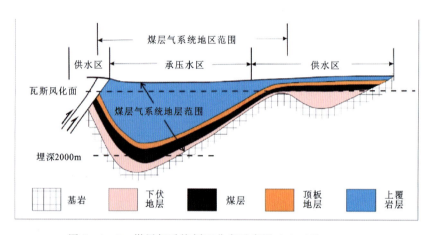

图2-4-1 煤层气系统剖面分布示意图(据吴世祥,1998改)

(二)含煤层气系统的厘定

含煤层气系统的边界决定着煤层气的保存,从空间上可细分为垂向和侧向两类;其中垂向边界取决于顶底板封闭能力;侧向边界主要取决于煤层气富集成藏的物性边界、岩性边界、水动力边界和断层边界(倪小明等,2010;Tang et al,2017;张奥博等,2019)。准噶尔盆地南缘构造与水文等地质因素对于煤层气的富集保存影响深刻,在第五章第二节将进行具体阐述。本节拟从煤系沉积特征出发,重点厘定含煤层气系统沉积边界。

**1. 主要疏导性岩石相**

准噶尔盆地南缘的侏罗系煤系主要发育于辫状河-三角洲与湖泊-三角洲体系。邻近物源补给的三角洲类型以辫状河三角洲为主。随着三角洲前缘不断向北扩展,三角洲平原相展布范围逐渐扩大,在平坦开阔的三角洲平原与泛滥平原上发育大片沼泽。研究区煤层主要发育于三角洲平原沼泽与泛滥平原沼泽,少量发育于滨湖沼泽。煤系主要骨架砂岩构成潜在疏导性岩层,发育特征归纳如下。

(1)天然堤砂泥组合相:以泥岩与粉砂岩组成频繁的互层,见植物化石碎片,具攀升波纹层理、水平层理和砂泥互层层理,常与分流河道、泥炭沼泽、分流间洼地沉积共生。电阻率呈高幅齿化曲线,自然电位曲线平缓,幅度不明显,自然伽马测井和密度曲线中幅与高幅频繁交替出现。天然堤砂岩中悬浮组分泥质占比不超过40%,跳跃组分通常为粉细砂质,岩石具有一定疏通能力(图2-4-2a)。

(2)决口扇砂岩相:研究区由于河流处在辫状河主控环境,洪泛作用引发的越岸沉积并不发育,测井几乎难以显示和标定。决口扇砂岩分选极差,粒度分布范围宽,溢流时搬运物质泥沙混杂,难以构成规模疏导岩层,甚至或与河间洼地沉积共同构成致密封闭层(图2-4-2b)。

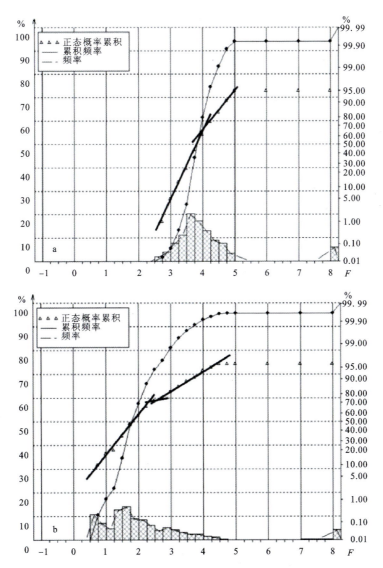

图2-4-2　玛纳斯河地区玛煤参2井薄片粒度分布参数统计图

a.天然堤粗粉砂质细砂岩,深度1 350.00m;b.决口扇不等粒砂岩,深度1 286.50m

(3)辫状河砂坝砂岩相:河道砂坝常由多个向上变细的正旋回组成,正旋回底部具明显的冲刷面,粗粒沉积物通常呈块状构造。自然伽马和密度曲线为一套齿化钟形或齿化箱形的复合形曲线,齿中线水平或内收敛,电阻率和自然电位曲线为低幅微齿的箱形或钟形曲线,多期水下河道叠置则会使曲线呈钟形或箱形的相互叠加。砂坝砂岩更多地显示为中、粗粒砂质结构,跳跃组分比例高,粒度偏正态分布(图2-4-3a)。较频繁的河流下切和改道作用使得已沉积的煤层以及顶板遭受不定期的冲刷,不仅影响煤层厚度及稳定性,还直接削弱煤层的封闭性。

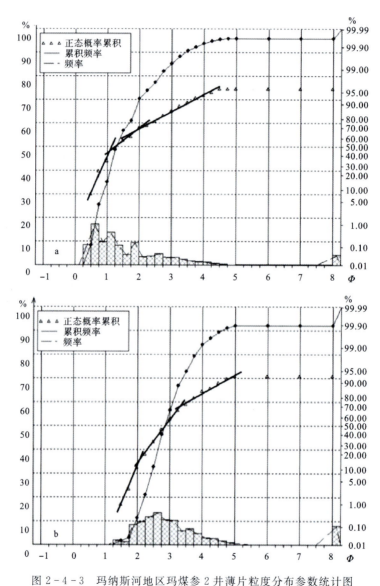

图2-4-3 玛纳斯河地区玛煤参2井薄片粒度分布参数统计图
a.辫状河道砂坝粗砂质中砂岩,深度1 160.00m;b.三角洲分流河道极细砂质细砂岩,深度985.40m

(4)三角洲分流河道砂岩相:沉积特征类似于辫状河道沉积,但三角洲分流河道砂岩粒度相对较细,分选性较好。密度和自然伽马测井曲线特征为中—高幅微齿或齿化箱形,有时呈钟形,代表了一种正粒序,箱形则为水下分流河道能量均匀的沉积特征,自然电位曲线呈光滑或微齿状,存在底部突变现象。分流河道砂岩均缺失滞流沉积,在沉积水体阻滞和波浪影响时,跳跃组分两段式发育,同时有较高的悬浮组分加入(图2-4-3b)。在研究区,分流河道砂岩疏导能力和发育规模仅次于辫状河砂坝砂岩。

(5)泛滥平原砂岩相:岩性由分选较好的粉砂岩、泥质粉砂岩和泥岩组成,多显示向上变粗的层序。密度曲线为低幅微齿化漏斗形,反映了反粒序的结构,电阻率也呈低幅微齿化漏斗形,自然伽马曲线为中幅齿化曲线,并且存在底部突变现象,自然电位曲线呈光滑的漏斗形。岩石中悬浮组分泥质占比高,跳跃组分砂质粒度细,偶尔可达中粒结构,岩石疏通能力较弱(图2-4-4a)。

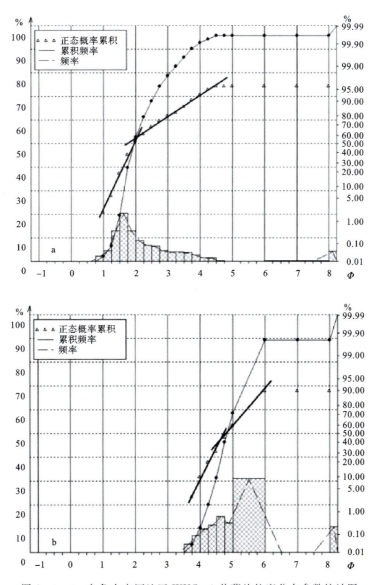

图2-4-4 乌鲁木齐河地区WXC-1井薄片粒度分布参数统计图

a.泛滥平原细砂质中砂岩,深度305.60m;b.泛滥平原细粉砂质粗粉砂岩,深度355.00m

(6)泛滥平原泥岩相：岩性以泥岩和粉砂质泥岩为主。密度曲线为低幅微齿箱形，电阻率为低—中幅齿化曲线，反映了水动力条件较弱、沉积以加积为主、物源供应不足的沉积特征，自然伽马曲线一般为低幅微齿化箱形夹指形曲线组合，自然电位曲线为光滑或微齿状曲线。被泥岩夹持的砂岩中悬浮组分泥质占比为30%~50%，跳跃组分通常为细粉砂质，岩石疏通能力弱，甚至可视为封闭层(图2-4-4b)。

**2. 含煤层气系统边界与划分**

煤层埋深与含气量之间出现与"吸附原理"相悖，或含气量呈"波动式"变化的现象，在多煤层发育地区经常可见(叶建平等，1999a；杨兆彪等，2011；赵丽娟等，2010)。秦勇等(2008)研究发现黔西地区煤层甲烷平均含量随层位呈现"波动式"变化，且这种变化在煤层含气量数据较为完整时与层序地层之间存在一定的耦合关系。沈玉林等(2012)、郭晨(2015)等基于垂向岩样系列物性实验分析发现，最大海泛面附近的低渗透岩层致使垂向次级含气单元的含气性相对独立且煤层含气量较低，此界面可作为含煤层气系统内独立含气单元的成藏边界。

准噶尔盆地南缘由于聚煤条件不同，煤层厚度、含气性、储层物性以及围岩封隔能力存在差异，并导致含煤层气系统区域性分布差异，这种沉积差异决定了含煤层气系统的原始构成。河间洼地、分流间湾、泛滥平原泥质沉积封隔性能好，可视为含煤层气系统的岩性边界。如图2-4-5所示，西山窑组在四棵树—玛纳斯河地区，煤层与砂岩甚至砾岩接触，局地出现湖湾泥岩分隔层；在玛纳斯河—三屯河地区，辫状河砂坝砂岩、分流河道砂岩频繁出现甚至直接与煤层接触，泥质沉积仅在局地或部分层段出现；在三屯河以东地区，分流间湾、泛滥平原泥质沉积普遍发育，煤系垂向分隔能力明显增强。八道湾组亦在不同地区呈现不同岩性组合特征。

依据含煤层气系统岩性边界的界定，可将准噶尔盆地南缘含煤层气系统划分为多煤层叠置统一煤层气系统、多煤层叠置独立煤层气系统和多煤层叠置混合煤层气系统3种类型。

(1)多煤层叠置统一含煤层气系统：发育的前提是含煤地层段缺乏隔水阻气层，使多煤层处于一个统一的流体压力系统，研究区多煤层统一煤层气系统多发育在三角洲平原环境，内部主要为中砂岩、细砂岩和粉砂岩，煤层间连通性较好，具有统一的水动力系统，主要发育于玛纳斯—三屯河地区。

(2)多煤层叠置独立含煤层气系统：发育的前提是含煤地层内部隔水阻气层发育，各煤层(组)多直接与厚层泥岩相邻，使各煤层(组)处于一个独立的流体压力系统，研究区多煤层叠置独立煤层气系统多形成于泛滥平原沉积环境，主要发育于三屯河以东地区。

(3)多煤层叠置混合含煤层气系统：表现为煤层(组)顶底岩性边界不稳定，既存在渗透性砂岩，又存在致密性泥岩、泥质粉砂岩，煤层(组)间局部联通，该类型在齐古、呼图壁等辫状河道-河间洼地、分流河道-分流间湾岩石急速相变地区局地发育。

## 二、含煤层气系统的构成

### 1. 玛纳斯含煤层气系统——玛煤参2井

运用上述方法对玛煤参2井进行沉积特征厘定，可见厚层的分流河道砂岩与越岸沉积砂岩形成了多期旋回，导致玛煤参2井中煤层间的含气系统封隔性不明显。同时，在砂岩中发现了后期构造变动形成的垂向节理，有利于层间流体及压力的传递，使层间流体压力系统趋于一致，在这种条件下的多煤层倾向于形成多煤层叠置统一含气系统(图2-4-6)。

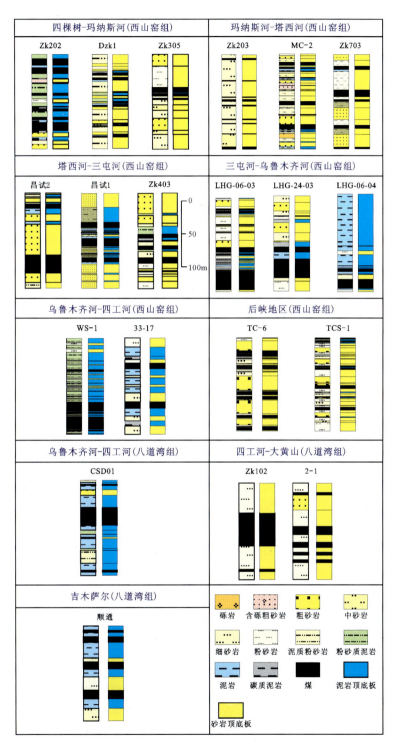

图 2-4-5 准噶尔盆地南缘煤系部分含煤段岩性组合关系图

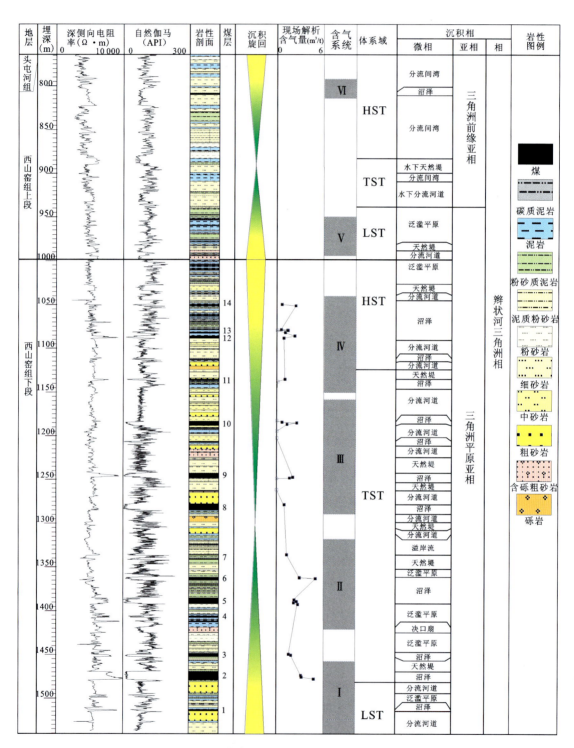

图 2-4-6 玛煤参 2 井沉积相及含气系统综合柱状图

此外,玛煤参 2 井 10 号、5 号、2 号煤层之间的压力梯度差异较小,属于常压储层,煤层间连通性较好。玛煤参 2 井钻遇煤层多达 14 层以上,根据围岩的隔挡封存能力差异将该井煤层从上至下划分为 6 个含煤层气系统,其中西山窑组下段 1~3 号、4~7 号、8~10 号、11~14 号煤层分别构成了 4 个多煤层叠置统一含煤层气系统,另外在西山窑组上段识别出未命名煤层的 1 个多煤层叠置统一含煤层气系统和多煤层叠置独立含煤层气系统。

**2. 呼图壁含煤层气系统——新呼参 1 井**

对新呼参 1 井进行沉积特征厘定,发现泥炭沼泽、天然堤、分流河道和决口扇交替出现,岩性组合多样化,导致新呼参 1 井中部分煤层间的含气系统封隔性不明显,另有部分煤层围岩为封隔性较好的泥岩,这种条件下多煤层倾向于形成多层叠置混合含气系统(图 2-4-7)。

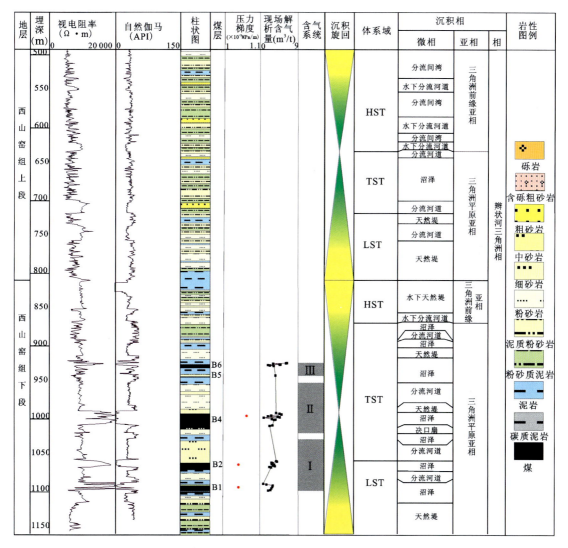

图 2-4-7 新呼参 1 井沉积相及含气系统综合柱状图

井内间隔较近的 B1 号与 B2 号煤层压力梯度差异较小,而与 B4 号煤层差异较大,表明 B1+B2 号煤层与 B4 号煤层处在不同的流体压力系统。新呼参 1 井主要含煤层段共 6 段,从上至下划分 3 个含煤层气系统,其中 B1~B2 号、B4 号、B5~B6 号煤层构成了 3 个含煤层气系统。

### 3. 四工河含煤层气系统——CSD-01 井

对 CSD-01 井进行沉积特征厘定,八道湾组的泥炭沼泽、天然堤、分流河道和泛滥平原交替出现,煤层间的含气系统封隔性不明显,加之煤层围岩的泥岩厚度有限,多煤层倾向于形成多层叠置统一含气系统(图 2-4-8)。

CSD-01 井目的煤层是八道湾组上段煤层,主力煤层为 5 号煤层,煤层含气量普遍大于 $10m^3/t$,储层压力梯度为 $4.89×10^{-3}MPa/m$,储层压力 3.59MPa,属于低压储层,CSD-01 井揭露八道湾组 3 组煤层,其中包括 2 号、5 号煤层以及一个未命名煤层,由泛滥平原沉积夹持。根据围岩的隔挡封存能力差异将该段划分为 1 个含煤层气系统,即 2 号、5 号以及其下未命名煤层构成一个多层叠置统一含煤层气系统。

### 4. 乌鲁木齐河区含煤层气系统——WS-1 井

WS-1 井位于乌鲁木齐河以东芦草沟西部一带,沉积时水动力较弱。西山窑组上段的煤层以薄煤层为主,含气量较低,西山窑组下段煤层厚度逐渐增大,并且随埋深含气量逐渐上升,其中 31 号、41 号、42 号、43 号、45 号煤层含气量较高。WS-1 井西山窑组沉积时期砂岩、粉砂质泥岩以及泥炭交替沉积,整体封盖能力较好,从而使得 WS-1 井的煤层倾向于形成多层叠置独立含气系统(图 2-4-9)。

WS-1 井 25 号与 26 号煤层均为低压储层,其中 25 号煤层储层压力为 6.47MPa,储层压力梯度 0.91MPa/100m,储层温度 16.32℃;26 号煤层储层压力为 6.71MPa,储层压力梯度 0.92MPa/100m,储层温度 24.70℃。由于 WS-1 井主力煤层含气量具有一定差异,围岩的隔挡封存能力较强,煤层含气量与埋深具有较好的正相关性,围岩的层间独立性较好(其中埋深超过 1150m 的 45 号煤层含气量降低明显,与深部含气效应有关,参阅第四章相关分析)。根据隔挡封存效果,将 6~22 号、24~38 号、41~43 号以及 45 号煤层划分为 4 个独立含煤层气系统。

### 5. 后峡含煤层气系统——TC-6 井

后峡盆地在侏罗纪时期与准噶尔盆地南缘连通,沉积时期更接近物源区,直接入湖的扇三角洲厚层粗砂岩以及偶尔出现的薄层砾岩、粉砂岩互层的重力流沉积构成煤层的围岩。围岩多为疏导性砂体,使得 TC-6 井中煤层间的含气系统封隔性不明显,各层实测含气量值均较低。煤层累计厚度较大,但单层厚度小,厚煤层集中在西山窑组下段。含煤地层封闭性较差,使多煤层趋于形成统一的流体压力系统,局部致密泥岩层构成含气系统的边界,倾向于形成多煤层叠置统一含气系统(图 2-4-10)。

根据储层含气性、测井曲线以及围岩沉积组合特征,将 B2 号、B3 号、B4 号、B5 号、B8 号、B10 号煤层,以及 B11 号、B12 号、B13 号、B14 号、B16 号煤层划分为两个多层叠置统一含煤层气系统。

# 第二章 准噶尔盆地南缘煤层气地质背景

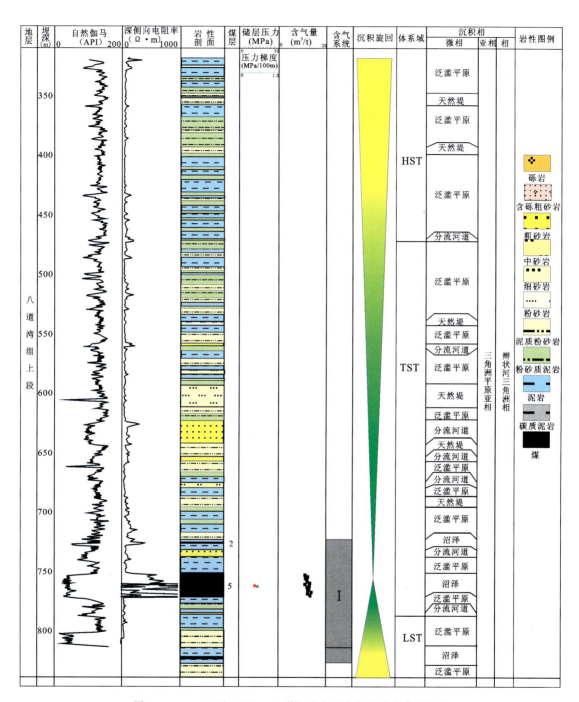

图 2-4-8 四工河 CSD-01 井沉积相及含气系统综合柱状图

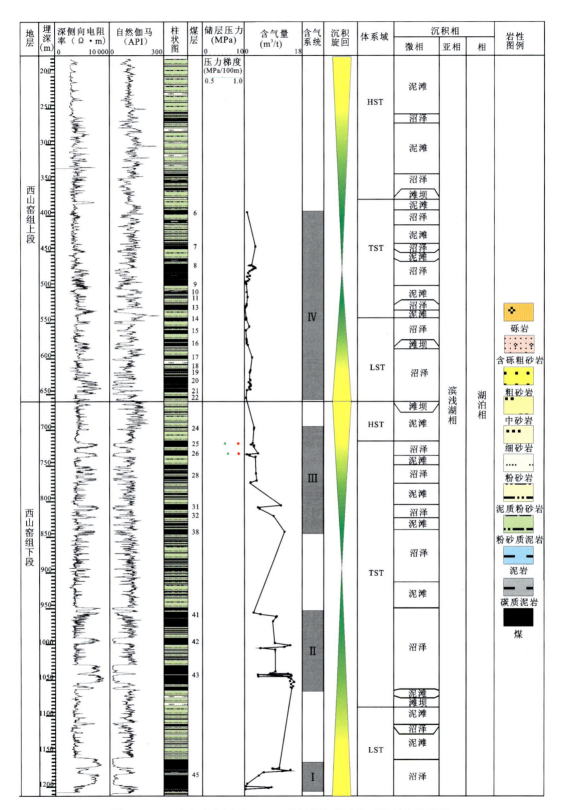

图 2-4-9 乌鲁木齐河区 WS-1 井沉积相及含气系统综合柱状图

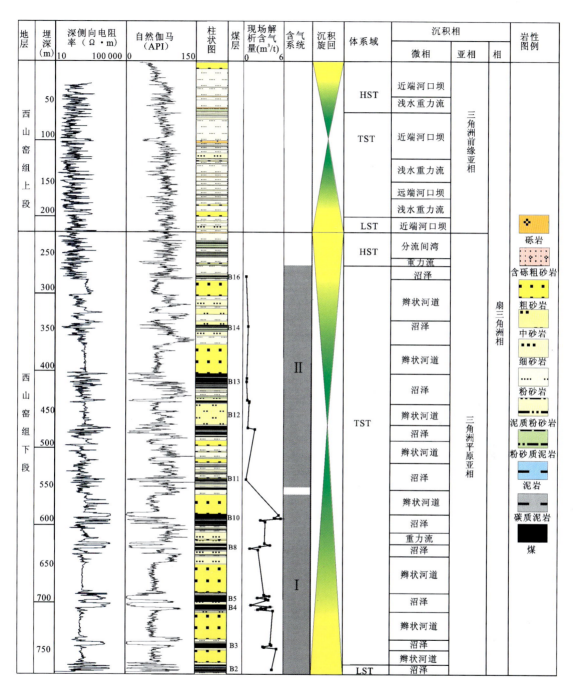

图 2-4-10 后峡 TC-6 井沉积相及含气系统综合柱状图

# 第三章 煤层气储层及其含气性

煤储层作为煤层气的载体，是构成煤层气产能的基础，孔隙结构、裂隙结构和孔渗性等煤层气储层物性及含气性是煤层气开采的基础要素。煤层气储层的孔裂隙是煤层气的储集场所，也是煤层气气体的运移通道。

## 第一节 煤储层物性精细表征

本节采用聚焦离子束扫描电镜（FIB-SEM）、低温气体（$N_2$、$CO_2$）吸附法、常规扫描电镜和压汞法等微纳米结构的精细表征手段，在考虑储层吸附、扩散及渗流特性的 Ходот（1966）孔隙划分方案的基础上，对准噶尔盆地南缘煤的纳米级吸附孔（<100nm 的微孔及过渡孔）和微米级渗流孔（>100nm 的大孔和中孔）分别进行了深入刻画。

### 一、煤储层纳米尺度孔隙特征

（一）吸附孔比表面积及孔结构特征

研究选取了准噶尔盆地南缘 13 组褐煤、长焰煤和气煤样品，采用 FIB-SEM 和低温气体吸附法，进行了微米尺度的吸附孔的比表面积及微观结构表征。

所选样品的镜质组、惰质组、壳质组和矿物的含量分别为 59%～88%、1%～40%、0～20% 和 1%～13%，详细结果如表 3-1-1 所示。

表 3-1-1 样品煤岩组成、煤级和工业分析结果

| 煤岩样品 | 煤岩组成(%) | | | | $R_{o,max}$(%) | 煤级分类 | 工业分析(%) | | | |
|---|---|---|---|---|---|---|---|---|---|---|
| | 镜质组 | 惰质组 | 壳质组 | 矿物 | | | 水分 | 灰分 | 挥发分 | 固定碳 |
| L1 | 59 | 40 | 0 | 1 | 0.35 | 褐煤 | 11 | 6 | 31 | 52 |
| L2 | 73 | 2 | 19 | 6 | 0.38 | 褐煤 | 5 | 16 | 40 | 39 |
| L3 | 73 | 2 | 20 | 5 | 0.39 | 褐煤 | 5 | 5 | 50 | 40 |
| S1 | 86 | 3 | 9 | 3 | 0.42 | 褐煤 | 2 | 7 | 43 | 48 |
| S2 | 83 | 2 | 14 | 1 | 0.44 | 褐煤 | 4 | 2 | 39 | 55 |
| S3 | 81 | 1 | 5 | 13 | 0.45 | 褐煤 | 4 | 9 | 39 | 48 |
| B1 | 88 | 7 | 0 | 6 | 0.65 | 长焰煤 | 12 | 5 | 32 | 52 |

续表 3-1-1

| 煤岩样品 | 煤岩组成(%) | | | | $R_{o,max}$(%) | 煤级分类 | 工业分析(%) | | | |
|---|---|---|---|---|---|---|---|---|---|---|
| | 镜质组 | 惰质组 | 壳质组 | 矿物 | | | 水分 | 灰分 | 挥发分 | 固定碳 |
| B2 | 68 | 24 | 5 | 3 | 0.66 | 长焰煤 | 3 | 8 | 39 | 50 |
| B3 | 64 | 32 | 0 | 3 | 0.75 | 气煤 | 7 | 5 | 24 | 64 |
| B4 | 63 | 26 | 1 | 11 | 0.76 | 气煤 | 7 | 12 | 22 | 59 |
| B5 | 83 | 3 | 3 | 12 | 0.79 | 气煤 | 7 | 6 | 39 | 48 |
| B6 | 79 | 5 | 12 | 4 | 0.80 | 气煤 | 10 | 2 | 24 | 64 |
| B7 | 69 | 25 | 1 | 6 | 0.85 | 气煤 | 7 | 3 | 24 | 67 |

所选样品的比表面、微孔体积和孔结构测试结果如表 3-1-2 所示。所选样品的 BET 比表面积在 $0.053 \sim 23.17 m^2/g$ 之间,其中 BET 比表面积约 70% 由中微孔贡献,而较少的 BET 比表面积由大微孔贡献。所选样品的总吸附孔隙($1.7 \sim 100 nm$)体积为 $0.137 \times 10^{-3} \sim 19.211 \times 10^{-3} mL/g$,变化较大;平均吸附孔径在 $3.46 \sim 16.31 nm$,低煤阶煤($R_{o,max} < 0.70\%$)大于 $10 nm$,中煤阶煤($0.0.70\% < R_{o,max} < 1\%$)为 $3 \sim 6 nm$。

表 3-1-2 低温氮气吸附的物理结构参数分析

| 样品编号 | BET SA ($m^2/g$) | 比表面积分布 ($m^2/g$) | | | BJH TVP ($\times 10^{-3} mL/g$) | BET APD (4V/A)(nm) | 比表面积百分数(%) | | | $\phi_{NA}$(%) | 孔体积百分数(%) | | |
|---|---|---|---|---|---|---|---|---|---|---|---|---|---|
| | | SA1 | SA2 | SA3 | | | SA1 | SA2 | SA3 | | TVP1 | TVP2 | TVP3 |
| L1 | 1.60 | 0.28 | 1.29 | 0.030 | 4.59 | 11.88 | 17.62 | 80.27 | 2.10 | 1.020 | 2.89 | 81.35 | 15.77 |
| L2 | 0.05 | 0.01 | 0.04 | 0.002 | 0.29 | 16.31 | 22.67 | 74.50 | 2.84 | 0.084 | 2.10 | 85.07 | 12.84 |
| L3 | 0.17 | 0.05 | 0.12 | 0.002 | 0.31 | 13.19 | 29.71 | 69.28 | 1.01 | 0.086 | 7.72 | 79.92 | 12.36 |
| S1 | 0.06 | 0.03 | 0.03 | 0.001 | 0.14 | 14.35 | 51.27 | 46.70 | 2.03 | 0.067 | 9.03 | 74.30 | 16.67 |
| S2 | 0.46 | 0.09 | 0.37 | 0.004 | 1.70 | 12.66 | 18.72 | 76.69 | 0.87 | 0.151 | 4.39 | 85.41 | 10.19 |
| S3 | 0.11 | 0.05 | 0.06 | 0.002 | 0.26 | 15.88 | 46.64 | 52.06 | 1.30 | 0.088 | 9.21 | 77.93 | 12.87 |
| B1 | 0.95 | 0.23 | 0.72 | 0.009 | 1.91 | 11.50 | 23.60 | 75.45 | 0.95 | 0.109 | 5.40 | 84.03 | 10.56 |
| B2 | 2.48 | 0.27 | 2.19 | 0.020 | 5.61 | 11.12 | 10.85 | 88.30 | 0.85 | 0.121 | 2.24 | 89.42 | 8.34 |
| B3 | 19.58 | 4.73 | 14.83 | 0.020 | 18.09 | 4.02 | 24.14 | 75.73 | 0.14 | 0.155 | 12.16 | 84.58 | 3.26 |
| B4 | 23.17 | 5.73 | 17.42 | 0.020 | 19.21 | 3.46 | 24.73 | 75.19 | 0.08 | 0.163 | 14.06 | 83.67 | 2.28 |
| B5 | 5.63 | 1.57 | 4.02 | 0.040 | 9.00 | 5.35 | 27.79 | 71.36 | 0.85 | 0.100 | 8.15 | 80.97 | 10.88 |
| B6 | 5.30 | 1.63 | 3.62 | 0.050 | 8.84 | 5.88 | 30.69 | 68.37 | 0.94 | 0.101 | 8.61 | 79.48 | 11.91 |
| B7 | 10.5 | 2.63 | 7.84 | 0.030 | 10.52 | 3.73 | 25.09 | 74.66 | 0.26 | 2.270 | 11.25 | 83.32 | 5.43 |

注:SA=比表面积;SA1=超微孔($1.7 \sim 2 nm$)BET 比表面积;SA2=孔隙($2 \sim 50 nm$)BET 比表面积;SA3=孔隙($50 \sim 100 nm$)BET 比表面积;TVP=总孔体积;APD=吸附孔平均直径;$\phi_{NA}$=$N_2$ 吸附法孔隙度(孔隙大小为 $1.7 \sim 100 nm$);TVP1=BJH 孔隙($1.7 \sim 2 nm$)体积;TVP2=BJH 孔隙($2 \sim 50 nm$)体积;TVP3=BJH 孔隙($50 \sim 100 nm$)体积。

值得指出的是,通过 FIB-SEM 可以精确观察多重纳米孔的形貌,并通过模拟分析孔隙的连通性及孔隙喉道分布特征,结果见表 3-1-3,详细分析将在后文阐述。

表 3-1-3  FIB-SEM 吸附孔(含连通孔)结构特征

| 孔隙大小(nm) | 样品 L1:孔隙度=2.39% | | | | | | 样品 B7:孔隙度=5.26% | | | | | |
|---|---|---|---|---|---|---|---|---|---|---|---|---|
| | 数量(个/94μm³) | 连通孔隙数量(个) | 连通孔比例(%) | APD(nm) | SA(m²/g) | TPV(×10⁻³ mL/g) | 数量(个/94μm³) | 连通孔隙数量(个) | 连通孔比例(%) | APD(nm) | SA(m²/g) | TPV(×10⁻³ mL/g) |
| 2~5 | 0 | 0 | 0 | 0 | 0.000 1 | 0.022 | 2 | 2 | 100.00 | 4.84 | 0.000 1 | 0.000 4 |
| 5~10 | 87 | 87 | 100 | 7.21 | 0.252 | 1.940 | 197 | 197 | 100.00 | 6.68 | 0.000 3 | 0.035 |
| 10~15 | 21 102 | 66 | 0.31 | 14.01 | 0.082 | 0.708 | 6 4651 | 86 | 0.13 | 12.41 | 0.899 | 6.050 |
| 15~20 | 3618 | 61 | 1.69 | 17.65 | 0.091 | 0.873 | 15 480 | 207 | 1.34 | 16.53 | 0.491 | 3.580 |
| 20~25 | 2308 | 101 | 4.38 | 21.45 | 0.051 | 0.686 | 2070 | 135 | 6.52 | 22.43 | 0.151 | 1.380 |
| 25~30 | 694 | 64 | 9.22 | 26.95 | 0.041 | 0.627 | 714 | 111 | 15.55 | 27.41 | 0.088 | 0.980 |
| 30~35 | 363 | 53 | 14.6 | 31.97 | 0.038 | 0.683 | 329 | 51 | 15.5 | 32.33 | 0.063 | 0.678 |
| 35~40 | 231 | 48 | 20.78 | 37.51 | 0.036 | 0.612 | 200 | 52 | 26.00 | 37.30 | 0.049 | 0.724 |
| 40~45 | 162 | 44 | 27.16 | 42.62 | 0.033 | 0.884 | 116 | 32 | 27.59 | 42.38 | 0.043 | 0.572 |
| 45~50 | 115 | 32 | 27.83 | 47.54 | 0.035 | 1.270 | 83 | 31 | 37.35 | 47.43 | 0.037 | 0.947 |
| 小计 | 28 680 | 556 | 1.94 | 16.07 | 0.659 | 8.310 | 83 842 | 904 | 1.08 | 13.74 | 1.820 | 14.95 |
| 50~55 | 104 | 44 | 42.31 | 52.51 | 0.025 | 0.929 | 66 | 33 | 50.00 | 52.20 | 0.039 | 1.040 |
| 55~60 | 59 | 23 | 38.98 | 57.37 | 0.024 | 1.010 | 54 | 25 | 46.03 | 57.80 | 0.038 | 1.270 |
| 60~65 | 49 | 25 | 51.02 | 62 | 0.025 | 1.170 | 44 | 30 | 68.18 | 62.06 | 0.032 | 1.940 |
| 65~70 | 41 | 17 | 41.46 | 67.29 | 0.023 | 1.360 | 24 | 18 | 75.00 | 67.57 | 0.017 | 1.860 |
| 70~75 | 34 | 19 | 55.88 | 72.59 | 0.021 | 1.170 | 30 | 21 | 70.00 | 72.53 | 0.036 | 2.110 |
| 75~80 | 29 | 15 | 51.72 | 77.47 | 0.037 | 1.550 | 25 | 19 | 76.00 | 77.26 | 0.025 | 2.350 |
| 80~85 | 38 | 22 | 57.89 | 82.93 | 0.013 | 1.180 | 22 | 17 | 77.27 | 82.52 | 0.028 | 2.720 |
| 85~90 | 14 | 7 | 50.00 | 88.12 | 0.025 | 1.390 | 19 | 14 | 73.68 | 87.18 | 0.028 | 2.090 |
| 90~95 | 22 | 12 | 54.55 | 92.53 | 0.015 | 0.654 | 18 | 15 | 83.33 | 91.99 | 0.020 | 2.660 |
| 95~100 | 12 | 9 | 75.00 | 97.63 | 0.0001 | 0.022 | 30 | 26 | 86.67 | 97.24 | 0.043 | 5.650 |
| 小计 | 402 | 193 | 48.01 | 64.13 | 0.208 | 10.43 | 332 | 218 | 65.66 | 69.53 | 0.306 | 23.690 |
| 0~100 总计 | 29 082 | 749 | 2.57 | 16.74 | 0.867 | 18.74 | 84 174 | 1122 | 1.33 | 13.96 | 2.13 | 37.640 |

注:APD=平均孔隙直径;SA=表面积;TPV=总孔隙体积。

## (二)基于不同方法的吸附孔发育结果的差异及分析

图 3-1-1 展示了代表性煤样的低温 $CO_2$ 吸附法(超微孔)、低温 $N_2$ 吸附法(微孔)和 FIB-SEM 成像模拟法获得的比表面分布与孔体积分布的对比结果:①样品的 $CO_2$ 吸附比表面积在 0.5nm、0.6nm 和 0.85nm 3 处分别呈 3 个明显的峰值(图 3-1-1$a_1$),而 $N_2$ 吸附比表面积的规律不明显(图 3-1-1$a_2$);②$CO_2$ 吸附获得的超微孔的孔体积分布与比表面积分布基本一致(图 3-1-1$b_1$),而 $N_2$ 吸附获得的 BJH 孔体积明显以中微孔为主(图 3-1-1$b_2$);③$CO_2$ 吸附获得的比表面积、孔体积和孔隙度的值通常高于 $N_2$ 吸附获得的相应结果,这与前人的研究一致(Okolo et al,2015)。

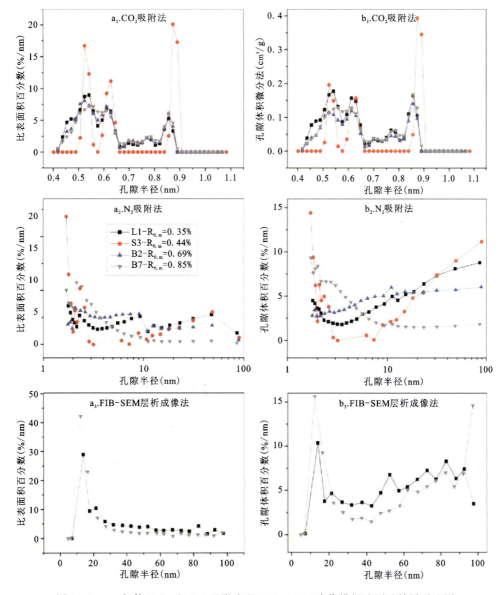

图 3-1-1 气体($CO_2$ 和 $N_2$)吸附法和 FIB-SEM 成像模拟法测试结果对比图

图3-1-1中也展示了两个代表性样品(L1和B7)的FIB-SEM成像及数值模拟计算结果。FIB-SEM获得的比表面积分布与$N_2$吸附获得的相应结果基本一致(图3-1-1$a_2$、$a_3$,表3-1-3),而FIB-SEM测得的比表面积值略低于$N_2$吸附的结果,主要原因是FIB-SEM没有显示原始的比表面积粗糙度。此外,FIB-SEM获得的孔体积在样品L1中均匀地分布在孔隙上,而FIB-SEM获得的孔体积在样品B7中呈双峰分布(图3-1-1$b_3$),FIB-SEM测得的孔体积值高于$N_2$吸附的结果,原因为:①-196℃的氮分子受到其活化扩散和动力学能的限制(Okolo et al,2015);②FIB-SEM图像处理可以计算孔隙比表面积或孔隙度,包括孤立(连通)的孔隙,而$N_2$吸附只能检测连通的孔隙;③在-196℃下,随着孔径的增加,$N_2$可到达的孔数增加,而不是孔数或孔体积随孔径的增加而实际增加。大多数孔隙在-196℃的$N_2$下无法被捕获,这意味着$N_2$吸附过程可能仅受范德华力作用,而且狭窄的孔喉可能会阻塞$N_2$进入(Bergins et al,2007),这些现象可能导致由FIB-SEM获得的孔隙度大于由$N_2$吸附试验测定的孔隙度。

表3-1-4和图3-1-2进一步对比了不同煤阶煤样的微孔体积及比表面积的发育差异。其中,褐煤超微孔(<2nm)的比表面积和孔体积比中、大微孔(>2nm)的相应值高得多;烟煤煤样(B1～B7)中,随着镜质体反射率增加,超微孔体积含量明显减小(图3-1-2b)。由褐煤转化为烟煤的过程中,原先超微孔隙一方面由于成岩凝胶化作用消减,另一方面伴随热解生烃作用而经历扩容改造向更大尺度的变化。然而,Okolo等(2015)和Clarkson等(2013)研究指出,根据小角度X射线散射(SAXS)数据,超微孔和中、大微孔的孔隙度大致对等,并且大于气体吸附试验结果。这是因为SAXS可以捕获较宽的孔隙范围,甚至包括孤立的孔隙,而孤立的孔隙可以通过FIB-SEM(表3-1-3)进行评估。

实验数据表明,在样品L1和B7中,连通中孔的百分比分别仅为1.94%和1.08%,连通中、大微孔的百分比分别为2.57%和2.33%(表3-1-4),根据$CO_2$和$N_2$吸附实验结果,这意味着较小吸附孔多为封闭孔隙,不能通过气体吸附测量法获得。大量的吸附孔隙在煤储层中可储存大量的甲烷,在温度压力条件变化和水力压裂后,甲烷发生解吸、扩散甚至运移。样品L1和B7的大微孔连通率分别为48.01%和65.66%。由于中微孔数量与大微孔数量级相同,因此推测大微孔对总吸附孔连通性的影响很小。

表3-1-4 微孔比表面积-体积比例结果

| 样品编号 | D-R表面积($m^2/g$) | 校正后孔隙(1.7～100nm)SA($m^2/g$) | 总吸附孔隙SA($m^2/g$) | 超微孔对比表面积贡献(%) | D-A超微孔体积($\times 10^{-3}$mL/g) | 校正后孔隙(1.7～100nm)体积($\times 10^{-3}$mL/g) | 总吸附孔隙体积($\times 10^{-3}$mL/g) | 超微孔对孔体积贡献(%) |
|---|---|---|---|---|---|---|---|---|
| L1 | 153.168 | 6.242 | 159.410 | 96.08 | 60.113 | 17.825 | 77.938 | 77.13 |
| L2 | 183.000 | 0.225 | 183.225 | 99.88 | 40.372 | 1.111 | 41.483 | 97.32 |
| L3 | 170.452 | 0.653 | 171.105 | 99.62 | 58.329 | 1.189 | 59.518 | 98.00 |
| S1 | 104.107 | 0.206 | 104.313 | 99.80 | 12.207 | 0.532 | 12.739 | 95.82 |
| S2 | 121.511 | 1.853 | 123.364 | 98.50 | 34.904 | 6.600 | 41.504 | 84.10 |
| S3 | 125.891 | 0.451 | 126.342 | 99.64 | 33.592 | 1.018 | 34.610 | 97.06 |
| B1 | 174.188 | 3.702 | 177.890 | 97.92 | 42.653 | 7.415 | 50.068 | 85.19 |

续表 3-1-4

| 样品编号 | D-R 表面积 ($m^2/g$) | 校正后孔隙 (1.7~100nm) SA($m^2/g$) | 总吸附孔隙 SA($m^2/g$) | 超微孔对比表面积贡献(%) | D-A 超微孔体积 ($\times 10^{-3}$ mL/g) | 校正后孔隙 (1.7~100nm) 体积($\times 10^{-3}$ mL/g) | 总吸附孔隙体积($\times 10^{-3}$ mL/g) | 超微孔对孔体积贡献(%) |
|---|---|---|---|---|---|---|---|---|
| B2 | 128.667 | 9.653 | 138.320 | 93.02 | 54.820 | 21.791 | 76.611 | 71.56 |
| B3 | 168.158 | 76.068 | 244.226 | 68.85 | 68.994 | 70.284 | 139.278 | 49.54 |
| B4 | 175.652 | 90.005 | 265.657 | 66.12 | 65.360 | 74.623 | 139.983 | 46.69 |
| B5 | 178.934 | 21.885 | 200.819 | 89.10 | 73.817 | 34.963 | 108.780 | 67.86 |
| B6 | 149.390 | 20.572 | 169.962 | 87.90 | 64.365 | 34.346 | 98.711 | 65.21 |
| B7 | 160.909 | 40.778 | 201.687 | 79.78 | 65.83 | 40.879 | 106.709 | 61.69 |

注：D-R 为 Dubinin-Radushkevich 模型。

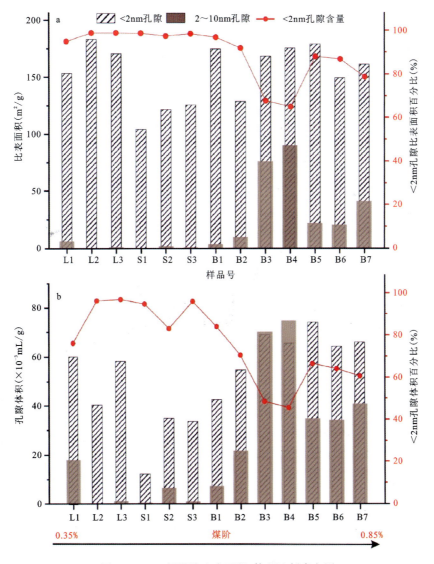

图 3-1-2 超微孔比表面积-体积比例直方图

## (三)基于 FIB-SEM 的三维孔隙形态及连通性特征

### 1. 孔隙、裂隙形态定量分析

图 3-1-3 和图 3-1-4 分别以褐煤(SC)样品和烟煤(HBC)样品为代表,展示了准噶尔盆地南缘低煤阶煤中的微孔结构与微裂隙特征。

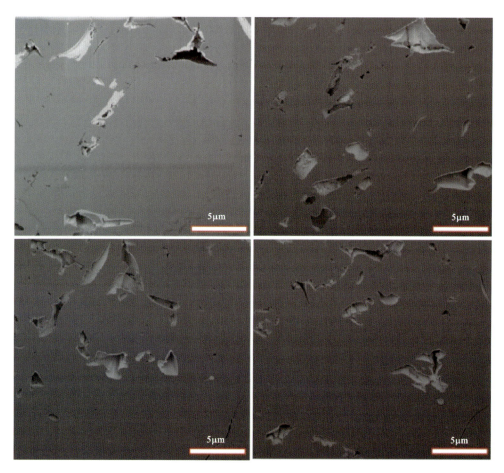

图 3-1-3 褐煤样品微观结构非均质性特征

与褐煤(SC)样品(图 3-1-3)相比,烟煤(HBC)样品具有更多的微裂隙,这是因为第一次煤化作用跃变可导致镜质组中形成可观的微裂隙(Bustin and Guo,1999)。图 3-1-4b 和图 3-1-4c 显示除了填充了矿物的微裂隙外,其他微裂隙都具有明显的连通性,长度为 1~50μm,最大宽度为 3.5μm。在图 3-1-4d~f 中显示,微纳米级裂隙可为煤层气提供较多运移通道。

图 3-1-5 展示了褐煤(SC)和烟煤(HBC)两个样品的三维空间孔隙-裂隙重建结构过程及确定的两个样品的典型孔隙-裂隙网络结构特征。褐煤(SC)和烟煤(HBC)样品体积分别为 5.609μm×3.08μm×5.446μm 和 4.679μm×3.2μm×4.24μm,对于每个 FIB-SEM 切片

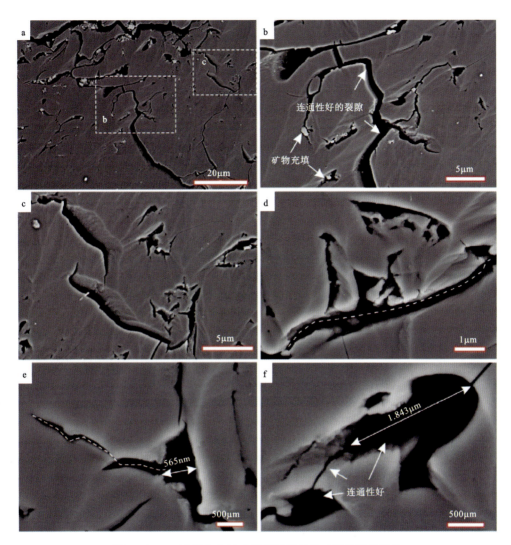

图 3-1-4 准噶尔盆地南部烟煤样品的二维微裂隙结构

(图 3-1-5$a_2$、$b_2$),将样品分成煤基质(暗灰色)或流体空间(其他颜色),单种色调分别表示单个不相连的孔。由图 3-1-5 可知,样品褐煤(SC)和烟煤(HBC)含有众多孔喉(裂隙),平均直径分别为 74.3nm 和 67.6nm,最大直径为 565nm,通道长度分别为 29.5~2 763.7nm 和 27.3~2 515.8nm(表 3-1-5),这些喉道也可以是煤层气运移的有效通道,并且为煤层气存储提供空间。褐煤(SC)样品中提取的流体空间比烟煤(HBC)样品(图 3-1-5$a_3$、$b_3$)的体积更大。表 3-1-5 给出了详细的孔隙-裂隙结构参数,褐煤(SC)和烟煤(HBC)样品的孔数量分别为 28 944 个/94$\mu m^3$ 和 83 866 个/94$\mu m^3$,平均孔径分别为 18.409nm 和 14.452nm,孔体积分别为 24.528$\mu m^3$ 和 27.167$\mu m^3$,面积分别为 667.6$\mu m^2$ 和 723.139$\mu m^2$。此外,表 3-1-6 展示了详细的孔隙(<50nm)分布,而这些孔隙尺度主导着总孔隙数量,孔隙数比例大于 95%。结果表明,褐煤和烟煤可以提供巨大的气体吸附空间。

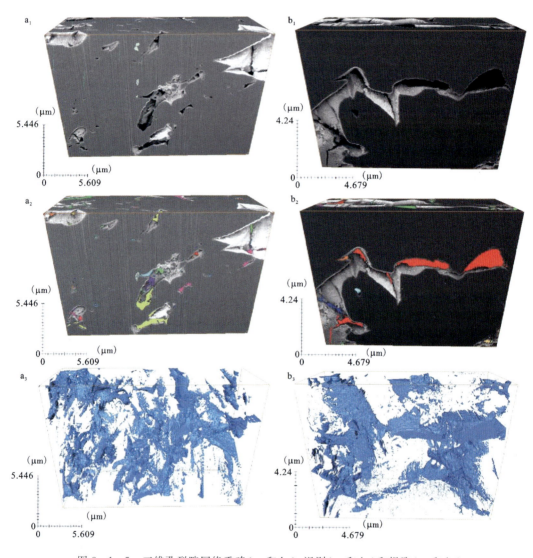

图 3-1-5 三维孔裂隙网络重建($a_1$ 和 $b_1$)、识别($a_2$ 和 $b_2$)和提取($a_3$ 和 $b_3$)

表 3-1-5 两种不同煤级的孔隙和喉道结构参数

| 样品编号 | 孔隙 | | | | | | | 喉道(裂隙) | | | | | | $\kappa_{KT}$ ($\times 10^{-6} \mu m^2$) |
|---|---|---|---|---|---|---|---|---|---|---|---|---|---|---|
| | 总数量(个/$94\mu m^3$) | 最小值(nm) | 最大值(nm) | 平均值(nm) | 体积($\mu m^3$) | 面积($\mu m^2$) | 体积分数(%) | 总数量 | 最小值(nm) | 最大值(nm) | 平均值(nm) | 面积($\mu m^2$) | 通道长度(nm) | |
| 褐煤(SC) | 28 944 | 14 | 579 | 18 | 24 | 667 | 26 | 516 | 5.8 | 477 | 74.3 | 19.7 | 29.5~2 763.7 | 4.8 |
| 烟煤(HBC) | 83 866 | 12 | 901 | 14 | 27 | 723 | 42 | 715 | 4.8 | 374 | 67.6 | 23.2 | 27.3~2 515.8 | 1.9 |

**2. 孔隙连通性分析**

图 3-1-6 展示了孔裂隙的三维可视化和孔隙连通性的孔隙网络模型（PNE）建模过程。褐煤（SC）样品中孔隙裂隙的三维可视化显示出相对分散的分布，6 种颜色分别代表 6 种独立的多孔隙单元（图 3-1-6$a_1$），而烟煤（HBC）样品则集中在两个多孔单元（图 3-1-6$b_1$）。这些结果证实了褐煤（SC）样品的连通性比烟煤（HBC）样品的连通性要好，前者可能也具有较高的渗透率值。此外，PNE 模型可以直接确定孔隙-裂隙的可视化连通性（图 3-1-6$a_2$、$b_2$），由于褐煤（SC）和烟煤（HBC）的连通性良好，两个样品都有利于煤层气的运移。

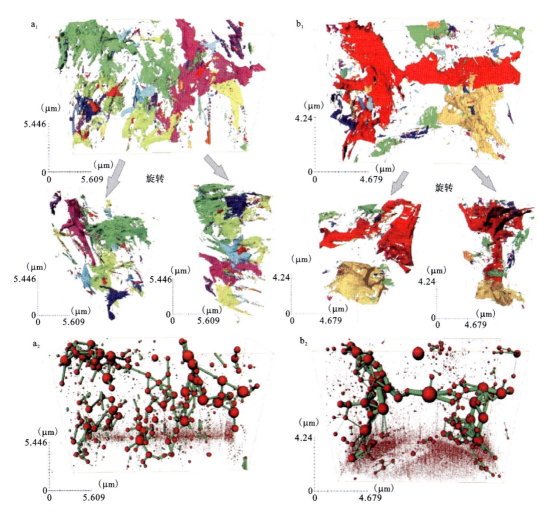

图 3-1-6　孔隙连通性的三维可视化和 PNE 建模
$a_1$、$a_2$ 为褐煤（SC）样品；$b_1$、$b_2$ 为烟煤（HBC）样品

Katz-Thompson 渗透率模型（Katz and Thompson，1987）可以预测流体在多孔介质（如页岩和黏土岩）中的最优传输路径。Katz-Thompson 模型公式如下：

$$\kappa_{\mathrm{KT}}=\frac{d_c^2}{226F}=\frac{d_c^2 \phi}{226\tau} \tag{3-1}$$

式中，$\kappa_{KT}$是Katz-Thompson模型预测的流体渗透率；$d_c$是临界孔径或穿透孔径，通常认为是汞测孔法中孔径分布的峰值，$d_c$相当于孔喉直径，它连续地链接PNE的两个孔体；$F$是地层因子；$\phi$是煤的孔隙度；$\tau$为在FIB-SEM得到的几何迂曲度。

表3-1-5列出了根据式(3-1)计算的两个不同煤级煤的液相渗透率$\kappa_{KT}$的结果，其中，褐煤(SC)的值($4.8\times10^{-6}\mu m^2$)要优于烟煤(HBC)的值($1.9\times10^{-6}\mu m^2$)。这些$\kappa_{KT}$计算结果与实验测试的渗透率值相比要小几个数量级，这可能是由于以下原因：①气体、水和纳米颗粒(即煤粉)在质量传递中存在显著的相互作用，这种相互作用会影响煤的渗透性(Zang and Wang,2017)；②在煤中发育了宏观裂隙(长度大于几十微米)(Connell et al,2016)；③由于样品尺寸小，这些裂隙不能通过FIB-SEM的渗流孔隙网络的骨架化来捕获，而这些宏观裂缝在其他渗透率表达方法中会被当做气体流动与传输的重要通道(图3-1-6)。

表3-1-6和图3-1-7详细地展示FIB-SEM的多尺度孔隙的定量连通(闭合)孔径分布、体积和面积比例。对于褐煤(SC)样品中0~50nm的孔隙，连通与闭合的孔隙数量分别为276个/94$\mu m^3$和28 117个/94$\mu m^3$，体积分别为0.040 3$\mu m^3$和0.626$\mu m^3$，面积分别为3.97$\mu m^2$和76.09$\mu m^2$。对于烟煤(HBC)样品中0~50nm的孔隙，连通孔与闭合孔隙的数量分别为496个/94$\mu m^3$和82 934个/94$\mu m^3$，体积分别为0.049$\mu m^3$和1.077$\mu m^3$，面积分别为5.45$\mu m^2$和151.91$\mu m^2$。许多文献提出，封闭的孔隙(<50nm)比表面积可能是气体吸附的重要位置(Cai et al,2013;Zhou et al,2016)。褐煤(SC)样品的连通孔(<50nm)体积与面积比例分别为6.05%和4.95%，烟煤(HBC)样品分别为4.35%和3.46%(表3-1-5，图3-1-10)，表明数万个封闭的孔隙可以为煤层气的吸附提供重要的空间。

对于褐煤(SC)样品中50~100nm的孔隙，连通与闭合孔的数量分别为106个/94$\mu m^3$和204个/94$\mu m^3$，体积分别为0.161$\mu m^3$和0.265$\mu m^3$，面积分别为11.08$\mu m^2$和19.38$\mu m^2$。连通孔容积和面积百分比在30%~40%之间变化，表明孔隙结构可以是平行板状的，有利于煤层气的解吸和扩散。对于烟煤(HBC)样品中50~100nm的孔隙，连通与闭合孔隙的数量分别为106个/94$\mu m^3$和114个/94$\mu m^3$，体积分别为0.163$\mu m^3$和0.141$\mu m^3$，面积分别为12.63$\mu m^2$和24.49$\mu m^2$，表明占总孔一半的连通孔隙可以提供流体运移通道。对于褐煤(SC)样品和烟煤(HBC)样品中100~350nm的孔隙，主要孔隙为连通孔隙，数量分别为164个/94$\mu m^3$和165个/94$\mu m^3$，体积分别为9.086$\mu m^3$和7.044$\mu m^3$，孔隙面积分别为276.43$\mu m^2$和222.88$\mu m^2$。对于褐煤(SC)和烟煤(HBC)样品大于350nm的孔隙，所有孔隙均为连通孔隙，它们的数量分别为31个/94$\mu m^3$和32个/94$\mu m^3$，体积分别为13.074$\mu m^3$和18.318$\mu m^3$，孔隙面积分别为230.17$\mu m^2$和301.13$\mu m^2$(表3-1-6)。在褐煤和烟煤样品中，连通孔的百分比通常随着孔径的增大而增加(图3-1-12)。连通孔隙和喉道结构控制着煤层气的渗透率，进而影响褐煤和烟煤储层的煤层气可采性。

图3-1-8显示了总吸附孔(<100nm)和渗流孔(>100nm)的尺寸分布、体积和面积。在吸附孔中，大多数孔(>95%)小于30nm(图3-1-8$a_1$、$b_1$)，这些孔隙对孔体积和面积值贡献大。累积孔容积和面积与孔径的关系通常显示为对数函数。因此，这些孔隙(<30nm)可以为甲烷的储量提供巨大的空间，特别是在孔隙特定的表面吸附。在渗流孔隙中，孔隙体积和面积均随孔隙直径的增大而增大，孔隙面积与孔隙大小呈强指数关系(图3-1-8$a_2$、$b_2$)。累积孔体积、面积与孔径之间主要呈指数关系，表明较大的孔可以为甲烷运移提供更大的通道。

表3-1-6 基于FIB-SEM的三维数字岩芯计算的详细孔隙（<50nm）分布

| 褐煤（SC）样品（APCP=连通孔面积比例；VPCP=连通孔体积比例） | | | | | | | | 烟煤（HBC）样品（APCP=连通孔面积比例；VPCP=连通孔体积比例） | | | | | | | | | | | |
|---|---|---|---|---|---|---|---|---|---|---|---|---|---|---|---|---|---|---|---|
| 孔隙大小(nm) | 数量(个/94μm³) | APCP(%) | VPCP(%) | 孔隙大小(nm) | 数量(个) | APCP(%) | VPCP(%) | 孔隙大小(nm) | 数量(个/94μm³) | APCP(%) | VPCP(%) | 孔隙大小(nm) | 数量(个/94μm³) | APCP(%) | VPCP(%) | 孔隙大小(nm) | 数量(个/94μm³) | APCP(%) | VPCP(%) |
| 14.0105 | 21056 | 0.094 | 0.094 | 40.4134 | 20 | 10.48 | 10.53 | 12.407 | 64581 | 0.0247 | 0.0253 | 35.788 | 23 | 26.087 | 26.249 | 44.7747 | 8 | 25 | 27.46 |
| 17.6522 | 3578 | 0.68 | 0.64 | 40.9671 | 16 | 18.65 | 20.00 | 15.6319 | 10542 | 0.655 | 0.654 | 36.2783 | 26 | 30 | 29.799 | 45.0901 | 3 | 0 | 0 |
| 20.2067 | 1240 | 2.15 | 2.34 | 41.5061 | 14 | 29.06 | 23.08 | 17.894 | 3390 | 1.652 | 1.628 | 36.7557 | 18 | 16.67 | 17.083 | 45.401 | 6 | 16.67 | 13.684 |
| 22.2403 | 635 | 3.79 | 4.41 | 42.0316 | 16 | 18.30 | 20.00 | 19.6949 | 1507 | 2.787 | 2.677 | 37.2210 | 17 | 11.765 | 10.465 | 45.7078 | 4 | 50 | 48.932 |
| 23.9577 | 399 | 3.81 | 4.51 | 42.5442 | 22 | 9.17 | 9.52 | 21.2157 | 907 | 4.189 | 3.995 | 37.6750 | 24 | 20.833 | 20.151 | 46.0105 | 5 | 0 | 0 |
| 25.4588 | 256 | 2.59 | 3.12 | 43.0448 | 13 | 17.92 | 16.67 | 22.5450 | 538 | 4.461 | 4.06 | 38.1183 | 9 | 11.11 | 9.618 | 46.3093 | 8 | 37.5 | 40.425 |
| 26.8012 | 167 | 7.55 | 7.78 | 43.5340 | 18 | 29.57 | 29.41 | 23.7338 | 351 | 6.553 | 6.342 | 38.5515 | 18 | 22.22 | 23.671 | 46.6043 | 2 | 100 | 100 |
| 28.0211 | 138 | 6.15 | 6.52 | 44.0124 | 14 | 29.30 | 30.77 | 24.8140 | 237 | 6.329 | 6.097 | 38.9751 | 14 | 14.286 | 14.367 | 46.8956 | 3 | 0 | 0 |
| 29.1431 | 112 | 11.49 | 13.39 | 44.4807 | 7 | 0 | 0 | 25.8076 | 194 | 11.340 | 10.336 | 39.3898 | 8 | 12.5 | 12.463 | 47.1833 | 3 | 0 | 0 |
| 30.1848 | 89 | 4.38 | 5.62 | 44.9393 | 19 | 39.44 | 38.89 | 26.7301 | 127 | 15.748 | 10.069 | 39.7959 | 15 | 33.33 | 32.815 | 47.4675 | 3 | 33.33 | 31.54 |
| 31.1591 | 66 | 9.87 | 15.15 | 45.3887 | 9 | 25.59 | 25.00 | 27.5929 | 126 | 11.111 | 10.66 | 40.1939 | 12 | 25 | 23.529 | 47.7484 | 3 | 66.67 | 65.677 |
| 32.0761 | 66 | 12.68 | 21.21 | 45.8294 | 15 | 27.57 | 28.57 | 28.4050 | 97 | 10.309 | 10.102 | 40.5842 | 10 | 20 | 17.905 | 48.026 | 4 | 0 | 0 |
| 32.9435 | 52 | 16.68 | 25.49 | 46.2618 | 9 | 39.63 | 37.50 | 29.1730 | 80 | 16.25 | 16.07 | 40.9670 | 9 | 0 | 0 | 48.3005 | 3 | 0 | 0 |
| 33.7677 | 44 | 10.51 | 13.64 | 46.6862 | 12 | 7.69 | 9.09 | 29.9027 | 61 | 14.754 | 14.54 | 41.3429 | 9 | 44.44 | 40.855 | 48.5718 | 7 | 14.286 | 11.307 |
| 34.5529 | 29 | 6.70 | 6.89 | 47.1037 | 7 | 16.19 | 16.67 | 30.5983 | 62 | 13.115 | 12.258 | 41.7121 | 8 | 50 | 51.147 | 48.8402 | 3 | 33.333 | 33.427 |
| 35.3043 | 37 | 4.92 | 5.41 | 47.5127 | 9 | 39.23 | 37.50 | 31.2637 | 42 | 14.286 | 15.905 | 42.0748 | 8 | 0 | 0 | 49.1056 | 3 | 33.333 | 24.238 |
| 36.0250 | 28 | 27.84 | 28.57 | 47.9157 | 13 | 23.42 | 25.00 | 31.9019 | 59 | 5.085 | 4.995 | 42.4314 | 10 | 40 | 36.729 | 49.3682 | 7 | 57.143 | 59.676 |
| 36.7180 | 27 | 14.45 | 18.52 | 48.3114 | 8 | 15.01 | 14.29 | 32.5156 | 37 | 16.216 | 15.155 | 42.7821 | 7 | 28.571 | 27.758 | 49.628 | 3 | 33.333 | 33.977 |
| 37.3857 | 20 | 34.64 | 36.84 | 48.7010 | 9 | 11.92 | 12.50 | 33.1069 | 38 | 10.526 | 10.443 | 43.1271 | 4 | 25 | 22.549 | 49.8852 | 1 | 0 | 0 |
| 38.0304 | 27 | 3.31 | 3.85 | 49.0845 | 7 | 0 | 0 | 33.6778 | 36 | 25 | 24.484 | 43.4667 | 4 | 25 | 29.295 | | | | |
| 38.6540 | 29 | 16.42 | 17.86 | 49.4621 | 5 | 0 | 0 | 34.2305 | 21 | 9.524 | 9.019 | 43.8011 | 6 | 33.33 | 36.385 | | | | |
| 39.2581 | 28 | 7.11 | 7.41 | 49.8340 | 13 | 26.08 | 25.00 | 34.7649 | 23 | 8.696 | 8.18 | 44.1304 | 8 | 12.5 | 11.167 | | | | |
| 39.8441 | 24 | 13.03 | 13.04 | | | | | 35.2839 | 25 | 36 | 37.765 | 44.4549 | 9 | 22.22 | 20.77 | | | | |

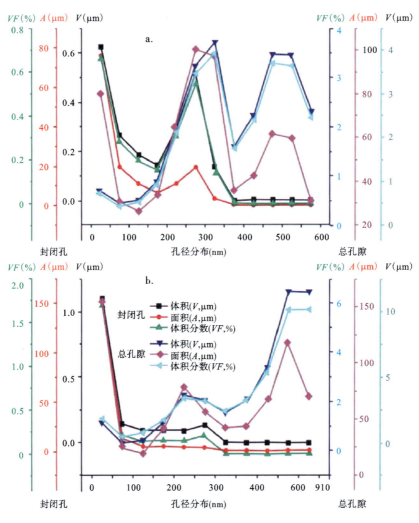

图 3-1-7 孔隙大小、面积、体积和体积分数分段分布图
a. 褐煤（SC）样品；b. 烟煤（HBC）样品

### 3. 煤层气储集、运移能力与孔隙-裂隙结构关系

在褐煤和烟煤中，甲烷储存主要通过以下方式：①游离甲烷，倾向于聚集于较大微孔和裂隙；②吸附甲烷，更趋向聚集于较小纳米孔中（Colosimo et al,2016；Li et al,2016）。先前的研究表明，吸附的甲烷集中在小于 50nm 的孔比表面处（Cai et al,2013）。因此，在表 3-1-6 和图 3-1-9 中量化了孔隙（<50nm）直径、体积和连通（封闭）孔数量分布。与褐煤（SC）样品相比，烟煤（HBC）样品由较大的数量、体积和孔面积（<50nm）的孔隙组成，尤其是孔径小于 30nm 的孔。封闭孔（<50nm）的体积和面积比例在两种样品（SC 和 HBC）中占主导地位，特别是孔径在 10～30nm（近达 100%）的孔多为封闭孔，少许连通孔隙可能为煤层气从较小孔隙向较大孔隙流动提供通道。此外，褐煤（SC）样品中 44.5～48.7nm 孔的平均连通孔体积比例为 24.56%，面积比例为 24.50%，这些孔隙被认为对煤层气解吸和游离气储存具有重要意义。

第三章 煤层气储层及其含气性

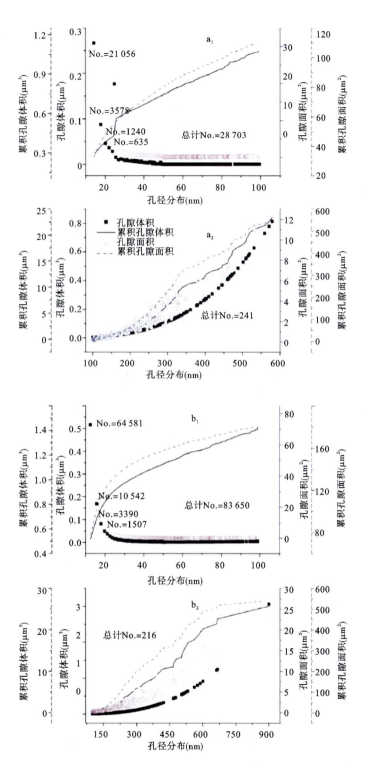

图 3-1-8 吸附孔和渗流孔体积和比表面分布

在孔径为 48.84～49.63nm 的烟煤(HBC)样品中发现了同样的现象(表 3-1-6)。褐煤(SC)样品的吸附孔数量、体积和面积均小于烟煤(HBC)样品(图 3-1-7,图 3-1-8,表 3-1-5),表明褐煤(SC)样品吸附能力弱于烟煤(HBC)样品。烟煤(HBC)样品的连通孔(50～100nm)的数量和比例高于褐煤(SC)样品(表 3-1-5,图 3-1-7)。此外,褐煤(SC)和烟煤(HBC)样品中孔隙的体积分数,基本代表了样品的孔隙度(Wang et al,2016),分别为 26.06% 和 42.85%(表 3-1-4)。结果表明,烟煤(HBC)样品的孔隙度远高于褐煤(SC)样品,这意味着相对于褐煤(SC)样品而言,烟煤(HBC)样品展示的孔隙结构为气体储存(吸附与游离)提供了更多的空间。

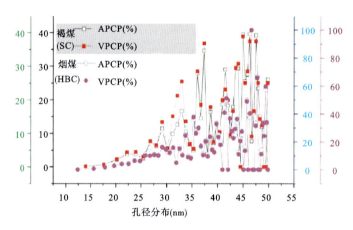

图 3-1-9　小于 50nm 孔的直径、体积和连通(封闭)孔
注:APCP=连通孔面积比例;VPCP=连通孔体积比例。

图 3-1-10 显示了褐煤(SC)和烟煤(HBC)样品的连通孔径、面积和体积分布。它们都有数百个 0～50nm 和 50nm～100nm 的孔,中等量的 100～150nm、150～200nm、200～250nm、250～300nm 和 300～350nm 的孔,以及少量大于 350nm 的孔(表 3-1-5,图 3-1-7、图 3-1-9)。连通孔面积和体积呈双峰分布,第一峰在 200～300nm,第二峰在 450nm 以上(图 3-1-9)。在 100～300nm 的孔径下,连通孔百分比大于 50%;在孔径大于 300nm 时,连通孔百分比为 100%(表 3-1-5,图 3-1-7)。这些现象表明,褐煤(SC)和烟煤(HBC)储层有利于煤层气运移,具有较好的流动能力,从而有相对高的渗透率。尽管对于 0～50nm 的尺寸,烟煤(HBC)样品的连通孔数量比褐煤(SC)样品的多(表 3-1-5),但这些尺度孔隙可能对甲烷流动能力几乎没有影响,不能推断烟煤(HBC)样品的甲烷流动能力高于褐煤(SC)样品。

表 3-1-7 和图 3-1-11 显示了 3D 数字岩芯计算的孔喉(裂隙)分布。褐煤(SC)样品的孔喉大小为 5.826～477.804nm,烟煤(HBC)样品的孔喉大小为 4.838～374.93nm(表 3-1-4,图 3-1-11),主要孔喉在 4～100nm(表 3-1-7)。孔喉数量随喉部大小的增加而减少,孔喉长度主要分布在 50nm 以上,平均孔喉长度随机分布。褐煤(SC)样品中尺寸大于 300nm 的孔喉数量高于烟煤(HBC)样品,这可能表明褐煤(SC)样品的渗透率高于烟煤(HBC)样品,在 FIB-SEM 模拟渗透率中,煤的孔喉尺寸在 400～500nm 之间占主导地位。褐煤(SC)孔隙裂隙整体连通,而烟煤(HBC)样品储层局部连通,如图 3-1-6 所示,表明褐煤的渗透能力高于烟煤。

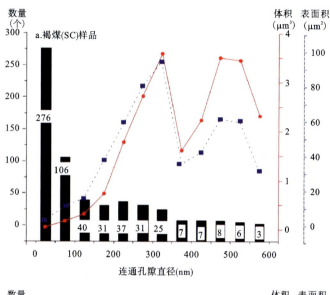
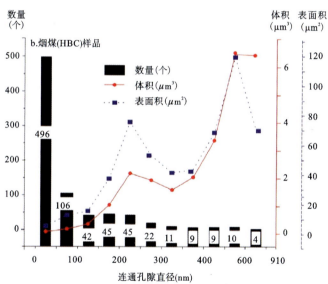

图 3-1-10　褐煤(SC)和烟煤(HBC)样品中连通孔隙的孔径、面积和体积分布

表 3-1-7　基于 FIB-SEM 的三维数字岩芯计算喉道(裂隙)分布

| 褐煤(SC)样品 | | | | | 烟煤(HBC)样品 | | | | |
|---|---|---|---|---|---|---|---|---|---|
| 喉道大小<br>(nm) | 数量<br>(个/94μm³) | 面积<br>(μm²) | 平均长度<br>(μm) | 总长度<br>(μm) | 喉道大小<br>(nm) | 数量<br>(个/94μm³) | 面积<br>(μm²) | 平均长度<br>(μm) | 总长度<br>(μm) |
| 0~10 | 87 | 0.014 5 | 0.180 2 | 15.675 9 | 0~10 | 199 | 0.288 | 0.111 8 | 22.257 9 |
| 10~20 | 85 | 0.061 1 | 0.270 7 | 23.007 9 | 10~20 | 110 | 0.070 9 | 0.218 9 | 24.074 7 |
| 20~30 | 55 | 0.102 1 | 0.448 7 | 24.676 9 | 20~30 | 65 | 0.124 2 | 0.386 2 | 25.101 8 |
| 30~40 | 32 | 0.122 1 | 0.597 8 | 19.131 1 | 30~40 | 18 | 0.066 9 | 0.500 8 | 9.014 8 |

续表 3-1-7

| 褐煤(SC)样品 | | | | | 烟煤(HBC)样品 | | | | |
|---|---|---|---|---|---|---|---|---|---|
| 喉道大小 (nm) | 数量 (个/94$\mu m^3$) | 面积 ($\mu m^2$) | 平均长度 ($\mu m$) | 总长度 ($\mu m$) | 喉道大小 (nm) | 数量 (个/94$\mu m^3$) | 面积 ($\mu m^2$) | 平均长度 ($\mu m$) | 总长度 ($\mu m$) |
| 40～50 | 22 | 0.139 8 | 0.661 7 | 14.556 6 | 40～50 | 16 | 0.108 3 | 0.586 6 | 9.385 4 |
| 50～100 | 86 | 1.335 1 | 0.786 3 | 67.618 0 | 50～100 | 112 | 2.107 8 | 0.825 7 | 92.473 2 |
| 100～150 | 72 | 3.648 6 | 0.848 1 | 61.065 4 | 100～150 | 79 | 3.784 5 | 0.822 1 | 64.948 1 |
| 150～200 | 38 | 3.566 1 | 0.780 7 | 29.667 1 | 150～200 | 62 | 5.991 | 0.846 6 | 52.487 1 |
| 200～250 | 16 | 2.480 3 | 0.979 3 | 15.668 0 | 200～250 | 32 | 4.947 1 | 1.025 7 | 32.822 9 |
| 250～300 | 14 | 3.414 0 | 0.665 3 | 9.313 9 | 250～300 | 14 | 3.267 5 | 0.866 4 | 12.129 4 |
| 300～350 | 4 | 1.293 2 | 0.815 9 | 3.263 5 | 300～350 | 6 | 1.84 | 0.792 0 | 4.751 8 |
| 350～400 | 5 | 2.242 0 | 0.841 1 | 4.205 6 | 350～400 | 2 | 0.875 | 1.941 5 | 3.882 9 |
| 400～500 | 2 | 1.350 4 | 0.631 5 | 1.262 9 | | | | | |

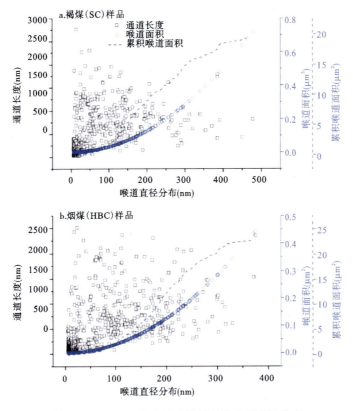

图 3-1-11 3D 数字岩芯计算的孔喉(裂隙)分布

## 二、煤储层微米尺度孔隙特征

煤储层微米级的孔隙特征研究主要基于 X 射线 CT 扫描和压汞实验来获得，代表性结果如图 3-1-12 和图 3-1-13 所示。

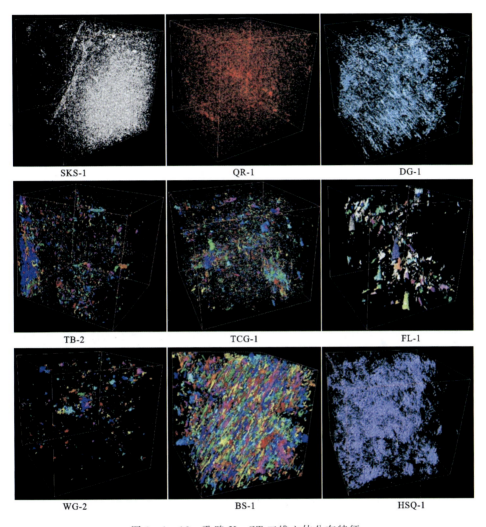

图 3-1-12　孔隙 X-CT 三维立体分布特征

图 3-1-12 是采用 X 射线扫描不同煤岩样品，然后利用数值模拟软件进行三维重构，获得的不同煤阶的 9 个样品的孔隙分布云图结果，可根据这些三维云图来计算各个样品中孔隙与裂隙的分布情况。如样品 SKS-1 中孔隙的体积分数为 0.61%，孔隙对孔隙度的贡献率为 41.78%；样品 QR-1 孔隙的体积分数为 0.56%，对于孔隙度的贡献率为 100%，未发现裂隙存在。总体上，不同煤岩孔隙三维立体结构非均质性明显，孔隙对煤岩孔隙度贡献都较低，这些孔隙为煤层气提供吸附空间，同时较大孔隙能连通裂隙为流体提供输运通道。样品 TB-2、TCG-1、FL-1、WG-2 和 BS-1 中孔隙分为多个部分，不同颜色表示相互间不连通），孔隙间连通性较差。X-CT 实验受分辨率限制，无法表征煤中大量发育的纳米孔隙。

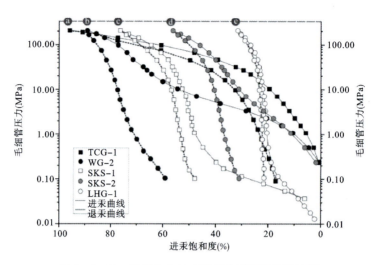

图 3-1-13　准噶尔盆地南缘煤典型压汞曲线特征

图 3-1-13 展示了压汞实验了研究样品的 5 种典型渗流孔隙类型特征。汞的注入和退出可以指示孔隙之间的连通性,并用于评估煤层气的解吸、扩散或运移(Cai et al,2013;姚艳斌和刘大锰,2013)。A 型为 TCG-1 样品,具有较高的最大进汞饱和度(IMS)和高的退汞效率(EMW),各阶段的毛细管压力($P$)均有汞侵入,尤其在 $P>10$MPa 时,该储层有利于煤层气在连通孔隙中的富集。B 型和 C 型分别以 WG-2 和 SKS-1 样品代表,它们具有较高的 IMS 和低 EMW,分别在 $1\text{MPa} \leqslant P \leqslant 10\text{MPa}$ 和 $P<1\text{MPa}$ 阶段,侵入汞体积较大。B 型表明过渡孔与中孔充分连通,而与微孔没有充分连通,这种类型在褐煤-高挥发分烟煤中很少见。C 型储层发育丰富的大孔隙,除吸附空间外,还具有较好的煤层气运移通道。D 型和 E 型以 SKS-2 和 LHG-1 为代表,分别具有中、低 IMS 和 EMW。D 型和 E 型包括丰富的吸附孔隙和较有限的大孔隙度,而后者可能发生气体突出,但是不利于煤层气的运移。

### 三、煤中矿物微观特征

准噶尔盆地南缘煤中发育的亚微米尺度流体空间主要是裂隙(即广义上的割理,即端割理和面割理),包含微裂隙和宏观裂隙,而这些流体空间可能被矿物充填,因此亚微米尺度的研究对象主要是微裂隙与矿物特征。

研究区煤中广泛发育矿物(图 3-1-14),这些矿物多零星分布且赋存极其不均匀,这也导致了三维空间煤储层渗透率等物性具有较大的各向异性。煤中矿物充填于中大孔和裂隙,影响煤中流体(气、水或是煤粉)在割理和裂隙中的流运,是矿物充填导致煤储层渗透率较低的本因,裂隙系统矿化及充填作用不可忽视。

煤层裂隙充填物是在成煤过程中形成的以有机气相为主的流体和来自围岩的液相无机流体因酸碱度、温度、溶液浓度等差异导致化学反应而形成的沉淀物。煤储层中微裂隙充填物通常有两种主要产状:一种是呈薄膜状附着,部分占据裂隙体积;另一种则几乎完全充满裂隙,显著降低裂隙渗透性。总体上,这些矿物的类型、成因及分布影响煤储层渗透率,对煤层气的产出影响巨大。

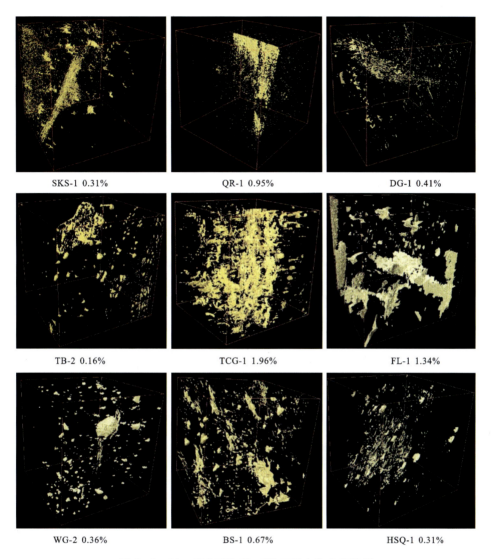

图 3-1-14 煤中矿物 X-CT 三维立体分布特征
注：样品后面为矿物百分含量。

准噶尔盆地南缘煤中发育黄钾铁矾、伊利石、铁白云石、磷灰石、石英、重晶石、绿泥石、高岭石、石膏、白云石、水镁矾、钠长石、蒙脱石、钾盐、磷铝钙石、方解石等矿物（表 3-1-8）。

煤中矿物主要为硅酸盐矿物（图 3-1-15），结核状、团块状的高岭石最常见，其主要充填于显微组分原始植物胞腔中，由原始泥炭堆积过程的自生作用形成；少数高岭石以裂隙充填物形式出现，为后生黏土矿物，偶见绿泥石和钠长石，可能属于与原始成煤物质同时堆积的碎屑矿物。碳酸盐矿物以高含量的方解石为主，多呈裂隙被膜形式产出，多为后生淋滤作用成因，此外还有白云石、铁白云石为方解石的蚀变产物。硫化物矿物主要有黄铁矿，充填裂隙或者充填有机质空腔的黄铁矿属于晚生成岩阶段矿物，而在镜质组条带中呈细分散状或成群分布的莓球状黄铁矿属同生—准生类型黄铁矿。硫酸盐矿物主要为重晶石和石膏（自生矿物，

表3-1-8 准噶尔盆地南缘不同矿物SEM-EDS半定量原子百分比

| 矿物 | 元素组成(%) | | | | | | | | | | | | | 备注(煤岩样品) |
|---|---|---|---|---|---|---|---|---|---|---|---|---|---|---|
| | C | O | F | Na | Mg | Al | Si | P | S | Cl | K | Ca | Fe | Mn | Ba | |
| 黄铁矿 | | 75.12 | | 2.28 | | 0.11 | 0.07 | | 9.25 | | 0.56 | | 12.62 | | | TCG-2 |
| 伊利石 | | 69.18 | | 0.49 | | 12.39 | 14.20 | | 0.31 | | 0.34 | | 3.12 | | | XHG-1,TCG-1,LHG-9 |
| 铁白云石 | 41.20 | 38.21 | | | 7.26 | | | | | | | 12.10 | 1.21 | | | TB-2,LHG-9 |
| 磷灰石 | | 62.36 | 6.62 | 0.85 | | | | 11.50 | | | | 18.70 | | | | TB-1,HX-1等 |
| 石英 | | 78.33 | | | | | 21.70 | | | | | | | | | QR-1,SKS-1,TCG-1等 |
| 重晶石 | | 75.20 | | | 5.58 | | | | 12.70 | | | | | | 12.10 | SKS-2 |
| 绿泥石 | | 66.63 | | | 8.90 | | 15.00 | | | | | | | 4.50 | 13.84 | SKS-2 |
| 高岭石 | | 74.83 | | | | 12.35 | 12.80 | | | | | | | | | HD-2等 |
| 石膏 | | 30.29 | | | | | | | 24.49 | | | 45.20 | | | | SW-1 |
| 白云石 | 25.50 | 63.58 | | | | | | | | | | 5.03 | | | | SW-2,FL-1等 |
| 水镁矾 | | 83.00 | | | | | | | 7.80 | | | 0.30 | | | | SW-2 |
| 钠长石 | | 82.18 | | 2.82 | | 4.11 | 8.47 | | 0.97 | 0.65 | | 0.80 | 0.29 | | | LHG-5,HD-1 |
| 蒙脱石 | | 77.84 | | | 3.84 | 3.95 | 6.21 | | 0.67 | | 0.26 | 7.23 | | | | LHG-7,LHG-9 |
| 钾盐 | | 59.79 | | 4.30 | | | | | | 19.20 | 16.80 | | | | | FL-1 |
| 磷铝钙石 | | 72.85 | | | | 11.79 | 3.70 | 7.32 | 2.42 | | | 1.92 | | | | TCG-1,QR-1 |
| 方解石 | 54.96 | 37.57 | | | 0.52 | 0.36 | 0.49 | | | | | 6.11 | | | | HX-1等 |

常为裂隙次生充填物)、水镁矾,偶见黄钾铁矾、针绿矾(铁厂沟煤矿煤中发现)。磷酸盐矿物主要是磷灰石(后生成因,形成于低温流体流经断层发育带)及少量磷铝钙石。在 FL-1 样品中还发现钾盐的存在,它的成因及发育过程还有待进一步探讨。

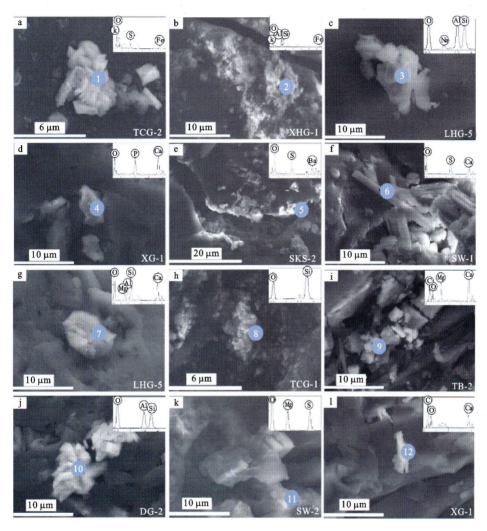

图 3-1-15　SEM-EDS 下准噶尔盆地南缘煤中矿物类型与分布特征
a.黄钾铁矾;b.伊利石;c.钠长石;d.磷灰石;e.重晶石;f.石膏;
g.蒙脱石;h.石英;i.白云石;j.高岭石;k.水镁矾;l.方解石

准噶尔盆地南缘煤中裂隙充填物主要为高岭石、方解石、黄铁矿和煤粒(图 3-1-16)。内生微裂隙矿物充填较少,主要为高岭石充填(图 3-1-16a),高岭石很少在裂隙中单独出现,一般多与绿泥石等或非黏土矿物(金红石、锐钛矿、石英等)共生。外生微裂隙多被方解石和黄铁矿等充填,方解石、白云石裂隙充填物主要有两种填充形式:①单矿物形式;②与高岭石伴生(图 3-1-16b,c)。黄铁矿裂隙充填物多与其他矿物伴生,沉淀先后顺序一般为:黄铁矿→黏土矿物→碳酸盐矿物。裂隙充填物与流体成分的变化有关,流体能使已被矿物充填的裂隙重新张开,随后不同矿物以幕式沉积于裂隙中(图 3-1-16d)。

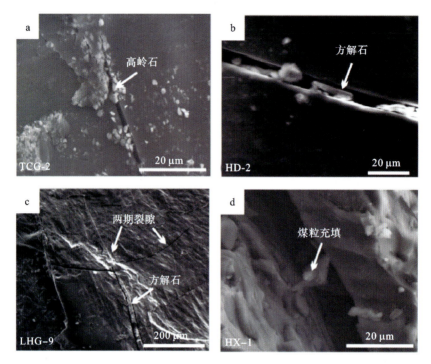

图 3-1-16 准噶尔盆地南缘煤中裂隙充填物特征
a.内生裂隙充填高岭石;b.外生微裂隙填充方解石;c.后期外生微裂隙填充方解石;
d.后期煤粒以幕式沉积充填于裂隙中

## 第二节 煤岩裂缝发育机制

煤储层空间的"二元结构"理论认为,绝大部分煤层气都吸附于基质孔隙内,裂隙主导渗流介质空间。傅雪海等(2001)认为宏观裂隙主导气体运移,孔隙约束气体吸附,显微裂隙起到孔隙与宏观裂隙间的桥梁作用,从而提出了煤储层空间的"三元结构"理论。吴财芳等(2014)认为煤储层天然裂隙是流体传质基础。目前,煤储层空间结构理论已较为完善,但对煤储层裂缝发育机制的认识仍较匮乏。

### 一、准噶尔盆地南缘煤中内生微裂隙

内生裂隙形成于煤岩演化过程中,其中凝胶化物质受温度和压力的影响,由脱水作用和差异压实作用引起煤储层体积均匀收缩产生内张力,从而产生较为有规则的裂隙(Laubach et al,1998;Yao et al,2014)。

综合分析 14 块样品后,发现所采样品中 A 型微裂隙一般少见,不超过 1 条/cm²,因此将 A 型和 B 型裂隙进行合并统计分析。A、B 型微裂隙面密度一般在 30% 以下,C、D 型微裂隙则比较发育,多占 70% 以上。镜下显示 QR-02、TB-02、LHG4-5-1、LHG7-1、LHG9-15-2、XHG-01 这 6 块样品裂隙密度较小,密度在 150 条/cm² 之下,裂隙主要为孤立状、X 相交状、

阶梯状、正交网状等(图3-2-1)。绝大部分微裂隙发育在镜质组尤其是均质镜质体中,受内部成分均一性的制约,一般不切过残留的细胞腔,更不穿过其他显微组分纹层,裂隙的定向性明显,多垂直于层理,相对矿物充填较少,多为内生微裂隙。

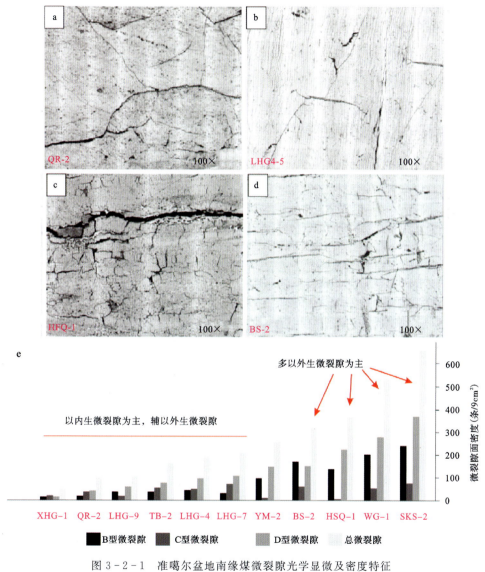

图3-2-1　准噶尔盆地南缘煤微裂隙光学显微及密度特征

## 二、准噶尔盆地南缘煤中外生微裂隙

外生裂隙是指煤受构造应力作用产生的裂隙。外生裂隙的特点是:①发育不受煤岩类型限制,可切穿几个煤岩分层;②以各种角度与煤层层理斜交;③裂隙面上常有波状、羽毛状擦痕;④外生裂隙有时沿袭内生裂隙重叠发生。

在准噶尔盆地南缘构造活动相对较弱的昌吉硫磺沟和屯宝煤矿,其微裂隙密度都在130条/9cm² 以下;构造较复杂的矿区,如呼图壁县东沟煤、西沟煤矿、石河子沙湾煤矿以及阜康五宫煤矿,处于构造变形较强烈或是构造煤发育的矿区和煤层,煤均呈现高裂隙密度。外生裂隙在镜下多呈不规则网状、丝状、花纹状、碎裂状,多破坏或切穿煤中的各种有机显微组分,贯穿整个煤样,并不限定在特定显微组分中,方向性较差,常被矿物充填,其中 D 型微裂隙发育比例较高,在 43%~60% 之间,多为外生微裂隙(图 3-2-2)。乌鲁木齐、乌苏构造强烈区铁厂沟、四棵树煤矿以及构造简单区的小红沟、秦瑞煤矿的采样分析表明,构造强烈区煤的显微裂隙密度非常高,裂隙密度在 270 条/9cm² 之上,而在构造简单区煤的裂隙密度最高的为 89 条/9cm²,多在 50 条/9cm² 以下。这说明外生微裂隙具有典型的高密度的特点,可以指示构造破坏作用或指示构造煤的发育。

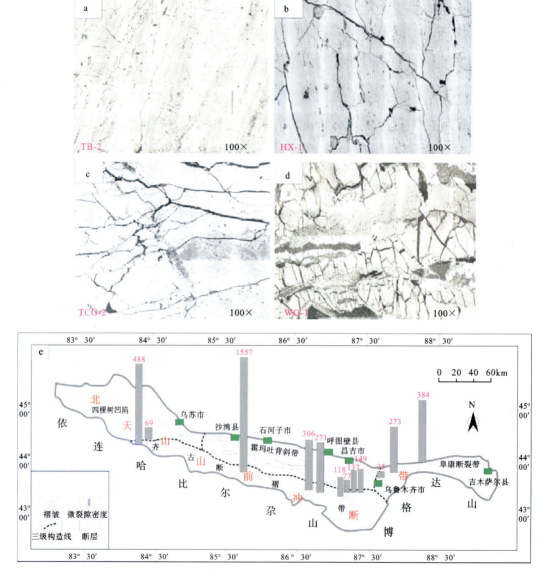

图 3-2-2 准噶尔盆地南缘煤外生裂隙密度与构造分布

注:a＞b＞c＞d 构造变形程度逐渐增大

# 第三章　煤层气储层及其含气性

当煤层外生裂隙和内生裂隙同时发育时,内生裂隙被外生裂隙切穿,贯通了内生裂隙间的联系,增强了连通性和渗透性,这是储层渗透性改善的有利条件。但剧烈构造活动会使煤层挤压发生塑性形变,煤体破碎呈糜棱状;同时发生脆性变形,破碎的粉粒堆积在破裂处,阻塞了裂隙通道,气体富集但难以疏导,煤层渗透率大大降低(李小彦,1998;姚艳斌和刘大锰,2013)。

## 第三节　三元孔裂隙中渗流、扩散与解吸特征

煤层气的赋存和产出特征是多场多相流耦合效应下的综合表现。目前,我国煤层气产能转化率只有40%左右,这严重制约了煤层气的高效开发。本质原因是煤层气储层流体传质机理认识不清和针对性改造措施不力(朱庆忠等,2018)。煤层气储层流体传质是发生在多元、非线性微观结构下、伴随吸附/解吸-扩散-渗流等多动态平衡过程的流体行为。

### 一、裂隙渗流作用

**1. 裂隙的渗流响应实验**

煤样品的岩石力学以及物性参数见表3-3-1。用于检测裂隙与渗透性的实验装置由SUNRISE公司提供,包括一个三轴样品舱,其可以提供最高70MPa的围压($P_c$)。轴向应力($P_A$)由机械力系统提供,最高实验压力可达2000kN,伴有应力控制系统。煤岩负载应力由轴向应力($P_A$)和围压($P_c$)提供。加载的轴向应力会被围压抵消掉一部分,因此轴向差分应力$\sigma_A$可以表示为:

$$\sigma_A = \frac{P_A}{\pi r^2} \times 10 - \frac{\upsilon}{1-\upsilon}(P_c - P_f) \tag{3-2}$$

式中,$r$为样品半径(cm);$\upsilon$为泊松比;$P_f$是裂隙空间当中的流体压力;$P_c$为围压;$P_A$为轴向应力。

表3-3-1　煤岩样品基础参数及力学特征

| 煤样 | $D$(mm) | $L$(mm) | $W_n$(g) | 密度(g/cm³) | 单轴力学参数 | | | $V_p$(×10³m/s) |
| --- | --- | --- | --- | --- | --- | --- | --- | --- |
| | | | | | $E$(MPa) | $\upsilon$ | $C_o$(MPa) | |
| A | 38.00 | 77.50 | 121.12 | 1.38 | 2200 | 0.3 | 14.2 | 1.71 |
| B | 38.14 | 80.85 | 132.36 | 1.44 | 3690 | 0.21 | 20.3 | 2.13 |
| C | 39.04 | 81.48 | 163.80 | 1.68 | 2270 | 0.37 | 13.2 | 1.89 |
| D | 38.33 | 82.08 | 139.38 | 1.47 | 4830 | 0.28 | 22.4 | 2.41 |
| E | 38.49 | 82.02 | 133.77 | 1.40 | 3610 | 0.32 | 26.1 | 2.09 |

注:$D$为直径;$L$为长度;$W_n$为质量;$V_p$为P波速度;$E$为杨氏模量;$\upsilon$为泊松比;$C_o$为抗压强度。

煤的宏观变形破裂过程分为4个阶段(Medhurst and Brown,1998):阶段Ⅰ,压实阶段(从①到②);阶段Ⅱ,线性弹性形变阶段(从②到③);阶段Ⅲ,快速塑性形变阶段(从③到④);阶段Ⅳ,煤岩破裂裂隙发育阶段(④之后)。在循环加载的应力-应变过程中进行渗透性测试,样品的水测渗透率可通过达西定律获得:

$$\kappa = -\frac{q}{A}\frac{\mu}{\rho g}\left(\frac{\partial p}{\partial s}\right)^{-1} \qquad (3-3)$$

式中，$q$ 代表单位时间内轴向流过样品长度 $s$ 横截面积 $A$ 的流体体积流量；$\mu$ 是流体黏度；$\rho$ 代表流体密度；$g$ 代表重力加速度；$\partial p/\partial s$ 代表渗流方向的压力梯度。

**2. 裂隙与渗流数据计算**

为实现煤岩裂隙 3D 模型的建立，二维 CT 图像向三维空间转化是很重要的部分。CT 值会随着密度值以及原子数的增加而增加，采用二者来研究非被矿物充填裂隙的特征。受限于 CT 图像像素的影响，只有裂隙宽度大于 $40\mu m$ 的裂隙可以被分辨出。单相流渗透率与裂隙宽度平方存在一定的关系（Mckee et al，1988），如下所示：

$$\kappa_l = \frac{w_f^2}{12} \cdot \phi_f \qquad (3-4)$$

式中，$\kappa_l$ 代表局部渗透率（$\times 10^{-3} \mu m^2$）；$\phi_f$ 代表裂隙孔隙度；$w_f$ 代表裂隙宽度大小（mm）。可以看出大的裂隙宽度对应大的渗透率。裂隙率计算使用 Boolean 公式（Yao et al，2009）进行。通过 PS6.0TM 软件，应用分割方法将 CT 切片进行处理得到裂隙空间分布（图 3-3-1）。整体煤芯孔隙度取各个切片孔隙度的平均值。通过 3D 重建，获得空间裂隙宽度的变化，进而可以计算求得岩芯的局部渗透率。对于单个裂隙，渗透率受控于最狭窄的截面。

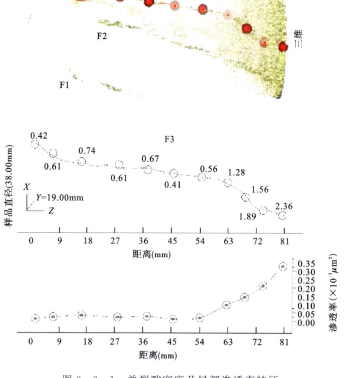

图 3-3-1 单裂隙宽度及局部渗透率特征

**3. 裂隙演化的渗流响应特征**

渗透率随着裂隙变化而变化,如表 3-3-2 所示,裂隙空间随着轴向应力的增加而增大,裂隙空间是在卸压后进行 CT 扫描求得。对于样品 A、B、C、D、E 进行 CT 切片求得的平均裂隙空间随着应力增加,分别由 $0.18mm^2$ 增加到 $8.02mm^2$,由 $0mm^2$ 增加到 $0.71mm^2$,由 $0.08mm^2$ 增加到 $110.97mm^2$,由 $0.96mm^2$ 增加到 $28.08mm^2$ 以及由 $6.52mm^2$ 增加到 $19.43mm^2$,普遍增加了 1~2 个数量级,样品 C 增加了 4 个数量级。不同的主裂隙与轴向的夹角对应的渗透率:13°时渗透率为 $1.54×10^{-3}\mu m^2$,24°~26°之间渗透率为 $0.179×10^{-3}\mu m^2$,17°~23°之间渗透率为 $0.038×10^{-3}\mu m^2$,35°时渗透率为 $0.076×10^{-3}\mu m^2$,27°~48°之间渗透率为 $0.88×10^{-3}\mu m^2$。裂隙径向穿过样品,则渗透率变化相对较小,而如果裂隙从轴向穿过样品则渗透率增量可以达到 3 个数量级(Wang et al,2011)。虽然样品 C 具有最大的裂隙空间,但是由于裂隙的连通性较差,所以样品的渗透性不是最好。样品 A 渗透性最好,由于裂隙贯穿了煤芯。裂隙连通性与形状、分布和长度相比,属于更为重要的渗透率控因。

如图 3-3-2 所示,渗透率随着轴向应力的增加呈"V"字形变化。有两个机制导致这个现象产生:①早期阶段的压缩作用导致了渗透率的降低;②之后经历裂隙产生、扩容以及欠压等综合作用导致渗透率增加。

研究结果在早期与简化了的孔隙弹性渗透率(PP)模型吻合,后期与裂隙渗透率(FPP)模型(Palmer and Mansoori,1998)也较吻合。Gray(1987)提出了有效应力与渗透率之间的简化模型:

$$\frac{\kappa}{\kappa_0}=\exp\left(-\frac{3\sigma_e^h}{E_f}\right) \quad (3-5)$$

式中,$E_f$ 代表模拟的裂隙杨氏模量;$\kappa_0$ 代表初始渗透率;$\sigma_e^h$ 代表水平方向的有效应力。Palmer 和 Mansoori(1998)提出了基于裂隙孔隙度变化的渗透率模型:

$$\frac{\kappa}{\kappa_0}=\left(\frac{\phi}{\phi_0}\right)^3 \quad (3-6)$$

式中,$\phi$ 代表裂隙孔隙度;$\phi_0$ 代表初始裂隙孔隙度。

在第一个循环应力加载阶段,随着轴向应力的增加,一些原生裂隙和孔隙被压缩闭合,导致了除样品 C 以外的其他样品在本阶段渗透率呈现出下降趋势。如果煤岩本身抗压强度较大,则渗透率的下降有可能从压缩阶段延续至第二个循环应力加载阶段。在第二个循环应力加载阶段,随着轴向应力的增加,轴向产生较多裂隙,这些裂隙多是具有中低能率的小型裂隙,声发射信号也证实了这一现象。

基于上述实验耦合,提出裂隙渗透率的有效应力与裂隙孔隙度耦合模型:

$$\frac{\kappa}{\kappa_0}=a_1\cdot\exp\left(-\frac{3\sigma_e^h}{E_f}\right)+a_2\cdot\left(\frac{\phi}{\phi_0}\right)^3 \quad (3-7)$$

随着轴向应力的持续增加,裂隙加速扩容。在这一阶段,主裂隙产生并且贯通,产生渗流。运用裂隙宽度可以求得的主裂隙($F_3$)的渗透率介于 $0.01×10^{-3}$~$0.33×10^{-3}\mu m^2$(图 3-3-2),这一结果要比煤芯实测值($1.54×10^{-3}\mu m^2$)要低,这是由其他两条中小型裂隙被忽略、模型被简化以及 CT 扫描精度的局限性共同导致的。

表 3-3-2　三轴应力-轴向加载下煤芯 CT 切片裂隙面积-渗透率-P 波速度数据结果

| 样品名 | 循环次序 | $P_C$(MPa) | $P_U$(MPa) | $\delta_A$(MPa) | $V_p$($\times 10^3$ m/s) | CT 切片裂隙面积(mm²) 最小值 | CT 切片裂隙面积(mm²) 平均值 | CT 切片裂隙面积(mm²) 最大值 | 渗透率($\times 10^{-3}$ μm²) |
|---|---|---|---|---|---|---|---|---|---|
| A | A0 | 2;4 | 1.9;3.9 | 0.00 | 1.78 | 0 | 0.18 | 1.44 | 0.36;0.07 |
| A | A1 | 2 | 1.9 | 4.37 | 1.24 | 0.01 | 1.31 | 3.08 | 0.072 |
| A | A2 | 2 | 1.9 | 7.89 | 1.17 | 0 | 0.51 | 3.1 | 0.324 |
| A | A3 | 2 | 1.9 | 14.07$^f$ | 0.79 | 0.73 | 8.02 | 34.61 | 1.54 |
| B | B0 | 2;4;6 | 1.9;3.9;5.9 | 0.00 | 1.96 | 0 | 0 | 0.02 | 0.033;0.0066;0.0013 |
| B | B1 | 2 | 1.9 | 8.73 | 1.27 | 0.04 | 0.12 | 0.2 | 0.00359 |
| B | B2 | 2 | 1.9 | 14.42 | 1.24 | 0 | 0.11 | 2.65 | 0.015 |
| B | B3 | 2 | 1.9 | 26.23$^f$ | 0.96 | 0.04 | 0.71 | 2.12 | 0.075 |
| C | C0 | 2;4 | 1.9;3.9 | 0.00 | 1.98 | 0 | 0.08 | 1.86 | 0.179;0.035 |
| C | C1 | 2 | 1.9 | 8.30 | 1.27 | 3.22 | 21.41 | 112.67 | 0.072 |
| C | C2 | 2 | 1.9 | 16.65 | 0.97 | 3.01 | 10.42 | 50.84 | 0.036 |
| C | C3 | 2 | 1.9 | 37.53$^f$ | 0.48 | 5.04 | 110.97 | 727.17 | 0.143 |
| D | D0 | 2;4;6 | 1.9;3.9;5.9 | 0.00 | 2.53 | 0.1 | 0.96 | 11.94 | 0.038;0.0016;0.0004 |
| D | D1 | 2 | 1.9 | 10.37 | 1.41 | 4.24 | 6.24 | 28.7 | 0.0046 |
| D | D2 | 2 | 1.9 | 19.04 | 1.36 | 2.05 | 3.63 | 33.23 | 0.038 |
| D | D3 | 2 | 1.9 | 30.31$^f$ | 0.93 | 2.6 | 28.07 | 83.96 | 0.076 |
| E | E0 | 2;4;6 | 1.9;3.9 | 0.00 | 2.44 | 0.65 | 6.52 | 80.83 | 0.11;0.018 |
| E | E1 | 2 | 1.9 | 5.97 | 1.34 | 5.15 | 10.45 | 70.89 | 0.036 |
| E | E2 | 2 | 1.9 | 10.26 | 1.28 | 13.78 | 45.63 | 539.1 | 0.33 |
| E | E3 | 2 | 1.9 | 16.27$^f$ | 0.94 | 1.37 | 19.43 | 181.77 | 0.88 |

注:$P_C$为围压;$P_U$为上游压力;$\delta_A$为轴向应力;$V_p$为 P 波速度,14.07$^f$为样品失效应力。

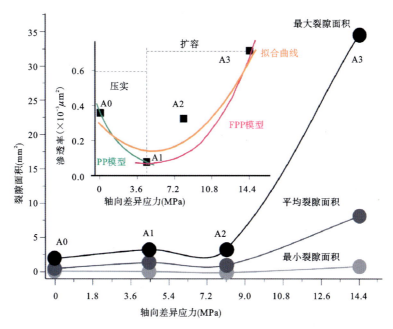

图3-3-2 循环轴向差异应力作用下煤的渗透率与CT裂隙面积变化特征（煤芯A）

## 二、孔隙气体扩散特征

**1. 煤层气扩散机理**

煤层气是以吸附态为主的自生自储式非常规天然气，当煤层排水降压后，煤层气从孔隙表面不断解吸，气体由于浓度差的作用在基质孔隙中发生扩散。煤储层孔隙中的气体扩散模式主要包括菲克（Fick）扩散、努森（Knudsen）扩散、过渡型扩散、表面扩散和晶体扩散几种模式（聂百胜和何学秋，2000；何学秋和聂百胜，2001）。根据气体在多孔介质中的扩散机理，煤层气在多尺度孔隙中的扩散模式可以用表示孔隙直径和分子平均自由程相对大小的努森数（$K_n$）来区分：

$$K_n = \frac{d}{\lambda} \tag{3-8}$$

式中，$d$ 为孔隙平均直径（nm）；$\lambda$ 为气体分子平均自由程（nm）。

当 $K_n > 10$ 时，煤储层孔隙直径远大于气体分子的平均自由程，孔隙中的甲烷气体分子主要发生自由碰撞，分子与孔隙表面的碰撞则较少，遵循菲克扩散定律，表达式为：

$$J = -D_F \frac{\partial c}{\partial x} \tag{3-9}$$

式中，$D_F$ 是菲克扩散系数（m²/s）；$J$ 为扩散通量[kg/(s·m²)]；$c$ 为气体浓度（kg/m³）；$\frac{\partial c}{\partial x}$ 为气体浓度梯度。

为实现定量描述煤层气在储层中的扩散规律，Clarkson 和 Bustin（1996）、Shi 和 Durucan（2003）对煤储层多孔介质进行了简化和概括，提出一元孔隙扩散模型和二元孔隙扩散模型。

基于均质球粒一元孔隙模型,非稳态气体扩散的菲克第二定律数学表达式为:

$$\frac{D}{r^2}\frac{\partial}{\partial r}\left(r^2\frac{\partial c}{\partial r}\right)=\frac{\partial c}{\partial t} \quad (3-10)$$

式中,$D$ 为扩散系数($m^2/s$);$r$ 为半径(m);$t$ 为时间(s)。

根据 $Q_t=Q_\infty-Q$,式(3-10)可以转化为:

$$\frac{Q_t}{Q_\infty}=1-\frac{Q}{Q_\infty}=1-\frac{6}{\pi^2}\sum_{n=1}^{\infty}\frac{1}{n^2}e^{-D\left(\frac{n\pi}{a}\right)^2 t} \quad (3-11)$$

式中,$Q_t$ 为时间 $t$ 时扩散的气体量($cm^3/g$);$Q_\infty$ 为无限时间内扩散的气体量($cm^3/g$);$Q$ 为吸附气含量($cm^3/g$)。

当 $K_n\leqslant 0.1$ 时,气体分子的平均自由程大于煤储层孔隙直径,以气体分子和孔隙表面之间的碰撞为主,而分子间的自由碰撞则相对较弱,此时气体分子的扩散为努森扩散。则努森扩散系数的计算公式为:

$$D_k=\frac{2}{3}r\sqrt{\frac{8RT}{\pi M}} \quad (3-12)$$

式中,$D_k$ 为努森扩散系数;$r$ 为孔隙平均半径(nm);$R$ 为普适气体常数;$T$ 为绝对温度(K);$M$ 为煤层气气体分子量。朱艺文等(2012)提出假如考虑煤储层孔隙有效表面孔隙率和曲折因子半径变化等因素,则有效努森扩散系数为:

$$D_k=\frac{D_k\theta}{\tau}=-\frac{4\theta}{3S\rho}\sqrt{\frac{8RT}{\pi M}}=\frac{8\theta^2}{3\tau S\rho}\sqrt{\frac{2RT}{\pi M}} \quad (3-13)$$

式中,$S$ 为比表面积($m^2/kg$);$\rho$ 为煤的密度($kg/m^3$)。

当 $0.1\leqslant K_n\leqslant 10$ 时,煤储层孔隙直径和气体分子的平均自由程比较接近,分子之间的碰撞和分子与孔隙表面的碰撞同时发生且不分伯仲,煤层气的扩散过程受两种扩散机理的控制。因此,在恒定压力条件下,有效扩散系数($D_p$)与菲克扩散系数、努森扩散系数的关系为:

$$\frac{1}{D_p}=\frac{1}{D_F}+\frac{1}{D_k} \quad (3-14)$$

由于煤储层孔隙结构复杂,以上 3 种扩散在煤储层孔隙中均会存在,并且受温度和压力等因素的影响,煤层气的扩散特征也存在极大的差异。

**2. 煤层气多孔扩散模型的建立**

目前,在表征煤基质中气体扩散率及扩散系数的模型中,较常用的是单孔扩散模型和双孔扩散模型。基于等温条件和均一孔隙结构的假设,Crank(1979)提出了单孔扩散模型:

$$\frac{M_t}{M_\infty}=1-\frac{6}{\pi^2}\sum_{n=1}^{\infty}\frac{1}{n^2}\exp(-D_e n^2\pi^2 t) \quad (3-15)$$

由于煤储层具有双重孔径分布,单孔模型在很多煤中并不适用。为了更好地描述气体吸附/解吸率,Ruckenstein 等(1971)拓展了双孔扩散模型,将煤基质中气体的扩散分为快速大孔扩散阶段和极慢微孔扩散阶段。

对于大孔扩散阶段表达式为:

$$\frac{M_a}{M_{a\infty}}=1-\frac{6}{\pi^2}\sum_{n=1}^{\infty}\frac{1}{n^2}\exp\left(-\frac{D_a n^2\pi^2 t}{R_a^2}\right) \quad (3-16)$$

而微孔扩散阶段的表达式为:

$$\frac{M_i}{M_{i\infty}} = 1 - \frac{6}{\pi^2} \sum_{n=1}^{\infty} \frac{1}{n^2} \exp\left(-\frac{D_i n^2 \pi^2 t}{R_i^2}\right) \tag{3-17}$$

Pan 等（2010）提出总体扩散公式：

$$\frac{M_t}{M_\infty} = \frac{M_a + M_i}{M_{a\infty} + M_{i\infty}} = \beta \frac{M_a}{M_{a\infty}} + (1-\beta) \frac{M_i}{M_{i\infty}} \tag{3-18}$$

由于低煤阶煤孔隙结构较为复杂，气体扩散过程并不能简单地分为大孔扩散阶段和微孔扩散阶段。因此，Li 等（2016）提出了适用于低阶煤的多孔扩散模型，其扩散公式如下：

$$\frac{M_t}{M_\infty} = \sum_{\varphi=1}^{n} \frac{M_\varphi}{M_{\varphi\infty}} = \partial_1 \frac{M_1}{M_{1\infty}} + \partial_2 \frac{M_2}{M_{2\infty}} + \cdots + (1-\partial_1-\partial_2-\cdots-\partial_\varphi) \frac{M_\varphi}{M_{\varphi\infty}} \tag{3-19}$$

为了方便计算和分析，式（3-20）可以表述为：

$$\frac{M_t}{M_\infty} = \frac{M_a + M_e + M_i}{M_{a\infty} + M_{e\infty} + M_{i\infty}} = \partial_a \frac{M_a}{M_{a\infty}} + \partial_e \frac{M_e}{M_{e\infty}} + \partial_i \frac{M_i}{M_{i\infty}} \tag{3-20}$$

其中，$\alpha_i = 1 - \alpha_a - \alpha_e$，$\frac{M_e}{M_{e\infty}} = 1 - \frac{6}{\pi^2} \sum_{n=1}^{\infty} \frac{1}{n^2} \exp\left(-\frac{D_e n^2 \pi^2 t}{R_e^2}\right)$，$M_e$ 可认为是在时间 $t$ 内甲烷在中孔中的最大吸附量。

**3. 低阶煤甲烷扩散实验**

低阶煤的甲烷扩散实验选取泰安煤矿（TA）和望田煤矿（WT）的两个样品，镜质体反射率分别为 0.45% 和 0.58%。煤的甲烷吸附-扩散实验样品为 0.18～0.25mm（60～80 目）的粉煤颗粒。在甲烷吸附-扩散实验之前，一部分样品在 50℃ 恒温干燥箱中干燥一周以上，除去多余的水分；另一部分则放置在相对湿度条件为 97% 的含有过饱和 $K_2SO_4$ 溶液的容器中，用来制备平衡水分样品。根据 Pan 等（2010）的研究，煤样在平衡水分的过程中需要每隔 24 个小时称重一次，直至煤样达到平衡水状态，平衡水分的计算公式如下：

$$w\% = \frac{m_{\text{moisture}}}{m_{\text{coal}}} \tag{3-21}$$

式中，$w\%$ 为平衡水分；$m_{\text{moisture}}$ 为煤的含水量；$m_{\text{coal}}$ 为煤样的总质量。

所研究煤样水分以及甲烷等温吸附实验结果如表 3-3-3 所示。

表 3-3-3　煤样水分和甲烷等温吸附实验结果

| 样品编号 | $R_{o,max}$（%） | 相对湿度（%） | 水分（%） | 甲烷等温吸附实验结果 | | |
|---|---|---|---|---|---|---|
| | | | | $V_L$（m³/t） | $P_L$（MPa） | $R^2$ |
| TA | 0.45 | 0 | 0 | 14.5 | 2.14 | 0.983 |
| | | 97 | 5.03 | 8.08 | 2.53 | 0.976 |
| WT | 0.58 | 0 | 0 | 12.59 | 2.45 | 0.991 |
| | | 97 | 4.63 | 7.32 | 2.20 | 0.987 |

煤样 TA 的甲烷吸附-扩散数据的双孔扩散模型和多孔扩散模型拟合结果如图 3-3-3 所示。多孔扩散模型对数据的拟合更具有优势，而双孔模型在初始阶段的拟合则偏离了数据。这种差异表明双孔模型并不能准确地表征广泛发育小孔和中孔的复杂孔隙结构的煤储

层中煤层气的扩散特征。通过对暗煤扩散特征的研究，Clarkson和Bustin(1996)发现过渡扩散过程发生在大孔扩散之后，而微孔慢速扩散在此阶段之后发生，但是双孔扩散模型忽略了过渡扩散阶段。相比而言，多孔扩散模型则将过渡扩散阶段考虑在内，并且在扩散数据拟合上得到了很好的体现。

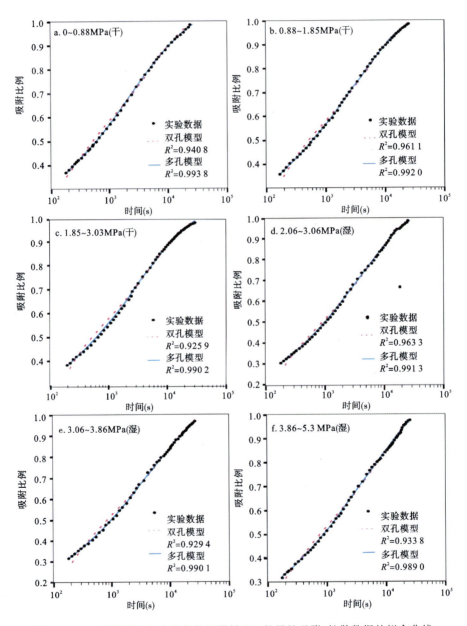

图3-3-3　不同压力和水分条件下煤样 TA 的甲烷吸附-扩散数据的拟合曲线

根据双孔扩散模型和多孔扩散模型对甲烷吸附-扩散数据的拟合，不同阶段的甲烷扩散系数如表3-3-4所示。结果显示，大孔扩散系数的数量级在 $10^{-4} \sim 10^{-3}\,\mathrm{s}^{-1}$ 之间，中孔扩散系数的数量级在 $10^{-5} \sim 10^{-4}\,\mathrm{s}^{-1}$ 之间，而微孔扩散系数的数量级在 $10^{-6} \sim 10^{-5}\,\mathrm{s}^{-1}$ 之间。双孔

# 第三章 煤层气储层及其含气性

表 3-3-4 煤样双孔和多孔扩散模型的扩散系数

| 样品编号 | 水分 (%) | 平衡压力 (MPa) | 双孔模型 | | | 多孔模型 | | | | | |
|---|---|---|---|---|---|---|---|---|---|---|---|
| | | | $\beta$ | $D_{ae}$ ($s^{-1}$) | $D_{be}$ ($s^{-1}$) | $\partial_a$ | $D_{ae}$ ($s^{-1}$) | $\partial_e$ | $D_{ce}$ ($s^{-1}$) | $\partial_i$ | $D_{ie}$ ($s^{-1}$) |
| TA | 0 | 0.88 | 0.373 | $3.72\times10^{-4}$ | $1.31\times10^{-5}$ | 0.193 | $1.85\times10^{-3}$ | 0.236 | $4.29\times10^{-5}$ | 0.571 | $1.09\times10^{-5}$ |
| | | 1.85 | 0.359 | $3.80\times10^{-4}$ | $1.29\times10^{-5}$ | 0.203 | $1.62\times10^{-3}$ | 0.211 | $6.62\times10^{-5}$ | 0.586 | $1.04\times10^{-5}$ |
| | | 3.03 | 0.387 | $4.24\times10^{-4}$ | $1.27\times10^{-5}$ | 0.243 | $1.50\times10^{-3}$ | 0.239 | $8.86\times10^{-5}$ | 0.518 | $1.00\times10^{-5}$ |
| | | 3.99 | 0.259 | $5.20\times10^{-4}$ | $1.24\times10^{-5}$ | 0.166 | $1.33\times10^{-3}$ | 0.214 | $9.17\times10^{-5}$ | 0.620 | $9.63\times10^{-6}$ |
| | | 5.42 | 0.263 | $5.55\times10^{-4}$ | $1.25\times10^{-5}$ | 0.141 | $1.30\times10^{-3}$ | 0.131 | $9.87\times10^{-5}$ | 0.728 | $8.85\times10^{-6}$ |
| | 5.03 | 0.88 | 0.459 | $6.82\times10^{-5}$ | $9.79\times10^{-6}$ | 0.161 | $1.30\times10^{-3}$ | 0.248 | $2.03\times10^{-5}$ | 0.591 | $9.83\times10^{-6}$ |
| | | 2.06 | 0.213 | $3.48\times10^{-4}$ | $1.23\times10^{-5}$ | 0.164 | $9.14\times10^{-4}$ | 0.226 | $3.86\times10^{-5}$ | 0.610 | $9.50\times10^{-6}$ |
| | | 3.06 | 0.312 | $2.53\times10^{-4}$ | $9.61\times10^{-6}$ | 0.161 | $7.75\times10^{-4}$ | 0.224 | $4.23\times10^{-5}$ | 0.615 | $9.12\times10^{-6}$ |
| | | 3.86 | 0.336 | $2.81\times10^{-4}$ | $9.58\times10^{-6}$ | 0.166 | $5.34\times10^{-4}$ | 0.214 | $4.84\times10^{-5}$ | 0.620 | $8.79\times10^{-6}$ |
| | | 5.30 | 0.339 | $2.96\times10^{-4}$ | $9.03\times10^{-6}$ | 0.192 | $5.17\times10^{-4}$ | 0.179 | $4.97\times10^{-5}$ | 0.629 | $8.57\times10^{-6}$ |
| WT | 0 | 0.98 | 0.347 | $4.11\times10^{-4}$ | $1.16\times10^{-5}$ | 0.201 | $2.00\times10^{-3}$ | 0.192 | $7.46\times10^{-5}$ | 0.607 | $1.21\times10^{-5}$ |
| | | 1.87 | 0.253 | $4.53\times10^{-4}$ | $1.02\times10^{-5}$ | 0.135 | $1.73\times10^{-3}$ | 0.132 | $9.80\times10^{-5}$ | 0.733 | $1.20\times10^{-5}$ |
| | | 3.04 | 0.227 | $4.80\times10^{-4}$ | $9.06\times10^{-6}$ | 0.138 | $1.66\times10^{-3}$ | 0.108 | $1.12\times10^{-4}$ | 0.754 | $1.16\times10^{-5}$ |
| | | 4.11 | 0.237 | $5.07\times10^{-4}$ | $1.04\times10^{-5}$ | 0.170 | $1.58\times10^{-3}$ | 0.128 | $1.22\times10^{-4}$ | 0.702 | $1.14\times10^{-5}$ |
| | | 5.54 | 0.261 | $5.86\times10^{-4}$ | $1.06\times10^{-5}$ | 0.196 | $1.56\times10^{-3}$ | 0.103 | $1.28\times10^{-4}$ | 0.701 | $1.11\times10^{-5}$ |
| | 4.63 | 0.89 | 0.338 | $3.55\times10^{-4}$ | $1.00\times10^{-5}$ | 0.182 | $1.62\times10^{-3}$ | 0.196 | $5.30\times10^{-5}$ | 0.622 | $9.22\times10^{-6}$ |
| | | 1.84 | 0.177 | $3.88\times10^{-4}$ | $9.74\times10^{-6}$ | 0.102 | $1.44\times10^{-3}$ | 0.162 | $6.58\times10^{-5}$ | 0.706 | $9.10\times10^{-6}$ |
| | | 2.83 | 0.358 | $4.10\times10^{-4}$ | $9.48\times10^{-6}$ | 0.214 | $1.35\times10^{-3}$ | 0.173 | $7.92\times10^{-5}$ | 0.613 | $9.07\times10^{-6}$ |
| | | 3.83 | 0.377 | $4.78\times10^{-4}$ | $8.90\times10^{-6}$ | 0.253 | $1.21\times10^{-3}$ | 0.133 | $8.10\times10^{-5}$ | 0.614 | $8.96\times10^{-6}$ |
| | | 5.37 | 0.204 | $4.93\times10^{-4}$ | $9.97\times10^{-6}$ | 0.165 | $1.16\times10^{-3}$ | 0.158 | $8.28\times10^{-5}$ | 0.677 | $8.58\times10^{-6}$ |

注：双孔模型——$\beta$ 为大孔吸附量占总吸附量的比例；$D_{ae}$ 为大孔有效扩散系数；$D_{be}$ 为微孔有效扩散系数；多孔模型——$\partial_a$ 为大孔吸附量占总吸附量的比例；$D_{ae}$ 为大孔有效扩散系数；$\partial_e$ 为中孔吸附量占总吸附量的比例；$D_{ce}$ 为中孔有效扩散系数；$\partial_i$ 为微孔吸附量占总吸附量的比例；$D_{ie}$ 为微孔有效扩散系数

模型的大孔扩散系数介于多孔模型的大孔扩散系数和中孔扩散系数之间,两种模型的微孔扩散系数比较接近,拟合结果与Pan等(2010)的研究结果一致。此外,煤样TA的大孔扩散比例为0.141～0.243,中孔扩散比例介于0.131～0.248之间,而微孔扩散比例为0.518～0.728。对于煤样WT,大孔扩散比例介于0.102～0.253之间,中孔扩散比例介于0.103～0.196之间,而微孔扩散比例为0.607～0.754。甲烷扩散分数与孔隙体积分布存在明显的正相关关系,这种相关性表明了煤储层多峰孔径分布控制着煤层气的扩散,孔隙体积分布是直接影响扩散系数的重要因素。

**4. 压力和水分对煤层气扩散的影响**

多孔扩散模型的甲烷扩散系数与平衡压力和水分之间的关系如图3-3-4所示。煤样的大孔扩散系数和微孔扩散系数随着压力的增大呈现降低的趋势,而中孔扩散系数则与压力呈

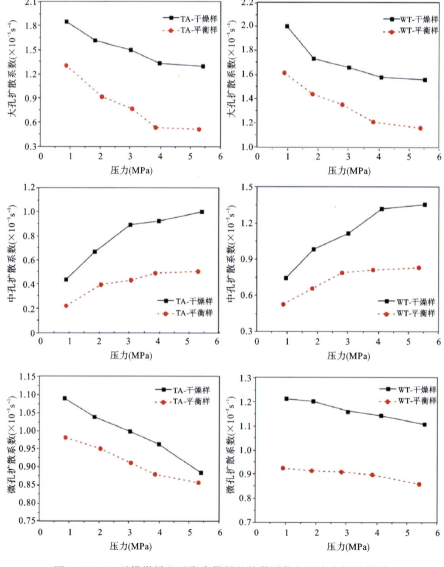

图3-3-4 干燥煤样和平衡水煤样的扩散系数与压力之间的关系

现明显的正相关关系。煤基质中,气体压力对甲烷扩散系数的影响可能与甲烷吸附导致的煤基质膨胀有关。此外,甲烷分子的平均自由程可以用 Maxwell 分布描述,表达式如下:

$$\lambda = \frac{KT}{\sqrt{2}\pi d_0^2 P} \tag{3-22}$$

式中,$K$ 是玻利兹曼常数($1.38 \times 10^{-23}$ J/K);$T$ 是实验温度(K);$d_0$ 是气体分子直径(m);$P$ 是气体压力(Pa)。

以平衡压力为 0.88MPa,温度为 303.15K 为例,在孔径大于 74.1nm 的孔隙中主要扩散机理为菲克扩散,而在孔径小于 0.74nm 的孔隙中则主要发生努森扩散。这表明,在部分小孔和全部中孔、大孔中甲烷的扩散主要受控于菲克扩散,而努森扩散则主要发生在超微孔中,大部分微孔和小孔中甲烷扩散以过渡性扩散为主。此外,随着气体压力的增加,煤基质吸附更多的甲烷从而发生基质膨胀,这将会使部分微小孔关闭或者变得更小,进而增加了甲烷分子扩散的阻力。

因此,大孔扩散系数和微孔扩散系数随着压力的增大而降低表明了煤基质吸附膨胀对扩散起主要控制作用。随着压力的降低,菲克扩散将会在更小尺度的孔中发生,这将引起中孔扩散系数的持续减小。这表明了在甲烷吸附过程中,不同尺度孔隙中压力对甲烷扩散的控制机理是不同的。

此外,煤中水分的存在将是影响甲烷扩散的另一重要因素。在相同压力条件下,水分明显地降低了甲烷的扩散系数。造成这种结果的主要原因是水分比气体更容易吸附在煤基质孔隙的表面,从而占据孔隙空间,不利于气体的吸附和扩散。由表 3-3-5 的数据看出,中孔扩散系数受水分的影响较大,甚至降低了接近 50%。这种现象可能要归因于水分在相应孔隙中发生聚集或者凝聚。此外,水分也会引起煤中黏土矿物(如伊利石或蒙脱石)的膨胀,将减小孔隙体积并且使喉道变得狭窄(Zhang et al,2012;Yuan et al,2014)。

表 3-3-5 煤层气原地解吸过程及特征

| 解吸阶段 | 起止时间(h) | 持续时间(h) | 累计解吸率(%) | 解吸特征 |
| --- | --- | --- | --- | --- |
| 不稳定解吸 | 0~2 | 2 | 40 | 累计解吸气量激增,速率骤减,解吸不稳定 |
| 快速解吸 | 2~60 | 60 | 65~75 | 累计解吸气量及速率均平稳变化 |
| 缓慢停滞 | >60 | 60~288 | 100 | 累计解吸气量及速率变化不明显,趋于停滞 |

## 三、煤岩解吸特征

### 1. 煤岩解吸气量

根据煤岩原地解吸气量数据,可得到煤层解吸气量随时间的变化关系。解吸气量随着解吸时间增长而累计增长,在解吸作用初期,解吸速率极大,初期 2 个小时内解吸气量迅速攀升。累计解吸气量占总解吸气量的比例称为累计解吸率,在不稳定解吸阶段其累计解吸率可达 40%。随后解吸气量进入平稳上升过程,这一过程持续近 60 个小时,累计解吸率可达到 65%~75%,该阶段解吸速率平缓下降。后期解吸气量增加缓慢,解吸速率变化不明显,该过程持续较长时间后解吸气量增长停滞,解吸过程结束。综上所述,原地解吸作用可以分为不稳定解吸、快速解吸、缓慢停滞3个阶段(表3-3-5)。

孟艳军等(2014)将解吸作用分为4个阶段,也提出了快速解吸和缓慢解吸阶段,并给出了各阶段相对应的解吸压力值。但该方法适用于描述等温吸附实验下的解吸作用,而针对煤层气原地解吸过程中缺乏解吸压力监测,块状煤样解吸周期长,存在初期装罐解吸条件不稳定等问题。因此,可通过累计解吸时间及解吸率特征来识别煤层气解吸作用的不同阶段,分别对中阶煤的A矿、B矿、C矿样品解吸规律进行了观察与探讨。

1) A矿

图3-3-5反映了A矿煤芯样品累计解吸气量随时间的变化规律。其中,样品XSD-051-9-1、XSD-051-9-2解吸气量偏高,最大解吸气量高达14 000cm$^3$,解吸周期也较长,整个解吸过程持续近140天。井XSD-078的两个煤芯样品解吸气量较小,均低于4000cm$^3$,解吸周期也较短,持续近40天。

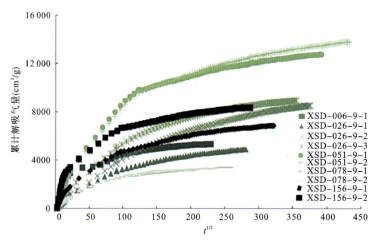

图3-3-5 A矿样品累计解吸气量

该区样品的累计解吸气量在前期攀升较快,各样品解吸速率在前期出现分歧,其中XSD-026-9-1、XSD-026-9-2和XSD-156-9-1三个样品解吸气量曲线前期斜率较平缓,解吸作用初期速率较小。样品煤层气甲烷解吸过程经历了前文提到的"不稳定解吸、快速解吸、缓慢停滞"3个阶段。不稳定解吸持续近100分钟,快速解吸阶段持续近10天。

2) B矿

图3-3-6为B矿煤芯样品累计解吸气量变化图,图中显示B矿样品解吸作用同样具有"不稳定解吸、快速解吸、缓慢停滞"3个阶段,不稳定解吸和快速解吸过程过渡平稳。不稳定解吸时间持续很短,低于2个小时,快速解吸阶段持续约7天,解吸周期延续近85天。

该区累计解吸气量整体偏低,为3000~7000cm$^3$。样品XSM-080-9-1累计解吸气量最大,近10 000cm$^3$,解吸初期气量攀升变化较为平缓。样品XSM-200-9-2累计解吸气量最少,不足3000cm$^3$。

3) C矿

图3-3-7反映了C矿煤芯样品累计解吸气量变化规律,由图可观察到C矿样品累计解

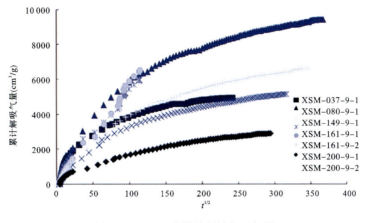

图3-3-6 B矿样品累计解吸气量

吸气量整体偏高,多分布在6000～17 000cm³之间,半数样品累计解吸气量大于10 000cm³,其中样品XST-046-09-1样品累计解吸气量近18 000cm³。图中曲线在解吸作用较为陡峭,解吸速率变化较快,快速解吸阶段持续时间较长,个别样品该阶段持续时长达10天。但该区样品普遍解吸周期较短,整个解吸过程持续近62天。C矿样品具有快速有效解吸时长、缓慢解吸相对较短的特征,确实存在解吸后期动力不足的问题。

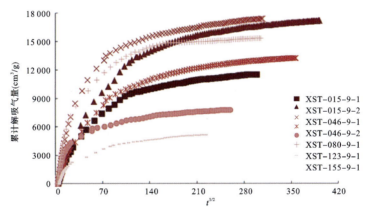

图3-3-7 C矿样品累计解吸气量

**2. 煤层气解吸速率**

煤层气解吸速率即单位时间单位质量的煤样所解吸出的气量。解吸速率与时间呈双曲线的变化关系,但图线紧密贴靠横纵坐标分布,不利于观察研究。故将解吸速率取对数,分析解吸速率对数与时间的关系,得到解吸速率单对数图。因对数函数为增函数,解吸速率单对数图可以反映解吸速率的变化规律。

煤层气原地解吸过程经历了"不稳定解吸、快速解吸、缓慢停滞"3个阶段(图3-3-8)。在初期不稳定解吸过程中,解吸气量几乎呈直线上升,速率较快,但持续时间很短。随着解吸速率迅速下降,解吸作用进入快速解吸阶段,此时解吸速率进入平稳变化期,解吸过程稳定平缓,该阶段解吸速率依旧较高,并持续降低。经过较长时间的快速解吸作用,解吸速率接近于零,样品解吸能力接近枯竭,但仍能长时间内有微量气体析出,直至解吸速率变小为零,解吸过程结束。

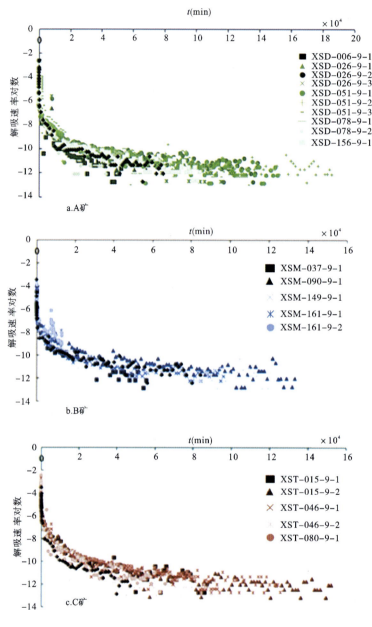

图3-3-8　样品解吸速率图

通过图3-3-8可观察到各个解吸阶段的解吸速率特征。在不稳定解吸阶段,解吸速率短时间内呈直线急速下降;快速解吸过程中,解吸速率下降虽然较快,但较前一阶段平缓。进入缓慢停滞阶段,速率变化较小,该过程延续较长时间,直至曲线趋于水平不变,速率接近于零,解吸过程结束。

## 第四节 煤储层可改造性

储层改造是煤层气井提高产能的重要措施,综合评价储层可改造性是实施储层改造前的一项重要工作。可改造性是煤储层地质特征的综合反映,影响因素复杂,诸如含气量、煤层厚度、煤体结构、埋深、裂隙密度、渗透性、储层压力、地应力、变质程度、煤层倾角等(胡奇等,2014;倪小明等,2017;Tang et al,2018)。

以准噶尔盆地南缘东段河东矿区(图3-4-1)为主要研究对象,选择主要地质风险因素和评价对象为煤层埋深、煤层厚度、渗透率、裂隙密度、储层压力、地应力和煤体结构,分析揭示其对煤储层可改造性的影响作用,并对各地质因素进行综合评价分析,建立煤储层可改造性地质评价体系。

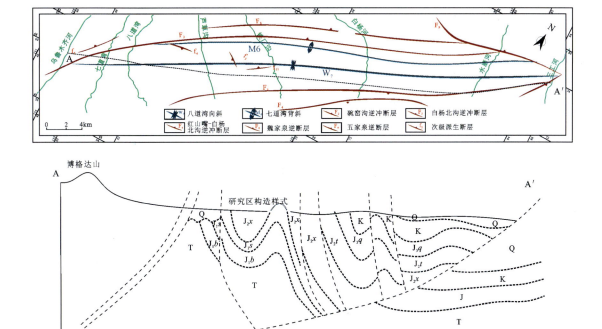

图3-4-1 准噶尔盆地南缘东段河东矿区构造纲要图

### 一、储层可改造性影响因素

#### (一)煤层埋深

煤层埋深是影响煤层气赋存和储层改造重要的地质因素之一。首先,随着埋深的增加,煤化程度和煤的生烃量也逐渐增大,在围岩条件相似的情况下,埋深越深煤层气向上运移的路径就越长,则越有利于煤层气的保存;另外,煤层埋深也是影响煤层渗透性作用的关键因素之一,不同埋深的煤层往往具有不同的储层压力,其将导致煤储层有效应力的变化,从而导致储层渗透性的变化。

如图3-4-2所示,乌鲁木齐河东矿区43号煤层主要分布在矿区的中西部,由于地层呈现隆起状——东高西低,同时八道湾向斜的存在导致煤层展布规律复杂,其中在西部由于地层埋深较大,发育较厚的43号煤层。向斜的东部由于强烈的隆起作用导致煤层出露地表部分遭受剥蚀。

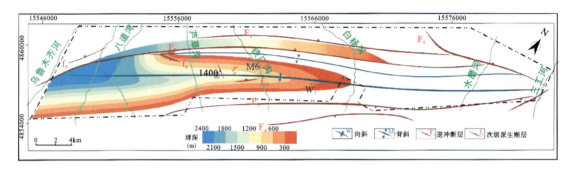

图3-4-2 乌鲁木齐河东矿区43号煤层埋深平面图

(二)煤层厚度

煤层的可采厚度,控制着煤层气的资源量,决定着煤层气的产气量和生产周期,是评价煤储层可改造性的重要地质条件。如图3-4-3所示,乌鲁木齐河东矿区西山窑组43号煤层,向斜轴部煤层最厚处可达40m左右,为一厚煤中心,向东由于地层抬升,煤层快速变薄,逐渐尖灭;向西煤层埋藏变深,煤层变薄至20m左右。背斜轴部煤层较厚,最厚处可达40m左右。向斜南翼南部,煤层较厚,最厚可达50m。向斜北翼煤层厚度一般在20m左右。在北单斜,西部为一厚煤中心,煤厚达47.94m,向东缓慢变薄直至尖灭。

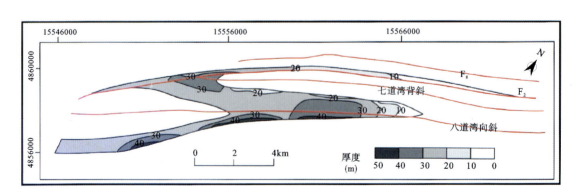

图3-4-3 乌鲁木齐河东矿区43号煤层厚度等值线图

### (三)渗透率

煤储层渗透性是指煤储层流体介质在孔裂隙系统中发生流动的能力。渗透性对煤层气的压裂开采有着重要影响,渗透性越好,煤层气产量越高,后期稳产越好。煤储层的渗透性受各种因素的影响,不同地区煤的埋深、煤化程度、构造应力场和煤体结构等的不同,会造成孔裂隙发育的不同,进而影响着煤储层的渗透性。一般煤储层的渗透性随着埋深的增加,地应力增大,渗透性越差;适当的煤体破碎有利于裂隙和渗透性的增加。赵庆波(1999)根据煤层气实际生产经验,按渗透率将煤储层划分为4个等级:渗透率 $5\times10^{-3}\sim10\times10^{-3}\mu m^2$ 为高渗;$0.5\times10^{-3}\sim5\times10^{-3}\mu m^2$ 为较高渗;$0.1\times10^{-3}\sim0.5\times10^{-3}\mu m^2$ 为中渗;小于 $0.1\times10^{-3}\mu m^2$ 为低渗。

如图3-4-4所示,乌鲁木齐河东矿区西山窑组43号煤层在八道湾向斜南翼东部为低渗储层,在向斜南翼西部附近渗透率为 $4.87\times10^{-3}\mu m^2$,属于较高渗储层。向斜轴部的渗透率小于 $0.14\times10^{-3}\mu m^2$,为中低渗储层。向斜北翼渗透率在 $0.1\times10^{-3}\sim1\times10^{-3}\mu m^2$ 之间,为中渗储层。七道湾背斜南翼(八道湾向斜北翼)渗透率为 $2.81\times10^{-3}\mu m^2$,为较高渗储层,有利于煤层气的产出。

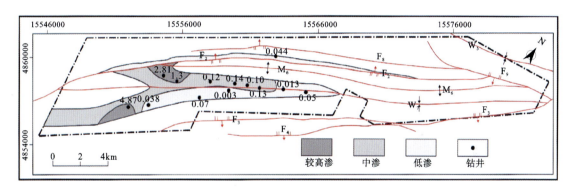

图3-4-4 乌鲁木齐河东矿区43号煤层渗透率平面分布

### (四)裂缝密度

煤层原始裂缝系统对储层改造有着重要的影响作用。大量研究表明,煤层中发育有不同规模的天然裂隙,构成了天然裂隙网络。煤储层压裂改造的目的就是增加裂隙系统的连通性,促进煤层气的解吸运移。研究区煤层一般发育有两组相互垂直或近似于垂直的裂隙。

八道湾向斜煤层主裂隙的走向大致为北西-南东向,次裂隙的走向大致为北东-南西向,且两组裂隙与煤层层理面近乎垂直或高角度相交。西山窑组的显微裂隙镜下观测结果表明(表3-4-1),八道湾向斜南翼西山窑组43号煤层主裂隙密度为1.7~15条/cm,平均为5.23条/cm;次裂隙密度为0.7~11.8条/cm,平均为3.27条/cm;连通性中等,裂隙较发育。八道湾向斜北翼西山窑组43号煤层主裂隙密度为5.4~14.1条/cm,平均为9.9条/cm;次裂隙密度为1.3~10.6条/cm,平均为7.23条/cm;连通性差—中等,裂隙较发育。北单斜西山窑组43号煤层的主裂隙密度为3.1~13.5条/cm,平均为8.03条/cm;次裂隙密度为2.4~10.3条/cm,平均为6.2条/cm;连通性中等,裂隙发育。

表 3-4-1　河东矿区西山窑组煤层显微裂隙统计结果

| 构造位置 | 井号 | 样品编号 | 煤岩类型 | 主裂隙 长度(cm) | 主裂隙 高度(cm) | 主裂隙 宽度(μm) | 主裂隙 密度(条/cm) | 次裂隙 长度(cm) | 次裂隙 高度(cm) | 次裂隙 宽度(μm) | 次裂隙 密度(条/cm) | 连通性 | 发育程度 |
|---|---|---|---|---|---|---|---|---|---|---|---|---|---|
| 向斜南翼 | B-14 | 43-2 | 半亮煤 | 0.53 | 0.44 | 24 | 6.2 | 0.23 | 0.19 | 19 | 1.3 | 中等 | 发育 |
| | | 45-11 | 半暗煤 | 0.24 | 0.17 | 15 | 3.4 | 0.1 | 0.05 | 8 | 4.6 | 中等 | 较发育 |
| | | 45-13 | 光亮煤 | — | 0.16 | — | 3.3 | — | 0.16 | — | 4.1 | 中等 | 发育 |
| | B-15 | 43-2 | 半暗煤 | 0.76 | 0.31 | 34 | 5.4 | 0.18 | 0.27 | 9 | 1.2 | 中等 | 发育 |
| | | 43-5 | 半亮煤 | 0.25 | 0.28 | 5 | 5 | 0.16 | 0.19 | 5 | 0.8 | 中等 | 发育 |
| | | 43-9 | 半亮煤 | 0.27 | 0.21 | 5 | 15 | 0.17 | 0.11 | 3 | 11.8 | 好 | 较发育 |
| | | 45-3 | 半暗煤 | 0.2 | 0.2 | 5 | 3.4 | 0.76 | 0.25 | 32 | 1.4 | 差 | 发育 |
| | | 45-10 | 半暗煤 | 1.16 | 0.55 | 52 | 1.7 | 0.62 | 0.26 | 9 | 3 | 差 | 发育 |
| | B-5 | 43-7 | 暗淡煤 | 0.51 | 0.53 | 11 | 3.4 | 0.05 | 0.73 | 2 | 0.7 | 差 | 较发育 |
| | | 43-14 | 半暗煤 | 0.31 | 0.21 | 13 | 4.1 | 0.11 | 0.26 | 4 | 4 | 差 | 发育 |
| | | 43-28 | 半亮煤 | 0.37 | 0.29 | 17 | 6.6 | 0.09 | 0.07 | 24 | 3.1 | 中等 | 发育 |
| 向斜北翼 | D-6 | 45-11 | 半亮煤 | 0.07 | 0.11 | 15 | 10.2 | 0.08 | 0.22 | 6 | 9.8 | 好 | 较发育 |
| | | 45-2 | 半暗煤 | 0.49 | 0.17 | 11 | 5.4 | 0.21 | — | 4 | 1.3 | 中等 | 较发育 |
| | B-7 | 41-3 | 半亮煤 | 0.13 | 0.14 | 4 | 14.1 | 0.07 | 0.09 | 2 | 10.6 | 好 | 发育 |
| 北单斜 | C-2 | 43-2 | 半暗煤 | 0.64 | 0.33 | 46 | 7.5 | 0.38 | 0.31 | 31 | 5.9 | 中等 | 发育 |
| | | 43-9 | 半亮煤 | 0.72 | 0.45 | 42 | 13.5 | 0.15 | 0.12 | 22 | 10.3 | 好 | 发育 |
| | C-6 | 26-13 | 半暗煤 | 0.16 | 0.05 | 2 | 3.1 | 0.05 | 0.05 | 4 | 2.4 | 差 | 不发育 |
| 背斜轴部 | B-22 | 6-2 | 半暗煤 | 0.2 | 0.15 | 10 | 5.5 | 0.12 | 0.15 | 5 | 4.4 | 中等 | 发育 |

(五)储层压力

煤的储层压力是煤层气可改造性评价的重要因素,主要通过注入压降试井获取。煤储层压力是指作用于煤层孔-裂隙系统上的气体压力和流体压力。在实际应用中,通常用储层压力梯度来评价地层压力状态。煤储层压力状态是煤层气破坏和成藏的重要因素,还直接关系到煤层气的开采和生产。煤储层与常规油气储层相比具有低渗、低压的特点。储层压力梯度可划分为4类:压力梯度≤9.3kPa/m为欠压状态;9.3~10.3kPa/m为正常压实状态;10.3~14.7kPa/m为高压状态;压力梯度≥14.7kPa/m为超压状态。倪晓明等(2017)认为当储层压力梯度大于0.8MPa/100m时,煤层气产气效果好;0.6~0.8MPa/100m时,产气效果较好;小于0.4MPa/100m时,煤层气产气效果很差。如图3-4-5所示,研究区八道湾向斜轴部为应力集中区,西山窑组43号煤层的储层压力梯度在向斜轴部附近最大,并向两翼递减;北单斜西部储层压力梯度较大,东部储层压力梯度变小。

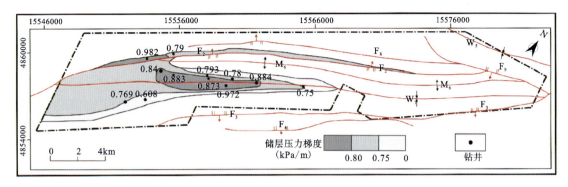

图 3-4-5 乌鲁木齐河东矿区 43 号煤层储层压力梯度分布

## (六)地应力

地应力是存在于地层中未受工程扰动的天然应力,地应力的形成主要与构造运动有关(谢富仁等,2004)。不同地区不同埋深地层的地应力随时间和空间变化形成地应力场。岩石中的天然应力一般受到 3 个方向的应力作用,包括最大水平主应力、最小水平主应力和垂直主应力。地应力不仅控制着煤层天然裂隙的长度、高度、宽度,而且对方向有着重要影响。三轴应力的大小不同,导致水力压裂时裂缝起裂、延伸的方位不同。当水平方向的应力为最小应力,其他条件相同时,水力压裂时压裂液容易克服水平方向的挤压应力而形成垂直裂缝;当垂直方向上的应力为最小应力时,容易形成水平裂缝。此外,地应力对渗透率及储层压力也有着重要影响,是影响煤储层可改造性的重要地质因素(Mckee et al,1988;叶建平等,1999b;李松等,2015)。

地应力测量方法可分为直接测量法与间接测量法。水力压裂法是直接测量法的一种,是对煤储层进行测量的常用方法,其优点是准确度较高,但测量点有限,不能系统地得到煤储层应力资料。

地层中不同岩性岩石的物理性质、沉积演化、构造和水文特征不同,导致它的地应力也不同。地球物理测井利用补偿密度测井、补偿中子测井、声波测井、电阻率测井、自然伽马测井等方法可以得到连续的测井数据。测井数据可结合垂直和水平应力计算模型来预测地应力。利用测井信息计算地应力,地应力计算包括垂直主应力计算和水平主应力计算。

**1. 垂直主应力预测模型**

垂直主应力主要由上覆地层重力产生,由于不同分层密度不同,可以分段计算地层重力,即

$$\sigma_v = P_o = g \times \int_O^H \rho_b(h) \mathrm{d}h \tag{3-23}$$

式中,$\sigma_v$ 为垂直主应力(MPa);$g$ 为重力加速度(m/s²);$\rho_b$ 为目的层岩石体积密度(g/cm³);$h$ 为目的层深度(m)。

**2. 水平主应力预测模型**

现有水平应力模型都是建立在砂泥岩基础上的。煤层质软,受力易变形,煤层泊松比高,

弹性模量小,与砂泥层有很大区别。

岩石在沉积过程中受上覆沉积物的重荷影响,岩体水分不断排除,孔隙度降低,体积缩小固结为岩石。岩石受力会发生应变,岩石受力到达弹性极限之前,应力与应变之间近似线性关系,应力应变曲线的斜率为弹性模量。不同的岩石受力时,发生的应变过程不同,形成不同的应力应变曲线。对此本书提出一个修正模型,建立了针对砂岩的修正系数 $\delta$。

根据岩石力学实验,岩石受到超过它的屈服极限的外力作用时,会产生塑性变形,即使外力卸除后,也不能恢复其原有的形状,在残余的变形中,会保留有残余应力。准噶尔盆地南缘现有的褶皱和断层大多在喜马拉雅造山运动时期形成。万天丰等(2008)认为古构造应力场特征可以保存数千万年至几亿年,即构造演化历史时期的构造应力场特征有可能保存到现在。为了修正残余构造应力对应力计算的影响,在修正模型中加入残余构造应力 $\sigma_s$。残余构造应力是由于地壳运动残留下来的应力明显具有各向异性,岩石的天然构造应力状态主要靠实测方法进行计算。

由于 Anderson 模型适用范围较广,受其他限制较少,故煤层最小水平主应力计算以 Anderson 模型作为基础,对该模型进行修正,加入校正参数 $\delta$ 和残余构造应力 $\sigma_s$,最终建立的河东矿区煤层地应力模型为:

$$\sigma_h - \alpha P_p = \delta \frac{\mu}{1-\mu}(\sigma_v - \alpha P_p) + \sigma_s \tag{3-24}$$

式中,$\sigma_h$ 为最小水平主应力(MPa);$\alpha$ 为 Boit 系数;$P_p$ 为地层孔隙压力(MPa);$\delta$ 为校正参数;$\mu$ 为泊松比;$\sigma_v$ 为垂直主应力(MPa);$\sigma_s$ 为残余构造应力(MPa)。

图 3-4-6 为八道湾向斜 43 号煤层垂直主应力等值线图,垂直主应力与煤层埋深基本一致,向斜西部西山窑组煤层埋藏较深,应力较大,向东应力逐渐减小。向斜南翼和北单斜地层较陡,垂直主应力分布较为集中。向斜轴部应力较大,向两翼应力逐渐减小。北单斜煤层展布为狭长带状,从南向北随埋深的增加应力逐渐增大。

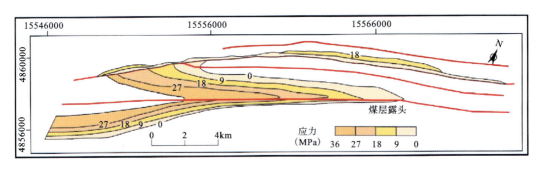

图 3-4-6 乌鲁木齐河东矿区 43 号煤层垂直主应力等值线图

由 43 号煤层最小水平主应力等值线图可知(图 3-4-7),43 号煤层的最小水平主应力从向斜两翼往向斜轴部逐渐增加,最小水平主应力梯度比垂直主应力小。北单斜碗窑沟逆断层切穿 43 号煤层,北单斜煤层急剧倾斜,地层倾角较大,平面上应力表现较为集中。

由 43 号煤层最大水平主应力等值线图可知(图 3-4-8),43 号煤层的最大水平主应力与最小水平主应力分布相似,最大水平主应力总体趋势也是从向斜两翼往向斜轴部逐渐增加。

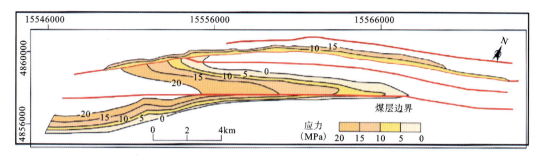

图3-4-7 乌鲁木齐河东矿区43号煤层最小水平主应力等值线图

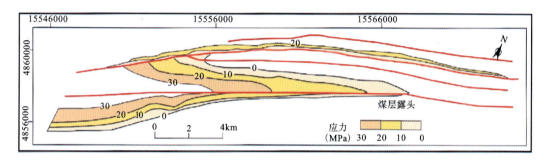

图3-4-8 乌鲁木齐河东矿区43号煤层最大水平主应力等值线图

## (七)煤体结构

煤体结构是指在地质演化时期,经过地质运动煤层发生变形破坏的程度。煤体结构是煤层气可改造性地质评价的重要影响因素,是煤层气高渗高产的决定性因素。适度的构造作用有利于促进煤层中裂隙的发育,有利于煤层气的开发。当地质构造过于强烈导致煤层裂隙系统完全被破坏,一方面会降低煤层的渗透率;另一方面,在压裂时煤粉容易堵塞裂缝,不利于煤层气的开采。

不同类型煤体结构煤,由于物理性质不同,钻井过程中煤体所受影响不同,表现出的测井曲线响应特征不同(图3-4-9)。碎粒结构煤和糜棱结构煤与原生结构煤相比,煤体破碎,钻井过程中井径会明显扩大。碎粒结构煤和糜棱结构煤与原生结构煤相比,煤层致密程度降低,由于声波时差为密度的反函数,故密度降低声波时差变大。碎粒结构煤和糜棱结构煤与原生结构煤相比,水分增加,导电性增加,深侧向电阻率减小,电导率增大;由于水中含有大量氢元素,碎粒结构煤和糜棱结构煤的补偿中子变大;煤层中放射性元素含量一般很低,故碎粒结构和糜棱结构煤的自然伽马测井曲线与原生结构煤的自然伽马测井曲线相比变化较小。

由于碎粒结构煤和糜棱结构煤均不利于煤层气开发,故把碎粒结构煤和糜棱结构煤归为一类。本文分类标准为:Ⅰ类煤为原生结构煤,Ⅱ类煤为碎裂结构煤,Ⅲ类煤为碎粒结构煤和糜棱结构煤。

A-8井的6种测井曲线(CAL、GR、AC、LLD、RHOB、CNL)的变化趋势与煤体结构的变化趋势关联程度较高(图3-4-9),可采用灰色关联分析方法来预测研究区的煤体结构。

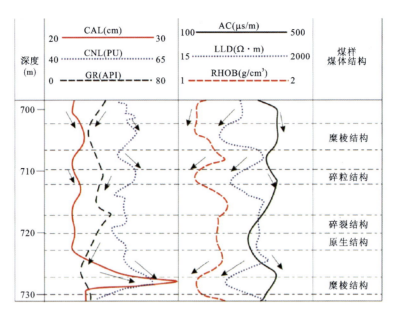

图 3-4-9　A-8 井定性识别煤体结构

注：CAL. 井径测井；CNL. 补偿中子；GR. 自然伽马；AC. 声波时差；LLD. 深侧向电阻率；RHOB. 密度测井。

**1. 先对 6 种测井曲线的数据进行标准化处理，排除测井异常值对关联性的影响**

$$C'_i(k) = \frac{C_i(k) - C_{\min}(k)}{C_{\max}(k) - C_{\min}(k)} \tag{3-25}$$

式中，$i$ 表示不同的测井曲线；$k$ 为测井地层序列号；$C'_i(k)$ 表示标准化处理后的各测井值；$C_i(k)$ 表示任意地层测井值；$C_{\max}(k)$ 表示在单井测井中该测井信息的最大值；$C_{\min}(k)$ 表示在单井测井中该测井信息的最小值。

**2. 求与煤体结构相关的各测井标准化参数的灰色关联系数**

$$\rho_i = \frac{1}{n}\sum_{k=1}^{n}\frac{\min_i \min_k |C_0(k) - C'_i(k)| + \rho \min_i \min_k |C_0(k) - C'_i(k)|}{|C_0(k) - C'_i(k)| + \rho \min_i \min_k |C_0(k) - C'_i(k)|} \tag{3-26}$$

式中，$i$ 为 6 种测井的序列号；$k$ 为测井地层序列号；$\rho$ 为灰色分辨率，取值为 0.5；$C_0(k)$ 为煤体结构的参考数列，为区分 3 种煤体结构，分别将原生煤的标准化数据定为 0，碎裂煤的标准化数据定为 0.5，碎粒煤和糜棱煤的标准化数据定为 1。

各测井参数的灰色关联度如表 3-4-2 所示，4 种测井参数的灰色关联度大于 0.5，与煤体结构的相关性较好。其中，井径测井为 0.569 3；声波时差测井为 0.571 4；深侧向电阻率测井为 0.582 1；补偿中子测井为 0.609 8。

表 3-4-2　各个测井参数的灰色关联度

| 测井信息 | 井径测井（CAL） | 自然伽马（GR） | 声波时差（AC） | 深侧向电阻率（LLD） | 密度测井（RHOB） | 补偿中子（CNL） |
| --- | --- | --- | --- | --- | --- | --- |
| 灰色关联度 | 0.569 3 | 0.485 5 | 0.571 4 | 0.582 1 | 0.489 3 | 0.609 8 |

### 3. 求取煤体结构指示因子 $D$

本文选择 4 个灰色关联度均大于 0.5 的测井参数 CAL、LLD、AC、CNL，来计算指示因子。

$$D = 0.569\ 3 \times B(CAL) + 0.571\ 4 \times B(AC) + \\ 0.609\ 8 \times B(CNL) - 0.582\ 1 \times B(LLD) \tag{3-27}$$

式中，$B(i)$ 代表标准化后的各测井参数。

用指示因子识别 A-8 井的煤体结构(图 3-4-10)，结果表明：A-8 井Ⅲ类煤指示因子在 1.25~1.94 之间，平均值为 1.58；Ⅱ类煤指示因子在 0.78~1.25 之间，平均值为 0.98；Ⅰ类煤指示因子在 0.45~0.67 之间，平均值为 0.63。

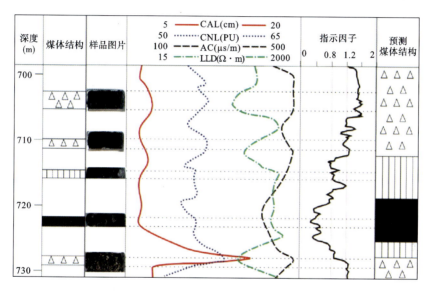

图 3-4-10　A-8 井指示因子预测 43 号煤体结构

### 4. 指示因子识别煤体结构效果

统计了研究区 4 口井的测井指示因子数据，并选取 4 口井作为主要参数井，用测井指示因子与现有 43 号煤层钻井采样煤体结构进行一对一比较。

如图 3-4-11 所示，A-9 井西山窑组 43 号煤层Ⅲ类煤指示因子在 1.28~1.56 之间，平均值为 1.34；Ⅱ类煤指示因子在 0.81~1.04 之间，平均值为 0.93；Ⅰ类煤指示因子在 0.41~0.77 之间，平均值为 0.57。

如图 3-4-12 所示，B-7 井 43 号煤层Ⅲ类煤指示因子在 1.16~1.63 之间，平均值为 1.22；Ⅱ类煤指示因子在 0.97~1.17 之间，平均值为 1.08；Ⅰ类煤指示因子在 0.50~0.83 之间，平均值为 0.69。

如图 3-4-13 所示，B-14 井 43 号煤层Ⅲ类煤指示因子在 1.25~1.38 之间，平均值为 1.31；Ⅱ类煤指示因子在 1.13~1.22 之间，平均值为 1.18。

如图 3-4-14 所示，B-15 井 43 号煤层Ⅲ类煤指示因子在 1.19~1.38 之间，平均值为 1.26；Ⅱ类煤指示因子在 0.77~1.18 之间，平均值为 0.96。

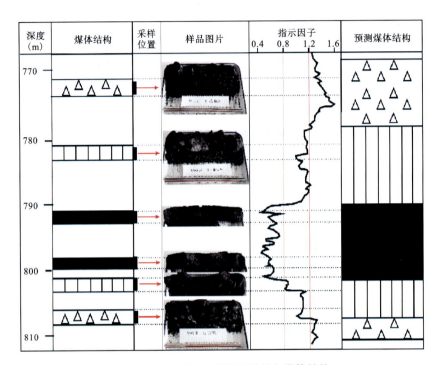

图 3-4-11　A-9 井指示因子与煤体结构

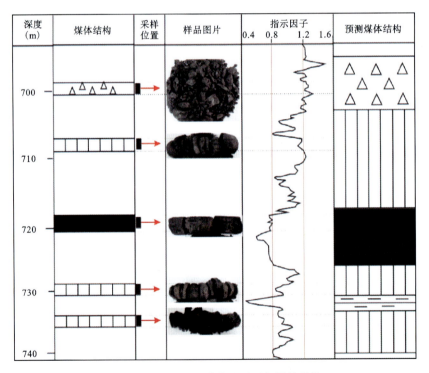

图 3-4-12　B-7 井指示因子与煤体结构

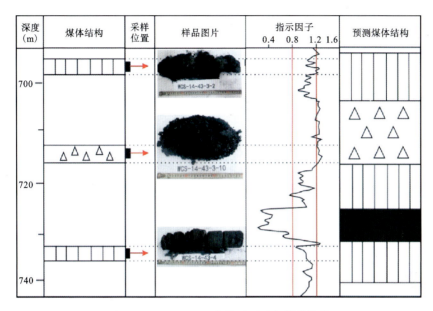

图 3-4-13 B-14 井指示因子与煤体结构

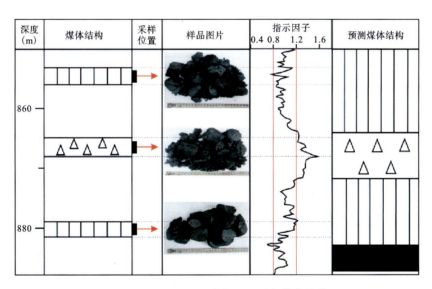

图 3-4-14 B-15 井指示因子与煤体结构

综上所述,乌鲁木齐河东矿区西山窑组煤层原生结构煤的指示因子小于0.8;碎裂结构煤的指示因子介于0.8~1.2之间;碎粒及糜棱结构煤的指示因子大于1.2。

在对乌鲁木齐河东矿区煤层气测井数据识别煤体结构的基础上,对准噶尔盆地南缘河东矿区43号煤层的煤体结构进行了预测与划分。通过两条连井剖面,如图3-4-15所示,两条剖面线位于研究区的中心地区,A—A′剖面线与研究区构造走向斜交,且线上有5口井;B—B′剖面线与八道湾向斜走向大致平行,线上分布有4口井。

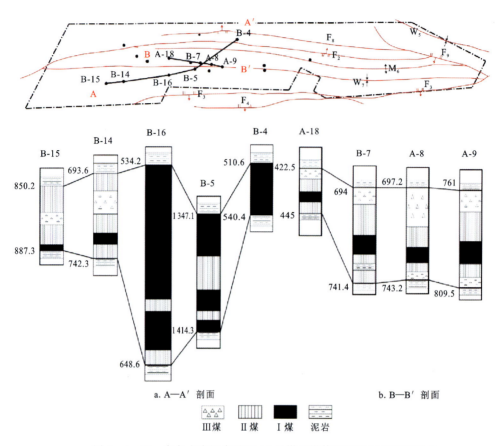

图 3-4-15 乌鲁木齐河东矿区 43 号煤层煤体结构纵向展布示意图

由图 3-4-15 可以看出,在 A—A′剖面上向斜南翼 43 号煤层中部为Ⅲ类碎粒及糜棱结构煤,煤层顶部和底部为碎裂结构煤和原生结构煤;在向斜南翼的 B-16 井附近,Ⅲ类碎粒及糜棱结构煤消失,Ⅰ类原生结构煤较为发育,这可能与该区煤层较厚有关;北单斜煤层厚度较小,且为原生结构煤。在 B—B′剖面上,向斜北翼 43 号煤层以Ⅱ类碎裂结构煤为主;Ⅲ类碎粒及糜棱结构煤不发育,且分布在煤层上部;Ⅰ类原生结构煤较不发育,基本分布在煤层中部;在八道湾向斜轴部,Ⅲ类碎粒及糜棱结构煤分布于煤层两端,并且在 3 种煤类中占比最高,Ⅱ类碎裂结构煤和Ⅰ类原生结构煤发育在煤层中部。

通过指示因子识别了乌鲁木齐河东矿区 15 口井 43 号煤层的原生结构煤、碎裂结构煤、碎粒及糜棱结构煤占总煤层厚度比例的三角图(图 3-4-16)。以Ⅰ类原生结构煤占煤层厚度比例大于 50%的区域作为原生结构煤区(A 区);以原生结构煤占比小于 50%和碎粒及糜棱结构煤占比小于 50%的区域作为Ⅱ类碎裂结构煤区(B 区);以Ⅲ类碎粒及糜棱结构煤占煤层厚度比例大于 50%的区域作为碎粒及糜棱结构煤区(C 区)。从图 3-4-17 可以看出,43 号煤层测井各煤体结构占比大多分布在 A 区和 B 区,C 区分布较少,仅有两口井。

由图 3-4-17 可知 43 号煤层各煤体结构平面分布,向斜轴部铁厂沟附近及向斜南翼八道湾附近的 43 号煤层以Ⅲ类碎粒及糜棱结构煤为主;向斜北翼及向斜南翼最西侧以Ⅱ类碎裂结构煤为主;北单斜及向斜南翼东侧以Ⅰ类原生结构煤为主。

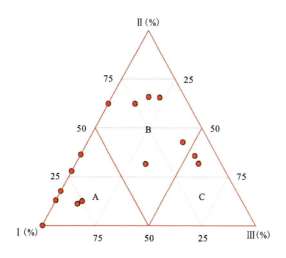

图 3-4-16　43 号煤层测井煤体结构分类三角图

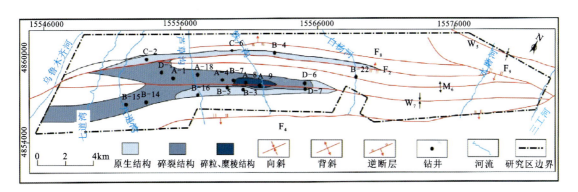

图 3-4-17　乌鲁木齐河东矿区 43 号煤层煤体结构平面分布

## 二、储层可改造性综合评价

本文采用层次分析法确定各地质因素对煤储层可改造性影响程度的权重系数,它是一种定性与定量相结合的系统化分析方法。

层次分析法计算权重系数可分为 3 步。

第一步,建立层次结构模型,对研究区煤储层可改造性地质影响因素,按照不同属性自上而下地分解成两个层次,同一层的地质因素均对上层因素有影响。

第二步,构建两两比较判断矩阵。考虑各种地质因素在煤层气评价中的作用,对同一层次中各因素在煤层气开发中的相对重要性进行比较,依其重要性给各因素赋值,使各因素的比较定量化。$C_{ij}$ 表示元素 $i$ 相对于元素 $j$ 的重要程度值;$C_{ji}$ 表示 $j$ 相对于 $i$ 的重要程度值;$C_{ij}$ 与 $C_{ji}$ 互为倒数。1 为同等重要,3 为稍微重要,5 为明显重要,7 为强烈重要,9 为极端重要。

$$C = \begin{pmatrix} c_{11} & \cdots & C_{1n} \\ \cdots & \cdots & \cdots \\ C_{n1} & \cdots & C_{nn} \end{pmatrix} \tag{3-28}$$

第三步,计算各地质因素的权重。通常所构建的判断矩阵不具有完全的一致性,只具有一定的一致性。在实践中,可采用规范列平均法近似计算判断矩阵 $C=(C_{ij})$ 的最大特征值对应的特征向量 $u_k$。

$$u_k = \frac{\sum_{j=1}^{n} C_{kj}}{\sum_{i=1}^{n} \sum_{j=1}^{n} C_{ij}} \tag{3-29}$$

$$u = (u_1, u_2, u_3, \cdots, u_n) \tag{3-30}$$

再对向量 $u$ 进行归一化处理,归一化后的向量作为权重向量。煤层气可改造性地质指标权重分配情况如表3-4-3所示。

表3-4-3 煤层气可改造性地质指标权重

| 指标 | 埋深 | 煤厚 | 渗透率 | 裂隙密度 | 储层压力梯度 | 地应力差 |
|---|---|---|---|---|---|---|
| 权重 | 0.030 6 | 0.285 4 | 0.295 2 | 0.116 1 | 0.187 0 | 0.076 8 |

对于非定量参数煤体结构,根据不同煤体结构对煤储层可改造性的影响程度,将碎裂结构煤赋值为1,原生结构煤为0.8,碎粒及糜棱结构煤为0.3。

由于影响煤储层可改造性的各地质指标的单位和变化范围不同,为了便于比较对各指标进行无量纲化处理。其中,煤厚、渗透率、裂隙密度、储层压力和地应力均为正指标,无量纲化处理方法为:

$$x'_i = \frac{x_i - x_{\min}}{x_{\max} - x_{\min}} \tag{3-31}$$

埋藏深度为中值指标,无量纲化处理方法为:

$$x'_i = \begin{cases} \dfrac{x_i - x_{\min}}{zx_{\min} - x_{\min}} & x_{\min} \ll x_i \ll zx_{\min} \\ \dfrac{x_{\max} - x_i}{x_{\max} - zx_{\min}} & zx_{\max} \ll x_i \ll x_{\max} \end{cases} \tag{3-32}$$

式中,$i$ 表示不同的指标;$x'_i$ 表示标准化处理后的指标值;$x_i$ 表示原始指标值;$x_{\max}$ 表示指标的最大值;$x_{\min}$ 表示指标的最小值;$zx_{\max}$ 表示中值区间的最大值;$zx_{\min}$ 表示中值区间的最小值。

采用加权平均法对43号煤层进行模糊综合评价,根据综合评价值,把乌鲁木齐河东矿区划分为3个区(图3-4-18),其中大于0.7为有利区,0.5~0.7为较有利区,小于0.5为不利区。

评价的结果是:七道湾背斜轴部D-1井附近和八道湾向斜南翼西部B-15井附近埋深300~800m处,煤层较厚,渗透率较高,地层相对欠压,是煤储层压裂有利区。向斜轴部东侧D-7、A-8和A-9井附近,虽然煤层较厚,但煤体结构破碎,裂隙被破坏,渗透率较低,是煤储层压裂不利区。向斜北翼埋藏深度小于500m处,煤层较薄,渗透率中等,地层欠压,是煤储层压裂不利区。北单斜与八道湾向斜分属不同构造单元,北单斜中部地区E-7井附近(靠近

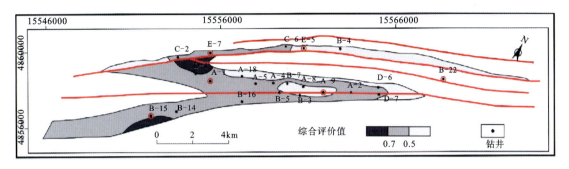

图 3-4-18　乌鲁木齐河东矿区 43 号煤层可改造性综合评价

七道湾背斜),煤层较厚,是煤储层压裂较有利区;北单斜东西两侧(E-5 井),煤层较薄,渗透率较低,裂隙不发育,是煤储层压裂不利区。

结合已有井的压裂排采数据对 43 号煤层可改造性进行分析。其中,八道湾向斜轴部 A-9、B-7 井基本不产气;向斜南翼 B-15 井产气量较好;向斜北翼 A-1 井排采压裂 43 号煤层,产气量较差;北单斜东部 E-7 井产气量较好,西部 E-5 井产气量较差。上述各井产气量的变化与 43 号煤层可改造性评价结果基本一致。几口典型井的评价结果及对应的产气情况举例如下。

A-9 井位于向斜轴部,43 号煤层埋深在 800m 左右,煤层相对较厚,应力较为集中,构造煤较为发育,渗透性较差,部分裂隙被破坏,综合评价值为 0.19。A-9 井经过 330 天左右的排采仅在后期有少量气体产出,总体上不产气(图 3-4-19)。

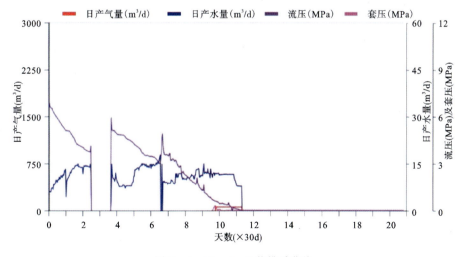

图 3-4-19　A-9 井排采曲线

B-15 井位于向斜南翼西部,43 号煤层埋深在 800m 左右,煤层相对较厚,碎裂结构煤较为发育,渗透性较好,裂隙较发育,综合评价值为 0.74。B-15 井经过 150 天的排采开始见气,之后的产气量逐渐增加,最高日产气量达到 2311$m^3$/d,平均日产气量为 1129$m^3$/d,产气量较好(图 3-4-20)。

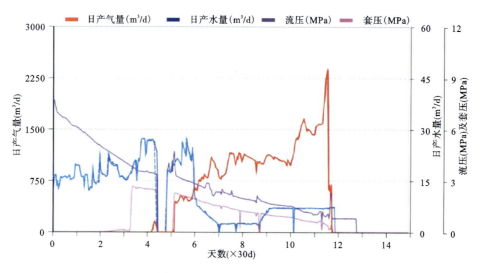

图 3-4-20　B-15 井排采曲线

E-7 井位于北单斜的西部,43 号煤层埋深在 829m,煤层相对较厚,原生结构煤较为发育,综合评价值为 0.55。E-7 井排采 3 天即见气,之后的产气量逐渐增加,最高日产气量达到 4381m³/d,平均日产气量为 1252m³/d,产气量较好(图 3-4-21)。

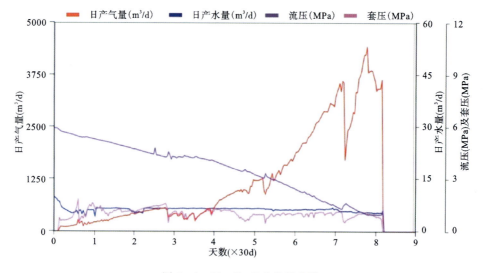

图 3-4-21　E-7 井排采曲线

E-5 井位于北单斜东部,其排采压裂 43 号和 45 号两套煤层。E-5 井煤层较薄,地层欠压。排采 73 天见气,后又连续排采 140 天,产气量非常低,基本不产气(图 3-4-22)。

A-1 井位于向斜北翼,其排采压裂 43 号和 45 号两套煤层。43 号煤层埋深 880m 左右,45 号煤层埋深 1000m 左右。A-1 井经过 75 天的排采开始见气,之后的产气量逐渐增加,排采 200 天时,日产气量达到最高 1022m³/d,随后产气量逐渐下降,平均日产气量达 162m³/d,产气量较差(图 3-4-23)。

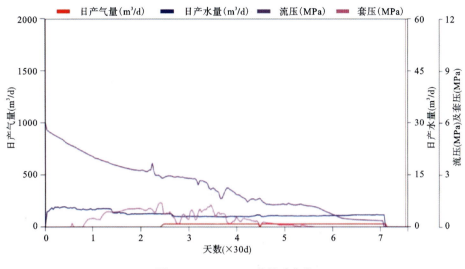

图 3-4-22　E-5 井排采曲线

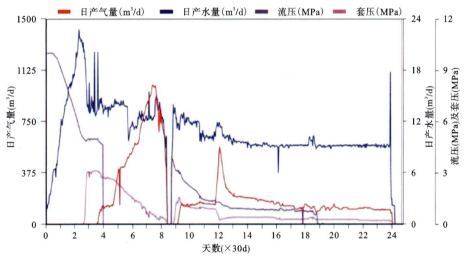

图 3-4-23　A-1 井排采曲线

## 第五节　煤储层含气性

煤储层含气性是煤层气成藏的基本要素，决定了煤层气藏的开发潜力，它是煤层气勘探开发决策的重要依据之一。煤层气的富集是生成、储集、保存等方面及其动态发展过程的有力配置，是多种地质因素综合作用的结果（汤达祯等，2010）。本节基于准噶尔盆地南缘煤储层含气量实测数据，揭示含气量及含气饱和度的垂向分异和平面分布特征；从煤层厚度、煤化程度、构造特征、水文地质条件及物质组成 5 个方面，阐释研究区含气性主控地质因素。

## 一、实测含气量

### (一)平面分布特征

准噶尔盆地南缘煤层气参数井含气量统计结果显示,准噶尔盆地南缘侏罗系中低煤阶煤层气实测含气量一般介于 $0.5\sim20.28m^3/t$。西山窑组煤层气体含量较高的地区包括乌鲁木齐河西地区、河东地区和阜康地区,呼图壁地区含气量呈中等,西部地区含气量较低。目的层为八道湾组煤层的参数井主要分布在阜康—大黄山一带。从整体上看,八道湾组煤层含气量较高。煤层含气量表现为东部高,向西部逐渐变小的趋势,而含气量由南向北有逐渐增大的趋势,这与煤级的区域性变化和煤层埋深有一定关系(图3-5-1)。

在准噶尔盆地南缘不同区块中,阜康四工河、白杨河八道湾组煤层含气量最高,含气量介于 $5.6\sim18.64m^3/t$,平均为 $11.27m^3/t$,煤层埋深介于 $800\sim1400m$;其次为乌鲁木齐河东地区西山窑组煤层,煤层含气量介于 $2.16\sim15.27m^3/t$,平均为 $7.95m^3/t$,煤层埋深介于 $600\sim1200m$;乌鲁木齐河西地区西山窑组煤层在 $220\sim965m$ 深度间均有发育,因此含气量变化大,介于 $0.70\sim17.09m^3/t$,平均为 $8.49m^3/t$;西部呼图壁、玛纳斯地区虽然西山窑组煤层现今埋深较大,但受煤化程度低及保存条件差的影响,含气量普遍较低,大多低于 $5m^3/t$;东部吉木萨尔地区煤层含气量亦较低,介于 $0.1\sim7.52m^3/t$,平均值仅为 $3.77m^3/t$。

### (二)垂向分布特征

在垂向上,$800m$ 以浅范围内,准噶尔盆地南缘多口井表现出随着煤层埋深增大含气量增加的趋势,即含气量与埋深有较好的正相关性(图3-5-2)。而煤层含气量在 $800\sim900m$ 范围内发生转折,此埋深以深,含气量表现出减小的趋势。如阜康四工河、白杨河地区,当埋深在 $800m$ 时,煤层气含量平均为 $11.8m^3/t$;当埋深在 $1000m$ 时,煤层气含量平均为 $9.55m^3/t$;当埋深在 $1200m$ 时,煤层气含量平均为 $8.58m^3/t$。

究其原因,主要是由于煤层的吸附量同时受到储层温度和压力控制,吸附量随储层压力的增大而增加(压力正效应),随地层温度的升高而减少(温度负效应)。含气量与埋深的关系在于压力正效应和温度负效应二者的大小关系,即当压力正效应>温度负效应时,含气量与埋深呈正相关;当压力正效应<温度负效应时,含气量与埋深呈负相关;当压力正效应=温度负效应时,煤层含气量不再随深度增大,这一埋藏深度称为"临界埋藏深度"。地层压力梯度、地温梯度以及不同煤级煤岩吸附性能的差异可能造成不同地区对应的"临界埋藏深度"略有差别,但是垂向上均呈"快速增加→缓慢增加→基本不变→逐渐减小"的变化规律,温压主导效应发生转变,储层压力高,保存条件越好。准噶尔盆地南缘煤层气井的实测含气量值随埋深的变化表明,该区临界埋藏深度应在 $800\sim900m$ 范围内变化。

阜康四工河和白杨河区块部分井表现出在 $1400m$ 处煤层含气量再次增大的趋势。主要是由于在深部地层中煤层气保存条件好,储层压力高,可能出现了游离气。但目前准噶尔盆地南缘 $1400m$ 以深的煤层气井较少,深部煤层气含气量实测数据缺乏,因此更深部煤层的含气性仍亟待进一步研究。

# 第三章 煤层气储层及其含气性

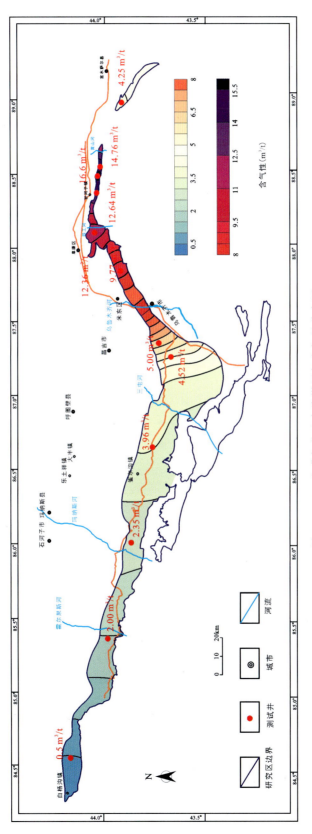

图 3-5-1 准噶尔盆地南缘煤层气含气量分布图
注：四工河以东为八道湾组煤层含气量，其余为西山窑组

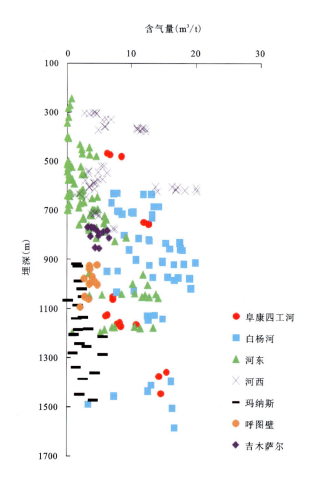

图 3-5-2 准噶尔盆地南缘煤层气含气性与埋深关系

## (三) 含气饱和度特征

### 1. 含气饱和度变化

准噶尔盆地南缘含气饱和度在 0.87%～120.8% 之间变化,但大多数处于 40%～120% 之间,以欠饱和为主,最大值出现在河西地区 WXC-1 井(图 3-5-2)。在垂向上含气饱和度与现今埋深相关性不大,在平面上各区块表现出明显的差异性。

吉木萨尔地区含气饱和度较高,在 50%～100% 之间,平均值为 75%。阜康白杨河地区含气饱和度变化大,为 20.12%～85.25%,平均值为 66.04%。阜康四工河地区含气饱和度较高,为 48.76%～102.27%,平均值为 75.56%,含气饱和度随埋深先增大后减小,在 800m 处出现最大值,这是因为此深度为该地区吸附气量最大值,在 1400m 处含气饱和度再次出现高值,说明深部煤层中开始出现游离气。乌鲁木齐河东地区含气饱和度普遍较低,为 0.87%～68.5%,平均值仅为 35.5%。乌鲁木齐河西地区含气饱和度普遍较高,在 54.55%～120.8% 之间,平均值为 92%,该地区虽然煤层埋深浅,但层间封闭性好,煤层气保存条件好。玛纳斯地区具有较大的煤层埋深,但含气饱和度极低,仅为 14.08%～23.10%。这是由于该地区直接接受来自冰山融水和大气降水的补给,地下水条件活跃,且单斜构造不利于煤层气的保存,加之层间封闭性差,易形成多层叠置统一系统,煤层中的气体易于散失或运移到上覆致密砂岩层位,因此含气量和含气饱和度均较低。呼图壁地区含气饱和度中等,为 28.82%～57.82%,平均值为 48.18%。

整体上,准噶尔盆地南缘东部吉木萨尔、白杨河、四工河八道湾组煤层及乌鲁木齐河西地区西山窑组含气饱和度高;乌鲁木齐河东地区及西部玛纳斯、呼图壁地区西山窑组煤层含气饱和度低。

**2. 煤储层游离气特征**

甲烷气以 3 种相态赋存于煤储层中,分别为吸附气、游离气和溶解气。在浅部煤层中吸附气是主要的赋存方式,而对于深部煤储层,由于温度、压力的耦合作用使得甲烷三相态含气量发生变化(申建等,2015)(图 3-5-3)。实测含气量的煤层气井可通过计算取芯煤样的理论吸附气含量,以求取煤层游离气含量及煤储层含气饱和度。

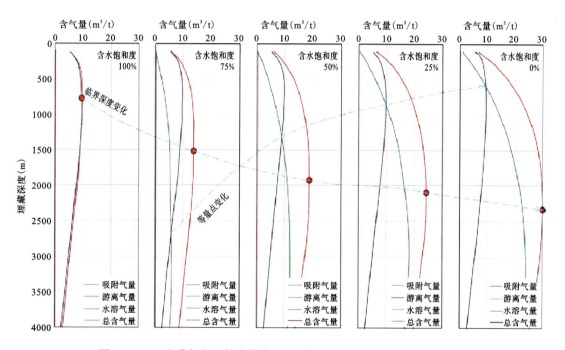

图 3-5-3 准噶尔盆地低阶煤储层三相态含气量预测模型(申建等,2015)

准噶尔盆地南缘阜康地区 CD-16 井,埋深 1440m 的煤层含气饱和度为 111.63%,为过饱和状态;乌鲁木齐河东矿区 WS-1 井埋深在 1000m 左右的 42-1 号、42-2 号和 44-3 号 3 套煤层含气饱和度均大于 100%。此外孙斌等(2017)对准噶尔盆地南缘白家海地区深部煤层的含气饱和度进行了计算,发现两口井深部煤层含气饱和度大于 200%,均说明深部煤储层中可能存在大量游离气,并且随着埋深加大,游离气含量越高(表 3-5-1)。

理论含气量指储层压力下对应兰氏方程中的吸附气含量,由下式计算:

$$V_{理} = V_L \cdot P/(P_L + P) \tag{3-33}$$

式中，$V_理$为理论含气量($m^3/t$)；$V_L$为兰氏体积($m^3/t$)；$P$为储层压力(MPa)；$P_L$为兰式压力(MPa)。

游离气含量(游离气占总含气量百分比)计算方法如下：

$$H_游 = V_游/V_实 = (V_实 - V_理)/V_实 \tag{3-34}$$

式中，$H_游$为游离气含量百分比(%)；$V_游$为游离气含量($m^3/t$)；$V_实$为实测含气量($m^3/t$)；$V_理$为理论含气量($m^3/t$)。

表3-5-1 准噶尔盆地南缘深部煤层气井含气性参数

| 地区 | 深度(m) | 实测含气量($m^3/t$) | 储层压力(MPa) | 兰氏体积($m^3/t$) | 兰氏压力(MPa) | 理论含气量($m^3/t$) | 含气饱和度(%) | 游离气含量(%) |
|---|---|---|---|---|---|---|---|---|
| 河东 WS-1 | 999 | 10.32 | 8.13 | 14.69 | 4.68 | 9.32 | 110.69 | 9.69 |
|  | 1004 | 12.61 | 8.13 | 18.46 | 5.60 | 11.43 | 115.36 | 9.36 |
|  | 1057 | 14.24 | 9.96 | 20.24 | 4.96 | 13.51 | 105.39 | 5.13 |
| 阜康 CD-16 | 1440 | 15.55 | 10.80 | 18.20 | 3.31 | 13.93 | 111.63 | 10.42 |
| 白家海 BJ8-1 | 3363 | 16.11 | 31.95 | 8.77 | 6.69 | 7.32 | 220.08 | 54.56 |
| 白家海 BJ8-2 | 3360 | 13.34 | 31.92 | 7.20 | 4.90 | 6.24 | 213.78 | 53.22 |

注：白家海BJ8-1、BJ8-2井含气量数据引自孙斌等，2017。

## 二、含气性主控因素

结合准噶尔盆地南缘地质特征以及勘探开发成果，分析并总结出控制煤层含气性的5个主要因素：煤化作用程度、煤的物质组成、煤层厚度、构造特征以及水文地质条件。由于煤层厚度、构造特征以及水文地质条件将在第五章第二节进行系统论述，本节仅阐述煤化作用程度与煤的物质组成。

### 1. 煤化作用程度

准噶尔盆地南缘煤化程度较低，镜质体最大反射率介于0.40%~0.91%之间，为褐煤、长焰煤、气煤，属中低煤阶。煤级分布在平面上呈现较明显的区域分布差异，整体呈西低东高、南低北高的特点。全区煤系地层未受岩浆活动的影响，为深成煤化作用类型，煤化作用强弱主要受埋藏史控制。褐煤主要发育在研究区西部四棵树地区及河西局部地区的浅部西山窑组煤层，气煤主要发育在玛纳斯、三屯河—四工河地区，其余地区主要发育长焰煤。

煤级通常是影响煤储层吸附能力的主要因素，准噶尔盆地南缘多口煤层气井煤岩样品的室内等温吸附及与镜质体反射率测试结果显示，煤的最大镜质体(腐殖体)反射率介于0.28%~0.95%之间，煤最大吸附量随镜质体(腐殖体)反射率的增高呈现单调递增的趋势(图3-5-4)。当$R_{o,max}<0.5\%$时，即褐煤阶段，煤岩吸附能力最小，兰氏体积平均为14.19 $cm^3/g$；但当$R_{o,max}>0.5\%$时，煤吸附能力迅速增强，兰氏体积平均为21.95 $cm^3/g$，最高可达33.45 $cm^3/g$。

煤化作用程度的高低直接影响煤岩生烃能力以及生烃量的大小，一般来说，煤化作用程度越高，热演化过程中生烃量越大，煤基质对甲烷气体的吸附能力也越强，致使煤储层含气量

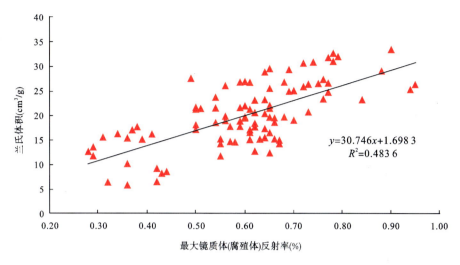

图 3-5-4　煤岩兰氏体积与煤级关系图

增高。准噶尔盆地南缘煤层热演化程度普遍较低,导致在煤化作用时期甲烷气体吸附量有限,与中—高煤阶煤岩相比,含气量明显较低。准噶尔盆地南缘煤岩镜质体反射率变化较小,同时受后期构造变动、水动力条件等多因素控气作用影响,$R_{o,max}$值与煤层含气量之间拟合度不高,但在东西方向上仍有着良好的对应关系,东部阜康高$R_o$值区对应高含气量(5.6~18.64m³/t),西部四棵树低$R_o$值区对应低含气量(<2m³/t)(图3-5-5)。

**2. 物质组成**

煤的物质组成包括有机显微组分和矿物质,对煤岩吸附能力的控制作用明显,一般来说矿物质含量越高,吸附能力越低。在煤有机显微组分中,镜质组的吸附能力最强,宏观煤岩成分中,镜煤的最大吸附量最高,亮煤和暗煤其次,因此一般光亮型煤较暗淡型吸附能力强(汤达祯等,2014)。

镜质组含量:兰氏体积随镜质组含量的增高呈现增大的趋势,具有明显的正相关性(图3-5-6a)。这是由于镜质组大量生烃可产生较多微小气孔,这些微小孔具有较大的比表面积和总孔体积,有利于煤岩吸附能力的增强。

固定碳:兰氏体积与固定碳之间也呈现良好的正相关关系,即随着固定碳含量的增加,煤的吸附能力不断增大。从元素组成的角度讲,固定碳对煤吸附能力起着控制作用(图3-5-6b)。

水分:图3-5-6c显示,煤岩兰氏体积与水分呈明显负相关性,水分对煤岩吸附甲烷能力影响较大。这是由于水分的存在会优先占据煤岩气体吸附位,与甲烷分子产生竞争关系,从而降低煤岩吸附甲烷的能力。

灰分:兰氏体积随灰分的增高呈现降低的趋势,但相关性不明显。灰分是对煤中无机矿物含量大小的一种反映,矿物含量比例的增高造成煤单元有机组分减少。甲烷气主要吸附在煤岩基质微孔中,外来的灰分杂质阻塞部分微孔,降低了微孔的比表面积,使煤的吸附性能变差(图3-5-6d)。

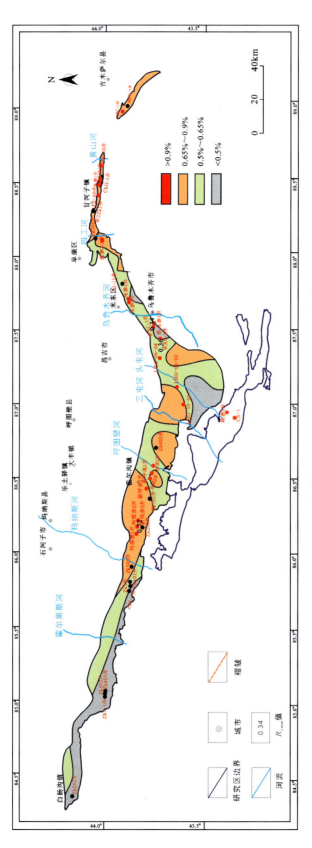

图 3-5-5 准噶尔盆地南缘煤岩 $R_{o,max}$ 值平面分布特征

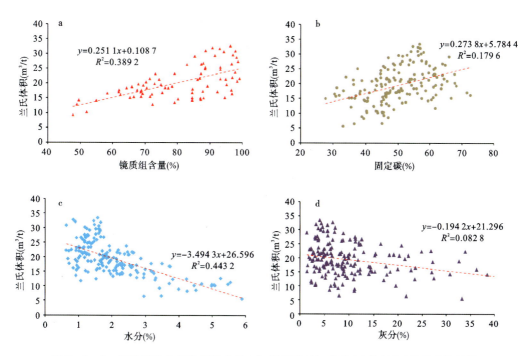

图 3-5-6　煤吸附能力与镜质组含量(a)、固定碳(b)、水分(c)及灰分(d)产率关系图

# 第四章 深部煤层气地质特征与资源潜力

在世界范围内,估计有超过 $47.6×10^{12} m^3$ 的煤层气资源存在于深部煤层中(Kuuskraa and Wywan,1993;Robert and Jennifer,2010)。美国学者将深部煤层气界定为埋深超过5000英尺(1524m)的煤层气,而我国与其他国家前期将此深度界定为1000m左右(赵丽娟等,2010;Tonnsen and Miskimins,2010;李松等,2015)。准噶尔盆地南缘煤层倾角埋深变化大,深部煤层气资源占比超过2/3。深部地应力场、温度场、流体压力场直接制约着煤储层的孔裂隙发育、渗透性、吸附能力及气体扩散渗流效率等,是影响深部煤层气赋存机制及产出效果的关键性因素(Geng et al,2017)。本章系统研究了准噶尔盆地南缘"三场"垂向分异性及平面变化特征,在此基础上,尝试建立深部煤储层吸附气量和游离气量预测模型,探讨深部煤层气资源可采性及气井排采特征。

## 第一节 深部煤储层地质环境

### 一、地应力场

地应力按不同成因可分为自重应力、构造应力和感生应力等类型(Cai et al,2011;Kang et al,2010;Meng et al,2011)。地应力大小及方向对煤岩孔裂隙发育程度、煤储层次生裂隙的张开度和压力改造裂缝的扩展方向具有一定的影响与控制作用(孟召平等,2010;Zhao et al,2016;Li et al,2014)。随着埋深增加,煤储层所处的地应力状态将发生转变,地应力的垂向变化将导致深部煤层与浅部煤层的储层物性存在很大的差异(Kropotkin,1972;Gentzis,2009;Chen et al,2017)。因此,深部煤储层地应力状态的研究对于深部煤层气开发技术和深部煤储层可改造性的研究至关重要。

(一)地应力场演化与分布特征

地应力场的分布与演化对煤系地层裂隙系统的发育起控制作用,古构造应力场控制着裂隙的生成,而现今应力场的分布决定裂缝的开合,因此地应力场的演化对煤储层输导体系的发育及展布有重要影响(Chen et al,2015)。此外,构造应力场存在演化和分布差异,它的变化难以用函数形式描述(Kang et al,2009)。

准噶尔盆地南缘受燕山期与喜马拉雅期构造的强烈叠加作用,形成现今的复杂构造样式。构造应力场经历了由燕山期近南北向挤压,向喜马拉雅期北北西—北北东向扭压的转变(图4-1-1)。喜马拉雅期,印度板块与西伯利亚板块碰撞,形成挤压应力场,南部的挤压力通过塔里木板块作用于天山,使得准噶尔盆地南缘山前地带北西西向断裂右行走滑,北东东

# 第四章 深部煤层气地质特征与资源潜力

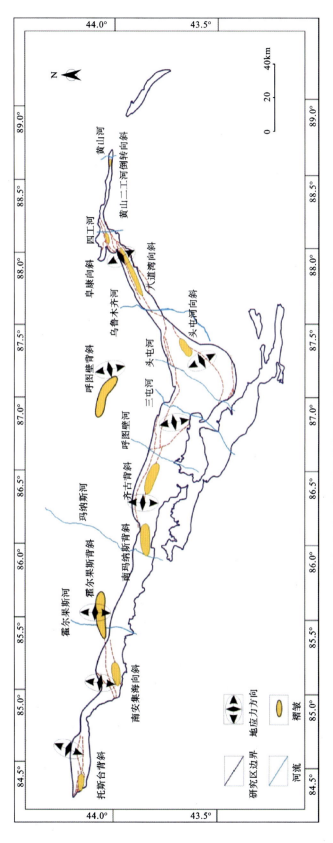

图 4-1-1 准噶尔盆地南缘现今水平应力方向分布示意图

向断裂左行走滑,从而形成扭压应力场(吴晓智等,2000)。

## (二)地应力场垂向变化特征

### 1. 地应力计算方法

根据地面垂直钻孔水力压裂测量地应力方法可知(接铭训,2010),水平最小主应力近似等于裂缝闭合压力,即:

$$\sigma_h = P_c \tag{4-1}$$

最大水平主应力 $\sigma_H$ 为:

$$\sigma_H = 3P_c - P_f - P_0 + T \tag{4-2}$$

式中,$P_f$ 为破裂压力(MPa);$P_0$ 为储层压力(MPa);$T$ 为煤或岩石的抗拉强度(MPa)。

Bredehoeft 等(1976)认为在第二次增压过程中,存在的裂缝并没有保持其抗拉强度,因此:

$$\sigma_H = 3P_c - P_f - P_0 \tag{4-3}$$

垂直主应力 $\sigma_v$ 可根据上覆岩石的自重计算(Brown and Hoek,1978),在准噶尔盆地南缘上覆岩层自重采用如下经验公式计算:

$$\sigma_v = 3\gamma H \approx 0.025H \tag{4-4}$$

式中,$\gamma$ 为岩石容重(MPa/m);$H$ 为埋深(m)。

### 2. 地应力垂向变化规律

计算结果表明,在埋深 200~1600m 范围内,准噶尔盆地南缘煤储层最大水平主应力为 5.95~35.37MPa,平均为 17.87MPa,最大水平主应力梯度为 0.99~4.12MPa/100m,平均为 2.36MPa/100m;水平最小主应力为 4.67~24.67MPa,平均为 12.71MPa,水平最小主应力梯度 1.52~1.72MPa/100m,平均为 1.62MPa/100m;垂直主应力为 6.96~38.98MPa,平均为 19.45MPa(表 4-1-1)。根据地应力量级判定标准,大于 30MPa 为超高应力区,18~30MPa 为高应力区,10~18MPa 为中应力区,0~10MPa 为低应力区(康红普等,2009)。

准噶尔盆地南缘低应力区主要分布于浅部煤层(<900m),中应力区埋深为 900~1400m,高应力区主要集中于深部煤层(>1400m)。研究区内 2 个水平应力分量不相等,一大一小具有明显的方向性,2 个水平主应力之比($\sigma_H/\sigma_h$)在 1.09~1.86 之间,平均为 1.40;最大水平主应力与垂直主应力之比($\sigma_H/\sigma_v$ = 0.48~1.65,平均为 0.95)在 1000m 以浅为 0.48~1.65(平均为 1.05),较为分散,但整体上 $\sigma_H/\sigma_v>1$ 的值比例较大(图 4-1-2)。在 1000m 以深 $\sigma_H/\sigma_v$ 为 0.55~1.05(平均 0.80),大部分小于 1,且比值较小的点主要分布在埋深变化较大的大倾角单斜深部及向斜核部附近,如八道湾向斜核部 WC5 井 43 号煤层 $\sigma_H/\sigma_v$ 值仅为 0.55,表明深埋藏煤储层地应力状态以垂直主应力为主。这与前人在研究沁水盆地南部及黔西地区地应力时得出的结论并不一致,主要是由于沁水盆地及黔西地区煤层埋深较小,从向斜两翼向向斜核部过渡过程中,水平主应力增加梯度远远大于垂直主应力增加梯度,水平主应力急剧增大,导致向斜轴部主应力集中程度最高,远大于向斜两翼(孟召平,2013;李勇,2014;陈世达等,2018)。

准噶尔盆地南缘整体处于挤压应力场条件下,埋深较浅的向斜核部地区仍受构造作用处于应力挤压状态,地应力增大明显;但乌鲁木齐河以东的大部分向斜均为大倾角向斜,向斜核部煤层埋深大,上覆地层自重产生的垂直应力的影响将超过构造应力的影响。

# 第四章 深部煤层气地质特征与资源潜力

表 4-1-1 准噶尔盆地南缘地应力参数

| 水力压裂测试结果 | | 原位地应力计算结果 | |
|---|---|---|---|
| 储层压力（MPa） | 1.67～18.91 | 最大主应力（MPa） | 5.95～35.37 |
| | 7.18 | | 17.87 |
| 储层压力梯度（MPa/100m） | 0.49～1.32 | 最大主应力梯度（MPa/100m） | 0.99～4.12 |
| | 0.82 | | 2.36 |
| 闭合压力（MPa） | 4.24～24.67 | 最小主应力（MPa） | 4.67～24.67 |
| | 12.7 | | 12.71 |
| 闭合压力梯度（MPa/100m） | 1.52～1.72 | 最小主应力梯度（MPa/100m） | 1.52～1.72 |
| | 1.62 | | 1.62 |
| 破裂压力（MPa） | 6.66～31.38 | 垂直主应力（MPa） | 6.96～38.98 |
| | 17.07 | | 19.45 |
| 破裂压力梯度（MPa/100m） | 1.49～2.01 | | 最小～最大 |
| | 1.75 | | 平均 |

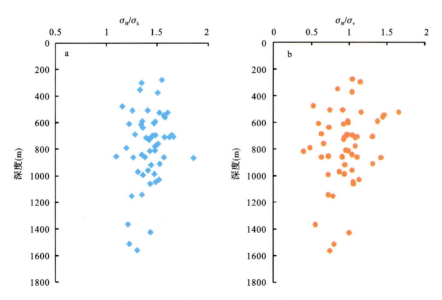

图 4-1-2 水平最大主应力与水平最小主应力比值（$\sigma_H/\sigma_h$）随埋深变化关系（a）
及水平最大主应力与垂直主应力比值（$\sigma_H/\sigma_v$）随埋深变化关系（b）

根据断层类型，Anderson（1951）将应力场类型划分为正断层应力场类型（$\sigma_v>\sigma_H>\sigma_h$）、逆断层应力场类型（$\sigma_H>\sigma_h>\sigma_v$）和走滑断层应力场类型（$\sigma_H>\sigma_v>\sigma_h$）。图 4-1-3 显示了准噶尔盆地南缘煤储层地应力垂向分布情况，最大水平主应力、最小水平主应力以及垂直主应力均随着煤层埋藏深度增大呈线性规律增高，但 3 个方向的地应力随埋深变化速率不一致。

在煤层埋深小于1000m时,$\sigma_H > \sigma_v > \sigma_h$,地应力处于以水平应力为主的挤压状态,呈现大地动力场的特点;煤层埋深为1000~1200m时,$\sigma_v \approx \sigma_H > \sigma_h$,地应力处于过渡状态,表现为准静水压力场特点;当煤层埋深大于1200m时,地应力状态表现为$\sigma_v > \sigma_H > \sigma_h$,为以垂向应力为主的压缩状态(图4-1-3),具有大地静力场特点,同时向斜轴部受构造作用处于应力挤压状态,地应力增大明显。

**3. 侧压系数与埋深关系**

侧压系数也可表征地层某一点的地应力状态,常用于描述地应力场变化规律(Brown and Hoek,1978)。侧压系数$k$公式如下:

$$k = (\sigma_H + \sigma_h)/2\sigma_v \quad (4-5)$$

式中,$\sigma_H$为水平最大主应力(MPa);$\sigma_h$为水平最小主应力(MPa);$\sigma_v$为垂直主应力(MPa)。

准噶尔盆地南缘侧压系数计算结果(图4-14)表明,埋深在1000m以浅时,$k$值分布在0.34~1.34之间,平均为0.9;埋深在1000~1600m时,$k$值分布在0.58~0.93,平均0.65。$k$值随埋深增大呈减小的趋势,且分散性变小,逐渐趋近于1,存在"浅部离散、深部收敛"的特征;当埋深超过1000m后,侧压系数全部小于1,即水平应力增加速率小于垂直应力增加速率,反映出研究区浅部以水平应力为主,而深部以垂直应力为主的特征[式(4-4)]。侧压系数变化规律与世界范围内量测结果的规律相似,整体分布在Hoek-Brown内外包线(外包线$\lambda = 100/h + 0.3$,内包线$\lambda = 1500/h + 0.5$)之间,均小于Hoek-Brown平均值(Hoek and Brown,1980)。这是由于Hoek-Brown地应力数据来自砂岩、灰岩及岩浆岩等多种岩性,而煤储层岩石力学性质有别,地应力状态显示上述特殊性。

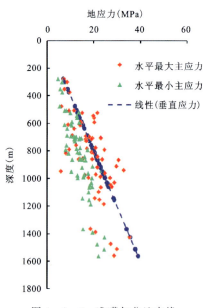

图4-1-3 准噶尔盆地南缘
地应力垂向变化规律

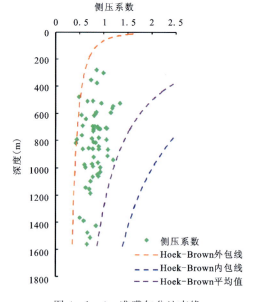

图4-1-4 准噶尔盆地南缘
侧压系数与煤层埋深关系

## (三)大倾角煤层地应力特征

准噶尔盆地南缘山前地带地层倾角大,部分地区地层近乎直立或倒转。研究发现,高倾角地层降低了上覆岩层的压实作用,煤层各向异性随之发生变化(图4-1-5)。

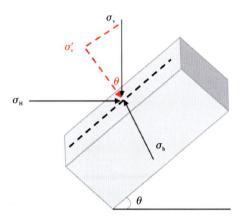

图4-1-5 倾斜煤层地应力示意图

设$\alpha$为水平最大主应力与裂缝夹角,$\gamma$为裂缝方向与煤层面的夹角,$\theta$为煤层倾角,$\sigma_H$为最大水平主应力,$\sigma_h$为水平最小主应力,$\sigma_v$为垂直主应力,煤层割理受到水平应力分量为:

$$F_H = \sigma_H \sin\alpha + \sigma_h \cos\alpha \tag{4-6}$$

垂直主应力对煤层割理面的压力分量大小为:

$$F_V = \sigma_v \cos(\gamma + \theta) \tag{4-7}$$

煤层面割理面受到地应力作用力为

$$F = F_H + F_V = \sigma_H \sin\alpha + \sigma_h \cos\alpha + \sigma_v \cos(\gamma + \theta) \tag{4-8}$$

因此,大倾角煤层降低了上覆岩层的压实作用,使其所受地应力小于同一深度处水平煤层,且地应力随着地层倾角的变大而愈加减小。

## 二、储层压力场

储层压力指作用于储层孔裂隙中的流体压力,煤储层流体压力由煤层中地层水压力和气体压力组成。煤储层流体压力对于煤层气的吸附、解吸、扩散、渗流等有重要的影响作用。煤层气开发过程中需排水降压,含气量和临界解吸压力均随储层压力的增大而增大,煤储层压力越高,煤层气越容易排采。目前,注入-压降法是获取原始储层压力数值的常用方法(苏现波等,2001;冯文光,2009;陶树,2011)。本书基于煤层气参数井试井结果,对准噶尔盆地南缘煤储层流体压力垂向分带特征、流体压力梯度平面展布特征以及压力系统发育的地质因素进行探讨。

**1. 储层压力系统垂向变化**

准噶尔盆地南缘煤层气井试井结果显示,在200～1600m埋深范围内侏罗系煤储层压力介于1.67～18.91MPa,压力梯度介于0.49～1.32MPa/100m,平均为0.85MPa/100m。储层

压力随煤层埋深增加呈线性增大的趋势(图4-1-6),表达式如下:
$$P = 0.013h - 3.602 \tag{4-9}$$
式中,$h$ 为煤层垂直深度(m);$P$ 为储层压力(MPa)。

储层压力系数介于0.48～1.32之间,平均为0.86,储层压力系数在800m以浅随埋深增加而增大,压力系数多小于1,为低压—接近常压区;在800m以深压力系数多接近或大于1,为常压—异常高压区(图4-1-7)。煤储层压力与最小水平主应力表现为线性正相关,表明对于深部煤储层,地应力的增高导致中低煤阶煤储层中主要渗流通道(割理、微裂隙、大孔)变窄甚至闭合,降低了煤储层孔隙度,堵塞流体流动,致使煤基质孔隙中流体压力急剧增高,从而形成深部的高储层压力,煤储层压力梯度一般高于浅部(图4-1-8)。

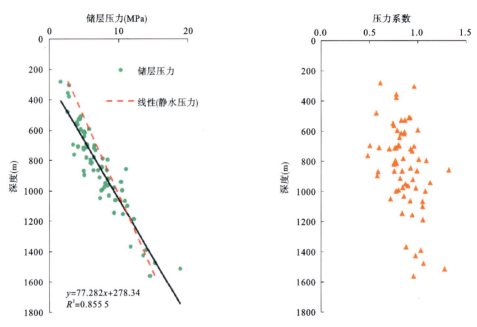

图4-1-6 煤储层压力随深度变化关系　　图4-1-7 煤储层压力系数垂向变化特征

**2. 储层压力系统平面变化**

根据地层压力梯度的大小,通常可将储层压力划分为3种类型,当压力梯度小于0.9MPa/100m时,为异常低压;压力梯度介于0.9～1.0MPa/100m时,为正常压力;压力梯度大于1.0MPa/100m时,为异常高压。

准噶尔盆地南缘阜康地区C-1井A5号煤层储层压力梯度为0.775MPa/100m,煤层属低压储层;乌鲁木齐河东地区乌参1井压力梯度为0.84～0.98MPa/100m,属于低压—正常压力储层;阜康大黄山地区阜参1井压力梯度为0.94～0.98MPa/100m,基本属于正常压力储层。

准噶尔盆地南缘侏罗系煤储层压力主要受现今地层埋深区域性变化、盖层剥蚀作用强度以及褶皱和断裂构造分异的控制,整体表现为向北部盆地中心方向储层压力增大。通常背斜构造的轴部剥蚀作用强烈,导致地层压力的快速降低。实测数据表明,靠近七道湾背斜轴部的煤层气井储层压力系数偏低,如阜参2-3井压力系数仅为0.51～0.53,属于超低

# 第四章 深部煤层气地质特征与资源潜力

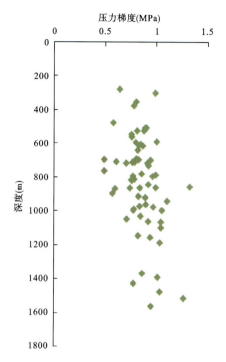

图 4-1-8 煤储层压力梯度垂向变化特征

压储层。储层压力低易造成煤层气解吸,不利于煤层气保存,这也是阜参 2-3 井含气量较低的原因。呼图壁齐古向斜、八道湾向斜、阜康向斜及硫磺沟地区向斜核部,为储层压力高值区(图 4-1-9)。

**3. 大倾角煤储层压力系统变化**

在倾斜煤层中,深度的变化可能导致同一煤层具有不同的流体压力系统。试井资料显示,在八道湾向斜南翼,WS-2 井钻遇 43 号煤层的埋深为 681.43m,储层压力系数仅为 0.5,为超低压储层;分别位于八道湾向斜南、北两翼的 WCS-7 井和 WCS-15 井钻遇 43 号煤层的埋深均小于 800m,两者煤储层压力系数接近,分别为 0.772 和 0.776,为低压储层;靠近八道湾向斜核部的 WC-5 井钻遇煤层的埋深为 1 365.5m,其煤储层压力系数明显较大,为 0.878,接近正常压力(表 4-1-2,图 4-1-10)。玛纳斯北单斜构造带的南部地区煤层埋深小,储层压力低,北部延深地段储层压力显著增大,如新玛参 3 井钻遇 2 号煤层的埋深 939.8m,储层压力系数高达 1.13,为超高压储层。

在地层大倾角条件下,随着埋深增大,煤岩孔隙度减小,煤储层自身导流能力降低,导致层内流体压力发生变化,流体压力系统由浅部开放型向深部封闭型转变。准噶尔盆地南缘倾斜煤层多直接出露地表,渗入水和构造导入水可进入煤储层大孔和裂隙中(由于毛管阻力其并不能进入小孔、微孔),在重力作用下,沿倾斜煤层向下运移,但随着地层埋深增大,煤岩孔隙度降低,裂隙闭合程度增强,微裂隙或孔隙导致毛细管力变大,即流体向下运移的阻力随煤层埋深而增大。因此,必然在一定深度毛细管力足够大,流体不能继续向下运移,造成同一煤层在此深度上、下处于不同的流体压力系统(图 4-1-11)。

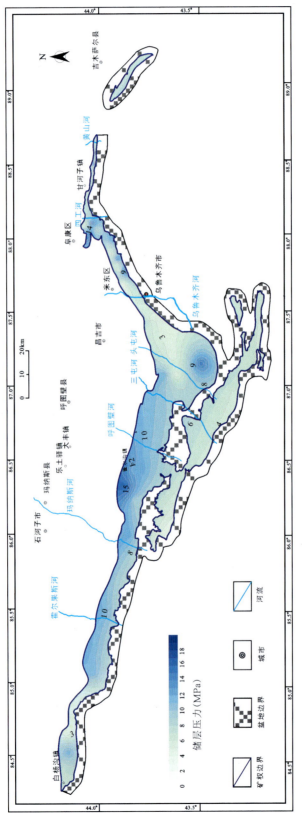

图4-1-9 准噶尔盆地南缘侏罗系煤层储层压力值等值线图

# 第四章 深部煤层气地质特征与资源潜力

表 4-1-2 乌鲁木齐河东储层压力参数表

| 井号 | 层号 | 中点深度(m) | 储层压力(MPa) | 压力系数 |
|---|---|---|---|---|
| WC-5 | 43 | 1 365.50 | 11.75 | 0.878 |
| WCS-7 | 43 | 709.00 | 5.37 | 0.772 |
| WCS-15 | 43 | 791.00 | 5.94 | 0.766 |
| WS-2 | 43 | 681.43 | 3.43 | 0.500 |
| WCS-14 | 43 | 706.12 | 4.15 | 0.608 |

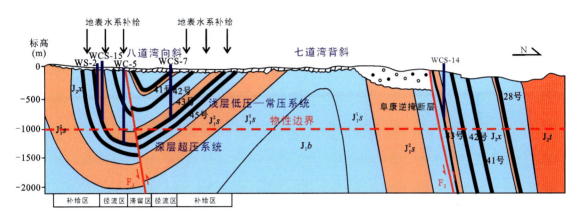

图 4-1-10 乌鲁木齐河东构造样式

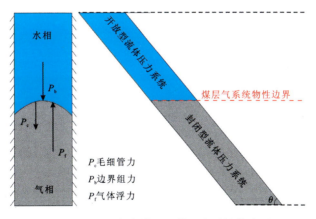

图 4-1-11 倾斜煤层流体压力系统模式图

## 三、地温场

地层温度是影响煤储层渗透率、煤岩吸附能力的重要因素。随着煤层埋藏深度的增加，地温逐渐增大，深部煤储层相对高温地质条件将引起煤岩孔裂隙发育特征、渗透性、含气性、力学性质等相应变化。

**1. 地温垂向变化**

准噶尔盆地南缘侏罗系煤储层温度介于13.49～42.11℃,平均为25.15℃,地温梯度在2.29～5.97℃/100m之间(浅部高数值可能与局地煤层自燃扰动有关),平均为2.80℃/100m。煤层温度随埋深增大而升高,且线性相关性较好,表明准噶尔盆地南缘现今热流已达到热动态平衡(图4-1-12)。由于准噶尔盆地南缘局部存在煤层自燃区,煤层自燃扰动对浅部地层地温梯度的影响较大,使局部存在异常高值。此外,浅部地层受地表水和地下水补给、干扰强烈,地温梯度在800m以浅表现为随埋深增加大幅度降低的趋势,且波动范围大;在800m以深基本不再随埋深变化,保持在2～3℃/100m之间,较为稳定(图4-1-13)。

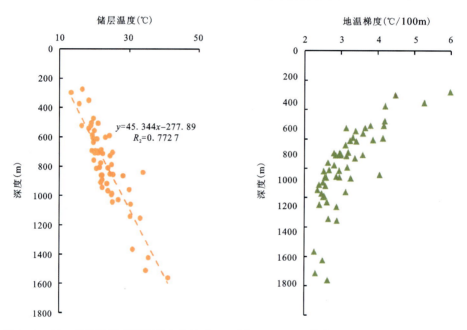

图4-1-12 煤储层温度随深度变化关系　　图4-1-13 煤储层温度梯度随深度变化关系

与储层压力变化规律相似,储层温度与埋深也为正相关关系(图4-1-12),表达式为:

$$T = 0.022h + 6.128 \tag{4-10}$$

式中,$T$为储层温度(℃);$h$为煤层埋深(m)。

**2. 地温平面展布特征**

准噶尔盆地南缘煤储层温度同样主要受控于埋深,与储层压力变化具有较好的一致性,整体呈现南低北高的趋势,在玛纳斯河与呼图壁河之间、硫磺沟地区、八道湾向斜核部及阜康向斜核部地区,煤储层温度表现为高值区(图4-1-14)。

对于中低煤阶煤储层,浅部较低的地温条件有利于形成次生生物气,并在一定程度上提高渗透率。从图4-1-14来看,埋深较浅的七道湾背斜轴部地区地层温度普遍较低,平均地温在20～30℃之间,有利于产甲烷菌的生长。来自北天山和博格达山的山前降水,经断裂系统或倾斜煤层的导水作用可携带大量产甲烷菌至浅部的煤系地层中,导致了七道湾背斜局部地区煤储层含气量较高;北单斜和向斜核部埋深较大的地区地层温度较高,煤层水矿化度较大,不利于产甲烷菌生长。

# 第四章 深部煤层气地质特征与资源潜力

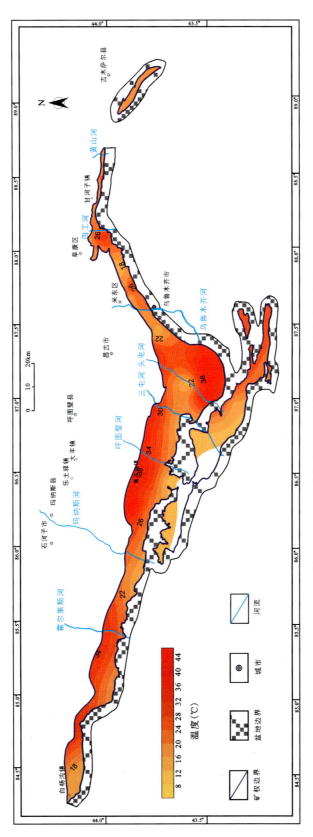

图 4-1-14 准噶尔盆地南缘侏罗系煤储层温度等值线图

### 四、"三场"耦合作用

综上所述，地应力场类型和状态、储层压力场及温度场状态垂向上发生明显转换的深度界面位于 800～1000m。在"三场"耦合制约下，深、浅部煤储层的孔裂隙发育、渗透性、吸附能力及气体扩散渗流效率等均发生显著变化。

在平面上，储层压力系统的差异主要受现今地层埋深区域性变化、构造剥蚀作用区域性差异以及褶皱和断裂构造的影响。在背斜构造的轴部往往剥蚀作用强烈，导致了地层压力的快速降低，例如靠近七道湾背斜轴部的煤层气井压力梯度偏低。

此外，在准噶尔盆地南缘山前带，逆冲断层作用强烈，褶皱构造异常发育。褶皱造成煤层上覆负荷在水平方向上的变化不均匀，煤层流体压力形成条件在平面上具有差异性。同时，褶皱还造成煤层埋深在平面上发生起伏变化，同一煤层在不同的深度与渗透性地层接触，发生流体及压力的侧向传递，导致异常压力的形成。准噶尔盆地南缘逆冲断裂切割深度大，部分开启性断层可能导致纵向上地层之间流体的贯通越流，这些地层的流体压力重新调整达到新的平衡状态。

构造抬升作用可造成准噶尔盆地南缘煤储层的异常低压。准噶尔盆地南缘聚煤期后经历了燕山期和喜马拉雅期多期构造运动的改造。构造抬升使上覆地层遭受剥蚀，煤层受到的垂向应力减小，造成岩石孔隙体积反弹，从而导致煤层流体压力的降低（许浩等，2016）。由于不同区域构造抬升幅度存在差异，盆地中心地层的抬升幅度较南缘山前带地层抬升幅度小，因而造成山前带由孔隙反弹所导致的地层压力降低幅度较大，山前带大倾角煤层易形成浅部异常低压系统和深部异常高压系统。

构造抬升过程中引起的温度降低同样可造成煤储层流体压力下降。地层抬升、埋藏深度变浅，必然导致地层温度的降低，煤储层中的流体由于遇冷收缩，体积变小，从而引起煤储层流体压力的降低。深部储层抬升幅度较小，引起的流体温度变化量小，不易造成异常低压的形成。

## 第二节 深部煤层含气性预测

深部地层温度和压力条件与浅部明显不同，但准噶尔盆地南缘目前煤层气井最大勘探深度不超过 1600m，无法获取更深部煤储层含气量数据。在缺乏工程资料的情况下，含气量预测是研究煤层气成藏效应和评估煤层气资源开发潜势的首要基础。本节根据准噶尔盆地南缘实测煤层含气性特征，基于前一节对准噶尔盆地南缘储层压力、储层温度特征的研究，确定了地温梯度与压力梯度，建立了地层温度、煤储层流体压力与埋深的关系式；并根据不同温度条件下的煤岩等温吸附模拟实验和气体状态方程，建立了准噶尔盆地南缘不同埋深条件下的吸附气量和游离气量预测数学模型，以定量预测深部条件下的煤层含气性。

### 一、煤储层吸附性温压作用机制

煤储层中的甲烷气体主要以吸附状态赋存于煤基质内表面。煤岩的吸附能力是决定煤储层含气量的关键因素，同时也对煤层气采收率具有影响作用。吸附量的大小是表征煤储层吸附能力的关键参数,是煤层气开采的基础条件之一(张新民和张遂安,1991)。通常对煤岩样品进行甲烷等温吸附实验来评价煤储层吸附特征,以兰氏体积表征煤储层对甲烷气体的极限吸附量(张群和杨锡禄,1999)。煤对甲烷气体的吸附能力是煤岩在一定温度、压力条件下吸附性能的综合反映。因此,研究深部地层中高温、高压对煤的吸附特性的影响,对于深部煤层气资源可采性的评价至关重要。

**1. 不同温压条件下煤岩等温吸附实验**

准噶尔盆地南缘煤层埋深在 0~2500m 之间,按照地温梯度 2.8℃/100m 计算,准噶尔盆地南缘煤储层温度最高约 75℃。在此深度煤层处于高温、高压、高地应力状态,高温高压环境对煤储层吸附特性的影响不能忽略。为了研究温度和压力对研究区中低煤阶煤储层吸附特性的影响,对研究区不同镜质体(腐殖体)反射率的煤岩样品进行了不同温度、压力条件下的等温吸附实验。

实验样品为采集自准噶尔盆地南缘 6 个煤矿的西山窑组中低阶煤,为褐煤、长焰煤、气煤,最大镜质体(腐殖体)反射率范围为 0.4%~0.81%,灰分变化范围为 6.58%~13.25%,具体参数见表 4-2-1。

表 4-2-1 等温吸附实验样品参数表

| 样品 | $R_{o,max}$(%) | 镜质体或腐殖体(全岩)(%) | 灰分(%) | 水分(%) | 煤矿 |
|---|---|---|---|---|---|
| ZX-1 | 0.43 | 64.7 | 11.23 | 1.25 | 中兴 |
| ZND-1 | 0.60 | 74.7 | 9.32 | 1.74 | 准东南 |
| SKS-1 | 0.40 | 72.1 | 13.25 | 1.65 | 四棵树 |
| SL | 0.81 | 77.8 | 7.12 | 1.23 | 神龙 |
| DHS | 0.67 | 67.8 | 6.58 | 1.47 | 大黄山 |
| ST | 0.61 | 65.4 | 8.35 | 2.02 | 顺通 |

实验采用 TerraTekISO-300 型高压等温吸附仪,遵照国家标准《煤的高压等温吸附试验方法》(GB/T 19560—2008)的容量法进行。测试过程是在恒温油浴中进行的,首先制取粒度为 0.25~0.18mm 的原煤煤样,然后在空气中平衡,制备成空干基粉煤样品。保持在一定的湿度条件下装入样品缸内,在 3 个不同的油浴温度下(分别为 30℃、60℃、90℃),通过变换不同的压力值来测定煤样对甲烷气体的吸附量,实验结果通过 Langmuir 方程进行拟合,并计算出兰氏体积($V_L$)和兰式压力($P_L$),同时绘制等温吸附曲线。

**2. 煤岩吸附量温压控制作用**

实验所用的 6 组样品在不同温度、压力条件下等温吸附模拟实验结果如表 4-2-2 所示。

实验结果显示对于同一煤样,在温度较低时兰氏体积最大,随着温度升高煤吸附量有减小的趋势,同时兰氏体积随温度的升高而降低。所有煤样在相同温度下,随着压力的升高,其吸附量均呈增大趋势,并存在理论上的最大吸附量,即兰氏体积(图 4-2-1)。随着温度从 30℃增加至 90℃,各煤样品兰氏体积降低了 28.88%~40.71%。但兰氏体积随着温度的升高并不是呈线性的趋势降低,在温度相对较低的条件下,兰氏体积受温度的影响相对较小。

表 4-2-2　煤岩不同温压条件下等温吸附模拟实验 Langmuir 参数表

| 样品 | 30℃ | | 60℃ | | 90℃ | |
|---|---|---|---|---|---|---|
| | $V_L$(m³/t) | $P_L$(MPa) | $V_L$(m³/t) | $P_L$(MPa) | $V_L$(m³/t) | $P_L$(MPa) |
| ZX-1 | 8.76 | 4.78 | 8.02 | 5.32 | 6.23 | 8.75 |
| ZND-1 | 14.02 | 3.20 | 12.32 | 4.63 | 9.87 | 6.23 |
| SKS-1 | 12.75 | 5.48 | 10.95 | 6.78 | 7.56 | 8.24 |
| SL | 24.82 | 2.20 | 22.35 | 2.98 | 16.25 | 4.26 |
| DHS | 20.63 | 2.66 | 18.85 | 3.65 | 14.26 | 5.43 |
| ST | 17.60 | 2.97 | 15.6 | 3.97 | 12.24 | 5.23 |

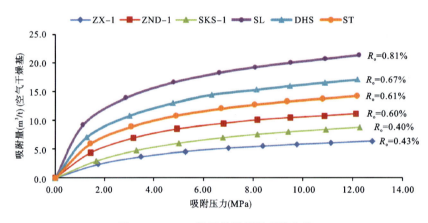

图 4-2-1　30℃下煤样等温吸附曲线

相同温度下不同煤阶煤的等温吸附实验中,压力对煤吸附能力的影响大致相同,气体的吸附量随压力增大呈三段式变化:低压阶段气体吸附量快速增加,而后转为缓慢增加,最后随压力增大吸附量基本不变,达到吸附饱和。

在 30℃和 60℃之间煤样的煤吸附量变化较小,各样品的最大吸附量降低 8.45%～14.12%;而 60℃与 90℃之间煤吸附量变化较大,各样品最大吸附量降低 19.89%～30.96%,是 60℃时的煤岩吸附量降低量的 2～3 倍(图 4-2-2、图 4-2-3)。说明在 60℃以下低阶煤吸附量随温度变化影响较小,吸附量主要受压力控制;对于更深煤层,温度条件是影响煤吸附量的主要因素,而压力影响相对减弱。

实验结果显示,煤的吸附量随镜质体(腐殖体)反射率的增高呈现单调递增的趋势,与前文统计分析结果一致。实验中气煤样品具有最大的兰氏体积,在 30℃条件下为 24.82m³/t;当 $R_{o,max}$<0.5%时,即褐煤阶段,煤岩吸附能力最小,兰氏体积约 8m³/t;当 $R_{o,max}$>0.5%时,煤岩吸附能力显著增强(图 4-2-3、图 4-2-4)。

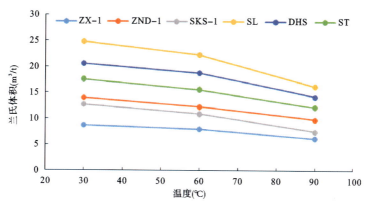

图 4-2-2 煤样兰氏体积随温度变化关系

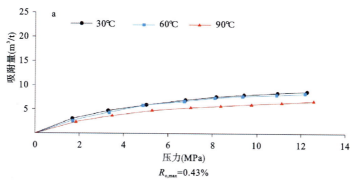

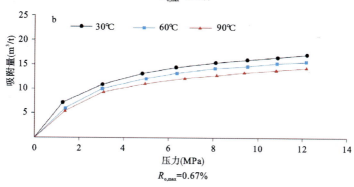

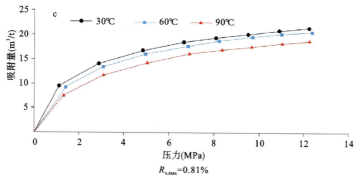

图 4-2-3 不同温压条件下煤等温吸附曲线图

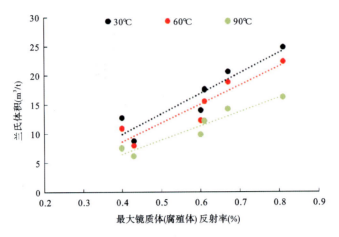

图 4-2-4 煤岩兰氏体积与煤级关系图

## 二、吸附气预测模型

由前一节可知,在等温吸附曲线上的低压区,吸附量随压力的升高而快速增大,而浅部煤储层压力较低。因此,煤储层含气量在浅部地层随埋深增加而快速增大,在等温吸附曲线上的高压区,吸附量随压力增大的变化量很小,反而随温度升高而减小,因而对于具有较高储层压力和温度的深部煤储层,其含气量随埋深增加而减小,即在浅部储层中吸附量主要受控于储层压力,而对于深部煤储层,控制煤层吸附量的主要因素为储层温度。当温度对吸附量影响的负效应大于压力对吸附量影响的正效应时,将引起煤储层吸附气含量的下降,即在一定埋深(温度、压力)条件下存在煤储层吸附气含量的最大值。

基于不同温度、压力条件下的煤岩甲烷气体等温吸附实验,综合考虑储层温度、地层流体压力和煤化作用程度,利用非线性回归分析方法,拟合准噶尔盆地南缘深部中低煤阶煤储层干燥无灰基条件下的 Langmuir 参数,拟合公式如下:

$$V_L = -102.43 R_{o,max}^2 + 143.52 R_{o,max} - 0.16T - 15.36 \quad (4-11)$$

$$P_L = (1.24 R_{o,max}^2 - 3.28 R_{o,max} + 3.32) \times 1.05^T \quad (4-12)$$

式中,$V_L$ 为兰氏体积($m^3/t$);$P_L$ 为兰氏压力(MPa);$R_{o,max}$ 为最大镜质体(腐殖体)反射率(%);$T$ 为储层温度(℃)。

将式(4-11)、式(4-12)带入兰氏方程,可得到基于流体压力场、地温场和煤阶影响下的准噶尔盆地南缘深部中低煤阶煤储层吸附气量预测模型:

$$V = \frac{P V_L}{P + P_L} = \frac{P(-102.43 R_{o,max}^2 + 143.52 R_{o,max} - 0.16T - 15.36)}{P + (1.24 R_{o,max}^2 - 3.28 R_{o,max} + 3.32) \times 1.05^T} \quad (4-13)$$

式中,$V$ 为煤岩吸附气量($m^3/t$);$P$ 为储层压力(MPa)。

地层压力梯度、温度梯度以及煤化作用的区域性差异,导致煤岩中甲烷最大吸附量对应的深度略有差别,即"临界埋藏深度"在不同的区域具有差异。准噶尔盆地南缘压力梯度和温度梯度整体变化不大,但全区煤阶变化较大,相同条件下褐煤的吸附气量与长焰煤、气煤有很大差距。因此,控制准噶尔盆地南缘深部煤层吸附气量"临界深度"的主要因素为煤化作用。

随煤阶升高煤岩吸附能力增强，相同温压条件下吸附气含量增大，因此吸附气量的"临界深度"随煤阶升高而增大。

### 三、游离气预测模型

根据理想气体状态方程，煤储层游离气含量计算公式为式（4-14），在标准状态下，$V_\text{m}=$ 22.4L/mol。

$$V_\text{游离}=V_\text{m}\frac{\rho_\text{甲烷}\left(\dfrac{\phi_f}{\rho_\text{煤}}\right)}{M_\text{甲烷}}\times10^3 \tag{4-14}$$

式中，$V_\text{游离}$为游离甲烷气量（m³/t）；$V_\text{m}$为气体摩尔体积（L/mol）；$\rho_\text{甲烷}$为甲烷气体密度（g/m³）；$\phi_f$为未被水占据孔隙度；$M_\text{甲烷}$为甲烷分子量（g/mol）；$\rho_\text{煤}$为煤岩密度（g/cm³）。

由于温度、压力的不同，导致不同埋深条件下的甲烷气体密度具有较大差异。申建等（2015）通过实验模拟，认为甲烷气体密度呈抛物线形式随压力升高而增加，与温度呈负指数函数关系递减，甲烷气体密度与温度、压力的拟合关系如下：

$$\rho_\text{甲烷}=(-4.80\times10^5 P^2+0.000\,932P-0.0367)\text{e}^{-0.004\,39T} \tag{4-15}$$

将其带入式（4-10），可得标准状况下的游离气含量与温度、压力关系拟合公式：

$$V_\text{游离}=22.4\times\frac{(-4.80\times10^5 P^2+0.000\,932P-0.036\,7)\text{e}^{-0.004\,39T}\left(\dfrac{\phi_f}{\rho_\text{煤}}\right)}{M_\text{甲烷}}\times10^3 \tag{4-16}$$

### 四、深部煤层含气量预测

根据上述预测模型，以准噶尔盆地南缘平均地温梯度2.8℃/100m，平均压力梯度0.9MPa/100m，孔隙度随深度损害系数0.98，平均最大镜质体反射率0.75%，来计算不同埋深下游离气、吸附气的含量，可绘制煤层游离气量、吸附气量随埋深变化曲线图（图4-2-5）。不同地区因地温梯度、压力梯度及煤化作用程度的差异，将导致其具有不同的临界深度。

从埋深与吸附气含量关系来看，吸附气含量随埋深增加呈先增大后降低的趋势，即存在吸附气含量"临界深度"，约1300m，超过临界范围以深，地层温度所引起的负效应大于地层压力所引起的正效应。游离气含量随埋深增大的变化趋势呈现出1300m以浅迅速增大，1300～2500m埋深增长幅度变缓，而后缓慢降低的趋势。这是由于对于具有高地层温度的深部煤层，气体分子热运动更活跃，突破了范德华力，从而使一部分吸附气体变成游离状态的气体，导致吸附气含量降低，而游离气含量升高；但随着深度继续加大，煤层孔隙度大幅降低，游离气含量增加变缓甚至出现降低的趋势。因此，游离气含量变化规律受储层

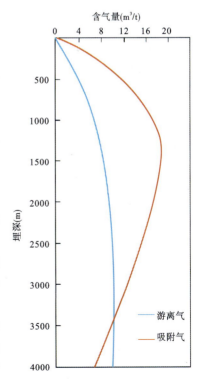

图4-2-5　准噶尔盆地南缘煤储层含气性垂向变化预测曲线

温度增加使游离气含量增大的正效应,以及孔隙度降低使游离气含量减少的负效应共同影响。

深部煤储层含气量随埋深变化与浅部煤储层不同,并不是单调递增的形式。因此在评价深部煤层含气性时,不能简单采用含气梯度来类推深部煤储层含气量,应当综合考虑储层压力、地层温度、煤化作用及煤的物质组成等因素,对深部煤层含气量做出正确评价。

## 第三节 深部煤层气扩散、渗流作用机制

### 一、煤层气扩散温压作用

煤层气排采过程中,气体从煤储层中运移产出经历"降压→解吸→扩散→渗流"这一系列相互制约的过程。气体扩散本质上是气体不规则热运动的结果,驱动力为气体浓度差。煤岩微小孔与裂隙间存在气体压力、浓度的动态平衡过程,这种平衡过程是通过扩散而实现的。扩散速率在一定程度上制约着煤层气可采性,同时对煤层气井开发后期的产能效果具有一定影响(Busch and Gensterblum,2011;Siemons et al,2004)。目前,针对准噶尔盆地南缘中低煤阶煤岩扩散系数的研究相对较少。本节为了探究深部煤层气体扩散性质,以及煤级、温度、压力等条件对煤岩扩散系数的影响,进行了不同温度和注气压力条件下的煤岩甲烷扩散实验。

#### (一)不同温压条件下煤岩甲烷扩散实验

**1. 实验样品与仪器**

根据煤岩扩散实验方法(赵俊龙等,2016),采用规格为 20mm×15mm×3mm(长×宽×厚)的片状样品,保持了煤基质原有的空间结构。扩散实验结果与煤层气在地下煤储层中的扩散系数更加接近,提高了扩散模拟实验精度。

将样品在 110℃下进行干燥处理,装入仪器后抽真空,用于进行干燥煤样的扩散实验。同时,为研究水分对扩散系数的影响,对干燥样品进行抽真空饱和水 48 个小时,以进行水饱和样品的扩散实验。受水浴假设条件的限制,实验温度设定为 30℃、45℃ 和 60℃,实验注气压力设定为 3~15MPa。

**2. 扩散系数($D$)计算方法**

本次实验是在设定温度下向容器中注入一定体积的气体,在煤样未达到吸附饱和前,扩散系数随着累计吸附量变化而变化。为了描述整个吸附过程的扩散效应,需要对整个吸附过程进行拟合,获得平均扩散系数 $D$。由于实验采用片状样品,扩散系数的计算方法与常规方法有所区别,参照赵俊龙等(2016)的方法,运用平行板状扩散定律进行求解,得到如下方程:

$$\ln(p-p_\infty)=\ln\left[\frac{2a(1+a)}{1+a+a^2 q_1^2}(p_2-p_\infty)\right]-\frac{4q_1^2 Dt}{L^2} \qquad (4-17)$$

式中,$L$ 为样品厚度(cm);$a$ 为气体体积与样品体积之比;$q_1$ 为方程 $\tan(q)+\lambda q=0$ 的首个非零正根;$p$ 为 $t$ 时刻气体压力(MPa);$p_2$ 为初始气体压力(MPa);$p_\infty$ 为煤饱和时的气体压力(MPa)。

对 $\ln(p-p_\infty)$ 和 $t$ 进行线性拟合,根据斜率 $k$ 就可计算甲烷在煤中的扩散系数 $D$,如:

$$D = -\frac{kL^2}{4q_1^2} \tag{4-18}$$

**3. 实验结果**

在 Mathematica 5.0 软件中输入煤样厚度 $L$、体积 $V_1$ 及注入的气体总体积 $V_2$,运用上述计算方法,可以在实验结束后直接获得样品的扩散系数。表 4-3-1 为不同煤阶样品在 30℃、45℃、60℃时不同压力下甲烷的扩散系数测试结果。

表 4-3-1　30℃、45℃、60℃时不同压力下的甲烷扩散系数测试结果

| 气体压力 (MPa) | $R_{o,max}=0.43\%$ | | | $R_{o,max}=0.55\%$ | | | $R_{o,max}=0.67\%$ | | | $R_{o,max}=0.81\%$ | | |
|---|---|---|---|---|---|---|---|---|---|---|---|---|
| | 30℃ | 45℃ | 60℃ | 30℃ | 45℃ | 60℃ | 30℃ | 45℃ | 60℃ | 30℃ | 45℃ | 60℃ |
| 3 | 4.21 | 5.69 | 7.06 | 3.59 | 4.4 | 6.73 | 3.76 | 4.86 | 6.03 | 3.32 | 4.38 | 5.55 |
| 6 | 5.9 | 6.75 | 8.23 | 4.41 | 6.6 | 8.11 | 5.86 | 6.39 | 7.56 | 5.53 | 5.13 | 7.68 |
| 9 | 7.26 | 8.29 | 10.23 | 6.04 | 7.12 | 9.31 | 6.19 | 7.48 | 8.67 | 6.12 | 7.27 | 8.34 |
| 12 | 9.46 | 10.08 | 11.85 | 8.67 | 9.91 | 12.78 | 8.41 | 10.47 | 11.86 | 7.31 | 8.11 | 10.28 |
| 15 | 13.41 | 15.55 | 17.95 | 10.38 | 11.07 | 15.21 | 9.52 | 11.05 | 13.71 | 8.46 | 9.9 | 12.66 |

### (二)甲烷扩散系数的影响因素

**1. 温度**

分子运动论认为气体扩散的本质是气体分子不规则热运动的结果,温度越高,气体分子平均动能越大,分子无规则热运动的剧烈程度越强。显然气体分子不规则热运动有助于气体分子在煤岩基质孔隙中进行扩散运动。

由图 4-3-1 可知,随着实验温度从 30℃升高到 60℃,甲烷气体扩散系数增大。这是由于气体解吸为吸热反应,温度的增加更有利于吸附于煤基质孔隙中的甲烷气体解吸为游离气。随着煤基质孔隙中游离态甲烷气体的增加,将导致基质孔隙与裂隙之间浓度差增大,从而促进甲烷气体由基质孔隙向裂隙的转移。对于处在高地层温度的深部煤储层,温度条件有利于煤层气的扩散。

**2. 压力**

压力是影响煤层气在煤中吸附、解吸、扩散能力的重要因素。相同温度条件下,煤吸附甲烷气体的能力与气体压力成正相关关系,达到一定压力值时,气体吸附饱和(Smith and Williams,1984),煤基质表面吸附气浓度将影响甲烷扩散速率(Shi and Durucan,2003)。本次试验结果显示,同一煤样,随着气体压力从 3MPa 增加到 15MPa,煤基质中甲烷扩散系数逐渐增大。这说明就气体压力更大的深部煤储层而言,甲烷扩散系数较浅部大,更利于气体扩散。

**3. 煤化作用**

实验结果显示,在相同压力和温度条件下,中低煤阶煤岩的甲烷扩散系数随镜质体(腐殖体)反射率的升高而逐渐降低(图 4-3-2)。

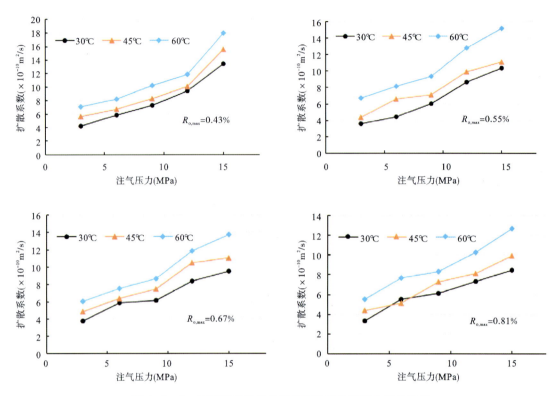

图 4-3-1 不同温度下煤岩甲烷扩散系数随压力变化趋势

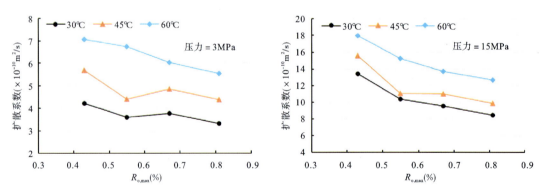

图 4-3-2 相同压力下煤岩甲烷扩散系数随煤阶变化

煤中的扩散作用是受孔隙结构控制的气体运输过程。高阶煤岩在相同的温度和压力下，它的扩散系数较高，是由于相比中、低煤阶煤岩，高阶煤岩的微孔含量较大、比表面积较大且孔隙结构最为复杂，并具有最强的吸附能力。而低煤阶煤岩扩散系数较中阶煤大的原因，可能与煤岩演化过程中压实程度较低而造成的大孔含量较高有关，更容易造成气体分子之间以及气体分子与孔壁之间的碰撞(Karaiskakis and Gavnil, 2004)。

## 二、煤层气渗流温压作用

相比中高煤阶煤层,中低煤阶煤层由于大中孔比例较高,往往具有更好的渗透性,有利于煤层气的渗流,但对于深部煤储层而言,温度和压力的双重作用导致其具有极低的渗透率。同时,煤层气多以吸附态和游离态赋存于深部煤层中,这使得深部煤储层中的气体流动相比常规储层更加复杂且困难,煤层气单井产能低下。基于此,本小节开展了模拟深部地质条件的煤岩气体流动实验,探讨了不同有效应力和不同温度条件对中低煤阶煤储层渗流能力的影响,以查明深部中低煤阶煤储层渗透性。

### (一)不同温压条件下煤岩渗流特征

**1. 实验样品与方法**

实验样品来源与煤岩等温吸附实验相同,煤岩镜质体(腐殖体)的反射率范围在0.4%~0.81%,初始渗透率为$0.009×10^{-3}$~$0.868×10^{-3}\mu m^2$,孔隙度为3.7%~6.7%(表4-3-2)。

表4-3-2 渗流实验样品参数表

| 样品 | 初始渗透率<br>($×10^{-3}\mu m^2$) | 初始孔隙度<br>(%) | $R_{o,max}$<br>(%) | 镜质体/腐殖体<br>(全岩)(%) | 灰分<br>(%) | 水分(%) |
|---|---|---|---|---|---|---|
| SKS | 0.868 | 6.7 | 0.40 | 72.1 | 13.25 | 1.65 |
| ZX | 0.924 | 7.8 | 0.43 | 64.7 | 11.23 | 1.25 |
| ZND | 0.214 | 4.9 | 0.60 | 74.7 | 9.32 | 1.74 |
| ST | 0.092 | 3.9 | 0.61 | 65.4 | 8.35 | 2.02 |
| DHS | 0.037 | 4.5 | 0.67 | 67.8 | 6.58 | 1.47 |
| SL | 0.009 | 3.7 | 0.81 | 77.8 | 7.12 | 1.23 |

向煤芯夹持器通入高纯氦气,保持岩芯进出口压差不变,通过改变围压大小改变煤岩所受有效应力,进而测定在不同有效应力条件下煤岩的物性。有效应力设置为3.5~17.5MPa,并在有效应力为3.5MPa、9.5MPa和15.5MPa时,分别设置实验温度为30℃、45℃、60℃、75℃,进行煤岩渗流模拟实验。按照《储层敏感性流动实验评价方法》(SY/T 5358)完成煤岩渗透率测试。

**2. 实验结果**

实验结果显示,中低煤阶煤储层渗透率随着有效应力的增大呈指数形式降低,呈现出先快速下降、后缓慢下降的趋势。

有效应力从3.5MPa增加到7.5MPa时,煤无因次渗透率为0.41~0.61,渗透率损害率为38.89%~65.25%,平均为51.73%。当有效应力增加到17.5MPa时,煤无因次渗透率为0.075~0.28,渗透率损害率为72.02%~92.50%,平均84.55%(图4-3-3)。

当有效应力增加至11.5MPa时,对应煤层埋深约1200m,煤渗透率损害率可达80%以上,当有效应力继续增大(埋深增大),煤渗透率损害率变化不大。煤层埋深在1200m深度时,煤储层割理、微裂缝等煤层气主要渗流通道在有效应力作用下达到较大的闭合程度,导致煤

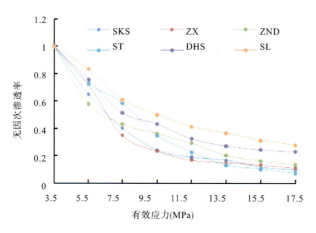

图4-3-3 30℃条件下准噶尔盆地南缘煤储层无因次渗透率随有效应力变化趋势

储层有效渗透率极低。煤的孔隙压缩系数与应力敏感系数均表现出随有效应力的增加而减小的趋势(图4-3-4),从而抑制煤孔隙度和渗透率在深部高地应力作用下大幅度下降,即煤应力敏感性随埋深的增大而减弱。

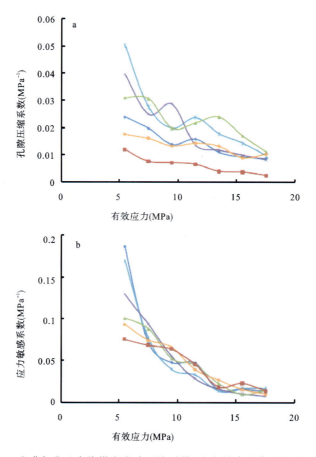

图4-3-4 准噶尔盆地南缘煤岩孔隙压缩系数、应力敏感系数随有效应力变化趋势

高储层温度对煤储层渗透率同样具有抑制作用,实验模拟了不同有效应力条件下煤渗透率随温度变化的趋势。结果表明,相同有效应力条件下,煤岩渗透率随温度升高呈负指数降低的趋势,如图4-3-5所示。不同有效应力状态下煤温度敏感系数范围在0.41%~1.63%,平均为0.93%,且温度敏感系数随温度升高整体呈降低趋势,但温度对煤渗透率的影响程度远小于有效应力。

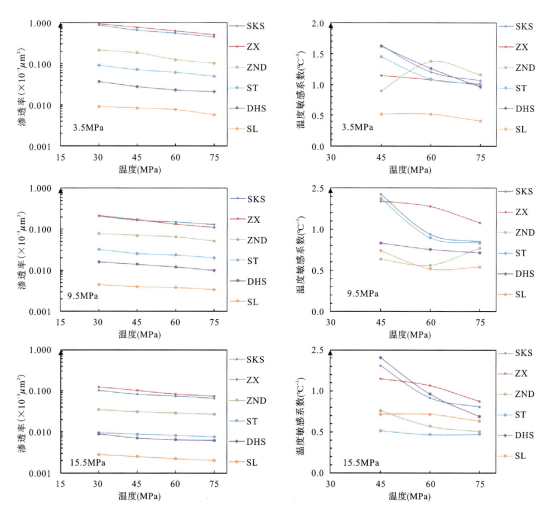

图4-3-5 不同压力下煤的渗透率和温度敏感系数随温度变化关系

## (二)深部煤储层渗透性地质控制因素

### 1. 地应力与储层压力

煤储层面割理、端割理、构造裂缝的开度及扩展方向与地应力的配置关系共同决定煤储层渗透率的大小。而现今应力直接影响煤储层裂隙的张开度,往往制约着煤储层渗透率的大小,造成不同构造部位煤储层渗透性存在差异(陶树等,2012)。煤储层渗透率随地应力的增加而呈负指数减小,体现在随最大、最小水平主应力的增加渗透率均呈负指数形式递减(图4-3-6a、b)。

根据地应力的大小能大致推测渗透率的高低。

对低渗透性的煤储层而言,割理和天然裂缝系统是煤层气渗流的主要通道,构造应力与裂缝的夹角对裂缝开度具有控制作用。当现今最大水平主应力与煤层中裂缝的夹角小于45°时,有利于裂缝的张开,增加裂缝宽度与裂缝孔隙度,便于煤层气渗流,使煤层渗透率增高;反之,当夹角大于45°时,易导致煤层渗透率降低。

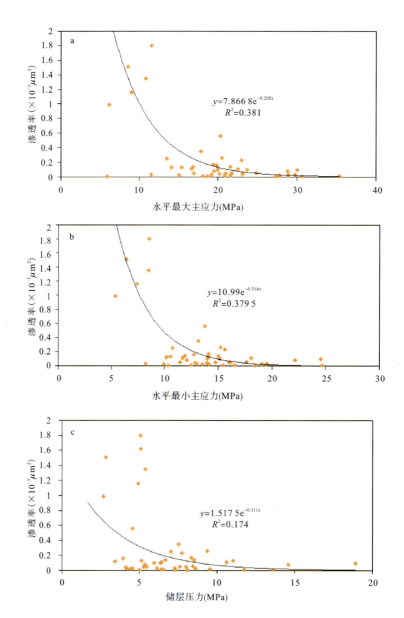

图4-3-6 渗透率随水平最大主应力(a)、水平最小主应力(b)及储层压力(c)变化关系

煤渗透率同时也受储层压力影响,试井结果显示,准噶尔盆地南缘煤储层渗透率随储层压力增加呈负指数递减(图4-3-6c)。在煤层气开发过程中,随着煤层中流体的排出,储层

流体压力逐渐降低,使得煤储层渗透率发生动态变化。地下煤层垂向上受到上覆地层的压力作用,主要由煤储层基质骨架和裂隙内流体承担,所以有效应力是上覆地层压力与流体压力之差。煤层气开发过程中,随煤层水的排出,裂隙中流体所承受的压力减小,而上覆地层压力不变,从而使有效应力增加,导致基质孔隙和天然微裂缝宽度变小甚至闭合,煤储层发生应力敏感,致使渗透率降低。

深部储层的高地应力和高储层压力使得煤储层渗透率降低,不利于煤层气的产出,需要寻找深煤层中次生裂隙发育的相对高渗区作为有利储层,并提高深部煤储层改造效果,取得深部煤层气开发的突破。

**2. 温度**

虽然准噶尔盆地属"低温冷盆",深部煤储层仍具有较高地层温度,煤岩物性受温度的影响程度较强,温度效应对煤渗流及渗透率变化的控制机理复杂。当温度升高时,煤基质膨胀,使渗流通道变窄,导致渗透率随温度升高而减小。温度对煤储层渗透率的影响作用于地应力场的大环境下,温度对煤储层渗透率的影响较地应力低,是影响煤储层渗透率的次要因素。

**3. 埋深**

埋深对煤储层渗透率的影响源于压力和温度的双重作用。随着埋深的增加,渗透率存在明显的垂直分异现象,在埋深范围大于1000m时,渗透率普遍低于$0.1\times10^{-3}\mu m^2$。煤储层渗透率在垂向上出现的转折点和地应力场类型与状态的转换深度基本一致。这是由于当地应力处于挤压状态,水平主应力起主要作用,随着有效应力的增加和温度的增高,煤中裂隙闭合和煤基质膨胀双重作用使渗透率减小速率较慢(1000m以浅)。在1000m以深时,地应力逐渐转化为以垂直应力为主导的状态,在高垂向应力和水平应力的作用下,裂隙趋于闭合且不能有效联通,渗透率急剧下降(图4-3-7)。

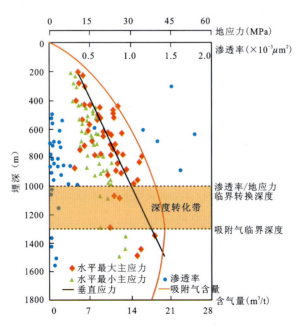

图4-3-7 准噶尔盆地南缘试井渗透率随埋深变化关系及临界深度图

据现有深度下煤层气钻井信息,研究区温度变化范围不大,最高约40℃,温度升高引起的渗透率损害较应力升高造成的渗透率损害低。因此,认为在1500m埋深范围对渗透性影响的主因是地应力的控制作用,但随着埋深继续增大,温度对渗透率的损害作用将随之增大。

**4. 煤化作用**

煤化作用程度对储层渗透率影响明显,一般褐煤较长焰煤、气煤渗透性好(图4-3-8)。不同煤阶的煤岩孔隙压缩系数有一定差异,表现为褐煤孔隙压缩系数大于长焰煤、气煤(图4-3-4)。中低煤阶煤岩渗透率损害率随煤岩镜质体(腐殖体)反射率的升高而降低,即随着煤化作用程度的增加,在中低煤阶范围内煤岩渗透率随有效应力升高而降低的速率减小。此外,不同煤阶的煤岩力学性质也具有较大差异,直接影响煤储层可改造性,对压裂改造后的储层渗透率具有影响作用。

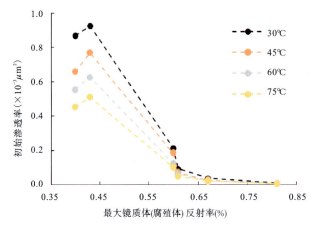

图4-3-8 煤储层初始渗透率与煤级关系

## 第四节 深部煤层气可采性分析

樊明珠和王树华(1996)将煤层气的可采性定义为气体从离开煤的内表面到进入井筒这一全过程进行的难易程度。张培河(2008)提出煤层气的可采性是指在目前的经济技术条件下,一个地区煤层气可采出的程度。煤层气的开发基于可采性研究,伴随着煤层气产业的发展而逐渐发展起来的各项煤层气评价技术、储层模拟技术以及各种优化的开发工艺,都是为提高气井产能,以最大限度地提高经济效益。

### 一、深部煤层气可采性参数评价

煤层气的产出是通过排水降压,使吸附在煤层孔隙内表面的气体随压力降低而解吸,再通过微孔内的扩散运移到自然裂隙,然后以渗流方式流入压裂裂缝,以近乎无限导流的方式运移到井筒而产出。根据煤层气产出机理,评价煤层气可采性的地质参数可系统地归结为煤层层数及厚度、煤储层渗透率、含气量及含气饱和度、储层压力、临界解吸压力和临储比。对于深部煤储层,渗透性、吸附性、临界解吸压力等均受地应力、储层压力和温度的直接控制。因此,在研究深部煤层气可采性时,需重点考虑地应力、储层压力和温度随埋深的变化以及临界转换深度对可采性参数的影响。

**1. 煤储层渗透率**

渗透率是进行煤储层研究的关键因素,对煤层气井的产气历程和煤层气的产出速率有着直接影响。煤层渗透率越高,煤层气的可采性就越好。准噶尔盆地南缘注入/压降试井渗透率为 $0.01\times10^{-3}\sim19.7\times10^{-3}\mu m^2$,变化范围较大,平均为 $1.94\times10^{-3}\mu m^2$。渗透率随埋深增加,受地应力、压力和温度负效应的综合影响,导致垂向上存在明显的分异现象,在埋深小于1000m时,渗透率存在多个高值区;埋深大于1000m时,渗透率普遍低于 $0.1\times10^{-3}\mu m^2$,与地应力临界转换深度基本一致(图4-3-7)。平面上,渗透率高值区主要分布在乌鲁木齐河西、河东地区,阜康向斜及吉木萨尔地区(图4-4-1)。在乌鲁木齐河东、河西地区,由于煤层埋深较浅,渗透率可达 $10\times10^{-3}\mu m^2$ 以上,位于河西地区的新乌参1井获得了最高日产气量 $3372m^3/d$ 的高产工业气流。在阜康向斜埋深小于800m的煤层中也出现多个渗透率高值点。

此外,由前一节可知,煤层渗透性还受煤体结构和煤层裂隙发育状况等方面的影响,这些因素也是影响煤层气可采性的重要因素。煤体结构不仅对煤层的渗透性具有重要影响,而且直接关系到煤层气开发的压裂增产改造效果,是煤层气可采性及储层产能的重要影响指标。目前成功的煤层气地面开发井均集中在原生结构煤和碎裂煤发育区。随着埋深加大,地应力增强,部分裂隙闭合导致煤储层渗透率大幅降低。因此,从渗透率角度来看,浅部煤层气可采性普遍好于深部煤层气,但若深部煤层存在适当、有效的碎裂带,也可具有较好的渗透性。例如在阜康向斜转折端部位,煤层埋深大于1000m,但由于构造活动,使之产生张性有效碎裂带,形成煤层气高渗通道,渗透率高达 $15\times10^{-3}\mu m^2$ 以上,导致阜康向斜转折端处出现多口日产气量超万方的高产井,如CP-1H井平均日产气量可达 $23\,170.58m^3/d$,单日最高产气量达 $35\,848m^3/d$,又如C-X2井现阶段基本稳产在 $23\,000m^3/d$。

**2. 含气性**

煤层气含量也是影响煤层气资源量及资源丰度的关键参数之一,目标煤层的含气量越高,煤层气可采性越好。但煤层含气量高值区不一定具有较高的含气饱和度。含气饱和度是反映一定地质条件下某一煤层含气饱满程度的参数,用煤层实测含气量与该煤层地下实际条件下的理论吸附量的比值百分数表示,含气饱和度更直接地反映某一地区煤层气的可采性。若此比值为100%,则为气饱和煤层;若小于100%,则为欠饱和煤层;若大于100%,则为过饱和煤层。在煤层气解吸过程中,具有较高含气量和含气饱和度的煤层更容易受压力下降影响从而解吸出大量的煤层气,在排水过程中也更容易达到临界解吸压力(汤达祯等,2016)。

在浅部煤层中,气体主要以吸附态赋存于煤基质表面上,因此含气量的高低主要由煤的吸附量大小决定。由前文可知,煤岩吸附量受到储层温度和压力的共同控制。在浅部地层中,压力正效应起主导作用,煤储层含气量随埋深增加而快速增大;在深部地层中,转变为温度负效应起主导作用,含气量随埋深增加而减小。准噶尔盆地南缘以800～1000m作为温压控制效应的转换界面,即吸附气体含量临界埋藏深度(图4-4-2)。在临界埋藏深度至1200m左右,煤层含气饱和度逐渐下降,煤层气可采性开始变差。随埋深继续加大,高地层温度使煤中气体分子热运动更活跃,可突破范德华力,使一部分吸附气变成游离气,从而导致游

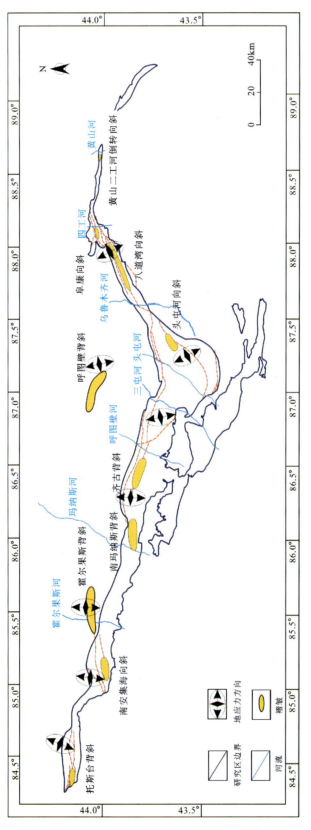

图4-4-1 准噶尔盆地南缘煤储层试井渗透率平面分布图

离气含量升高。部分深部煤层气井含气饱和度超过100%,且表现出储层压力未降到临界解吸压力以下时就已经高产。

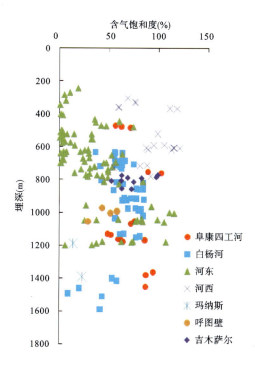

图4-4-2　准噶尔盆地南缘煤层含气饱和度垂向变化特征

因此,虽然整体上深部煤层气可采性比浅部煤层气差,但煤中游离气比例的增加,使其对煤层含气量的贡献率增大,加大了煤孔裂隙系统中气体饱和程度,使储层能量增加,从而提高了深部煤层气前期排采产能,为深部煤层气的高效开采提供了更大的可能性。

**3. 储层压力**

煤储层压力是地层能量的体现,储层压力越高,煤层气可采性越好。超压或正常压力的煤层的煤层气可采性优于欠压煤层。准噶尔盆地南缘在200~1600m埋深范围内侏罗系煤储层压力介于1.67~18.91MPa之间,压力梯度为0.49~1.32MPa/100m,压力系数介于0.48~1.32。在垂向上,储层压力系数在800m以浅均小于1,为低压—接近常压区;在800m以深压力系数多接近或大于1,为常压—超高压区。平面上超低压储层主要位于背斜构造轴部附近及大倾角煤层上倾方向浅部煤层中,如位于七道湾背斜北翼(八道湾向斜南翼)靠近轴部的WS-2井,钻遇43号煤层的埋深为681.43m,储层压力系数仅为0.5,现阶段平均日产气量仅为800m³/d;超高压储层主要分布在向斜构造核部以及大倾角煤储层下倾方向的深部储层中,如位于玛纳斯北单斜构造带上的新玛参3井钻遇2号煤层的埋深为939.8m,储层压力系数高达1.13,为超高压储层。深部煤层较高的储层压力同时也预示着较高的含气量,通常储层压力越高,含气量越高(图4-4-3)。这是由于浅部煤层可接受来自地表水和大气降水的补给,地下水活动强烈,煤层中产生的气体多逸散,或发生煤层氧化、自燃形成火烧区,气风化带通常较深;而深部煤层由于上覆岩体作用应力不断增加,煤岩部分孔裂隙闭合,渗透性变差,水交替滞缓,产生局部阻滞带,地层水流动不畅而形成超压形成局部高压,从而有利于煤层气的保存,含气量高于浅部煤层。

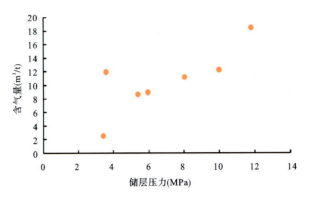

图4-4-3 河东—阜康地区含气量与储层压力关系图

#### 4. 临界解吸压力和临储比

煤层气在煤层中以吸附态的形式存在,在排采过程中,当压力降到一定程度时煤层气才从煤层中解吸出来。临界解析压力是指煤层降压过程中,气体开始从煤基质表面解吸时所对应的压力值,也可直接从吸附等温线上求取(许浩等,2016)。

对于气过饱和煤层,只要煤储层压力下降,就有吸附气从煤层中解吸;对于气欠饱和煤层,需要降到临界解吸压力以下,才能有吸附气解吸。可根据临界解吸压力和原始储层压力及两者的比值(临储比)来了解煤层气早期排采降压难易程度。煤储层临界解吸压力越大,煤层气井的平均日产气量越高,说明临界解吸压力越接近原始储层压力,在排水降压过程中需要降低的压力越小,越有利于气体开采。临界解吸压力除受含气量和等温吸附参数影响外,还与煤储层的含气饱和度有关,表现为含气饱和度越高,临界解吸压力和临储比越大(图4-4-4),储层能量就越高,在排水降压过程中,需要降低的压力就越小,越有利于煤层气开采,可采性越好。

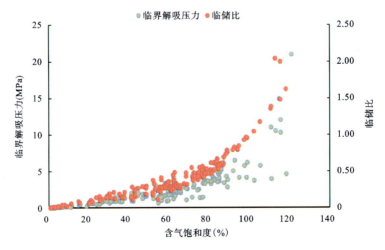

图4-4-4 临界解吸压力及临储比随含气饱和度变化关系图

整体上,准噶尔盆地南缘煤储层临界解吸压力及临储比与埋深无明显相关性,但从同一地区的煤层气井来看,如河东和白杨河地区,临界解吸压力及临储比随埋深增大(200~1600m)呈先增加后减小的趋势,与含气量随埋深变化趋势基本一致(图4-4-5)。在阜康四工河地区,临界解吸压力随埋深变化呈递增的趋势,而临储比随埋深变化呈现出先增加后减小,在1400m处再次增加的趋势。这说明虽然埋深的加大整体上降低了深部煤层气的开采性,但仍存在含气饱和度高值区,使煤储层具有高储层压力、临界解吸压力和临储比,从而使其具有较高的储层能量,降低深部煤层气的开采难度。

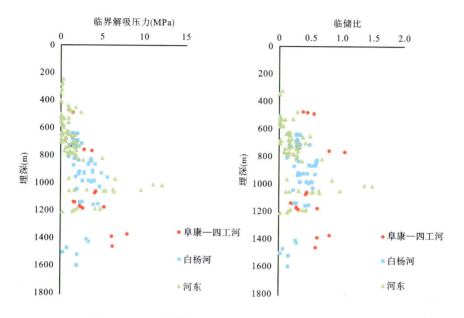

图4-4-5 临界解吸压力及临储比随埋深变化关系图

在平面上,河西与河东地区浅埋藏的西山窑组及阜康向斜八道湾组深部煤层含气饱和度较高,临储比也较高,局部储层存在过饱和现象,导致临储比高于1,具有较好的可采性。河西地区浅部煤储层含气饱和度高达120%,临储比高达2.05,可采性最好(图4-4-6)。玛纳斯、白杨河及吉木萨尔地区煤储层临储比均小于1,大多数在0.1~0.93之间,普遍较低,说明其开发难度相对较大。

**5. 深部煤层气可采性综合评价**

煤层气可采性往往不取决于单一的储层因素,而在于煤层气吸附量与储层压力及煤层气含量的有效配置,临界解吸压力越高,有效压力越大,储层能量就越高,煤层气可采性就越好,煤储层产能也越高。例如美国圣胡安、黑勇士盆地的煤层气含量较高,煤层气开发效果比较显著。而粉河盆地的煤层气含量低,多为$0.03\sim2.3m^3/t$,在如此低的含气量条件下,煤层气开发也取得了成功,原因主要在于该盆地煤层埋藏浅、厚度大、渗透率高,且含气饱和度较高。因此,煤层气开发的可行性,在于各种储层条件的有效配置。

准噶尔盆地属于低变质含煤盆地,煤层的原生结构保存较完整,相对中高变质程度含煤盆地,煤层渗透性普遍较好,因此在煤层气勘探开发过程中对含气量的要求适当降低。对于

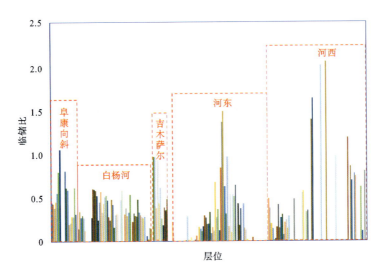

图 4-4-6　准噶尔盆地南缘临储比分布情况

准噶尔盆地南缘深部煤储层,其埋藏深度大,渗透率低,储层温度、压力高,含气量、临储比均存在临界埋藏深度,在此深度以深煤层气可采性相对浅部变差。但在高地层温度作用下游离气含量的升高,使部分深部煤储层处于过饱和状态,并且根据含气量预测模型以及靠近盆地北部中心白家海地区超深层含气量实测数据,推测在更深层的煤储层中游离气含量可能更高,进而加大了深部煤层气开采的可能性。

## 二、深部低煤阶煤层气井产能特征

煤层气井的排采是一个排水降压的动态过程,煤层气通过解吸→扩散→渗流的方式运移至井筒产出。对于深部煤层气开发而言,地应力场、储层压力场和地温场的改变致使煤储层物性参数跃变,同时准噶尔盆地南缘煤储层所具有的低热演化、高倾角和多煤层叠置特征,导致深部煤储层产出模式和机理复杂化。因此,查明深部高倾角地质耦合条件下低煤阶煤层甲烷的解吸规律以及产出模式将有助于制订合理、高效的排采制度和方案,提高气井高产、稳产潜力,从而实现深部煤层气资源的高效开发。

### (一)煤层气解吸过程与产出模式

引入解吸效率 $\eta$,即单位压降煤层气的解吸量,以定量表征不同储层压力条件下煤层气解吸量的差异及其对煤层气产出的贡献(孟艳军等,2014)。由兰氏方程可知,煤层气的解吸效率可以表征为兰氏方程的一阶导数[式(4-19)]。同时,引入曲率的概念,定量表征曲线弯曲程度,并将解吸曲线曲率驻点对应储层转折压力(图 4-4-7a),使曲率二阶导数为零的压力点表示解吸效率由基本不变到缓慢增大(启动压力),由快速增大到急速增大(敏感压力)。

一阶导数:

$$\eta = \frac{P_L V_L}{(P+P_L)^2} = \left(\frac{\alpha}{\beta}\right)^2$$

$$\alpha = \sqrt{P_L V_L}, \beta = P + P_L$$

(4-19)

二阶导数：
$$\eta' = -\frac{2\alpha^2}{\beta^3} \tag{4-20}$$

曲率：
$$K_L = \frac{|\eta'|}{(1+\eta^2)^{\frac{3}{2}}} = \frac{2\alpha^2}{\beta^3 \left(1+\frac{\alpha^4}{\beta^4}\right)^{\frac{3}{2}}} \tag{4-21}$$

式中，$V_L$ 为兰氏体积（$m^3/t$）；$P_L$ 为兰氏压力（MPa）；$\eta$ 为解吸效率[$m^3/(t·MPa)$]；$P$ 为储层压力（MPa）；$K_L$ 为等温吸附曲线曲率；$\alpha,\beta$ 为引入辅助参数。

计算可知，不同的 Langmuir 参数对应下的启动压力、转折压力与敏感压力均对应相同的解吸效率：$0.55m^3/(t·MPa)$、$1.0m^3/(t·MPa)$ 和 $2.59m^3/(t·MPa)$，以此为分界点，将等温吸附特征划分为低效解吸、缓慢解吸、过渡解吸与敏感解吸 4 个阶段[图 4-4-7（b）]。

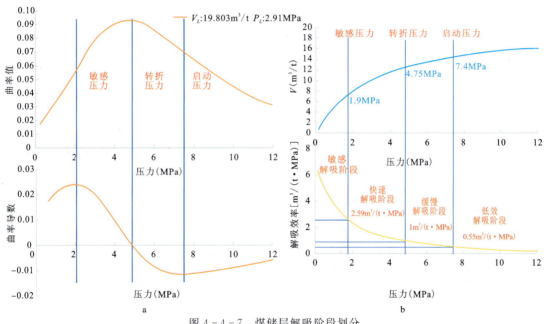

图 4-4-7 煤储层解吸阶段划分

注：$V$ 为吸附气含量。

低热演化程度是准噶尔盆地煤岩主要特征之一，其朗格缪尔参数表现出兰氏体积较低、兰氏压力偏高的特征（表 4-3-2），煤储层解吸过程与高阶煤相比具有显著区别：①对于不同煤级的煤储层而言，当兰氏体积一定时，低煤阶煤储层解吸过程中启动压力高（图 4-4-8），相同储层压力下，低煤阶煤储层能率先排水降压进入解吸阶段；②不同热演化程度煤储层解吸效率受压力影响具显著变化（图 4-4-9），随着热演化程度的增加，低压条件下（<2MPa）的煤储层解吸效率差异性逐渐增强，热演化程度越高，低压阶段解吸效率越高；③低煤阶煤岩兰氏压力较高，因此在煤层气降压解吸过程中，敏感解吸压力可能不存在，即最大解吸效率低于 $2.59m^3/(t·MPa)$，煤层气解吸量主要来源于低效和缓慢解吸阶段。

深部低煤阶煤储层排采开发，初期储层压力大，气体解吸通常会经历完整的 4 个阶段，且整个降压阶段解吸效率无明显变化，气井早期产能来自于低效解吸和缓慢解吸过程。因此，针对深部低煤阶煤层气资源开发,煤储层供气能力稳定、持续,尽管低压阶段解吸效率不如高煤阶煤储层,但在排水降压初期便能获得一定的产能,获得一定的经济效益。

表 4-4-1 准噶尔盆地南缘中段地区西山窑组煤样朗格缪尔参数

| 区域 | 样品编号 | 空气干燥基兰氏压力(MPa) | 空气干燥基兰氏体积($m^3/t$) |
|---|---|---|---|
| 菏泽腾达 | 1 | 3.38 | 9.86 |
|  | 2 | 3.81 | 7.45 |
| 宽沟煤矿 | 3 | 3.45 | 11.45 |
|  | 5 | 4.55 | 14.14 |
|  | 6 | 3.95 | 8.49 |
| 西沟煤矿 | 7 | 3.70 | 6.62 |
|  | 8 | 3.12 | 9.83 |
|  | 10 | 3.35 | 9.98 |
| 呼图壁地区 | B6 | 4.72 | 20.79 |
|  | 5# | 5.82 | 20.80 |

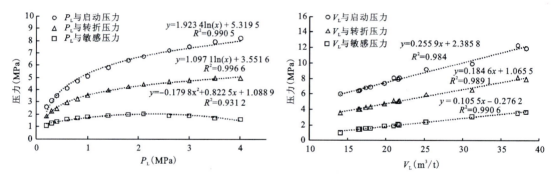

图 4-4-8 启动压力、转折压力与敏感压力与 $P_L$ 和 $V_L$ 的关系

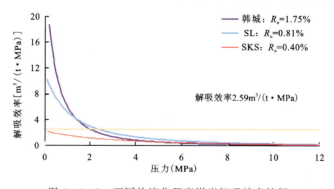

图 4-4-9 不同热演化程度煤岩解吸效率特征

准噶尔盆地南缘煤层具有典型的高倾角特征,同一套煤系地层在褶皱变形的过程中,一部分向浅部延展,靠近地表进入风化带区域,甲烷含量和储层压力较低;另一部分煤层则向深部延伸,上覆岩体作用应力增加,煤岩部分孔裂隙闭合,渗透性变差,局部形成高压。煤层气

井在生产排采阶段,产能主要受上倾煤层和下倾煤层供气能力的影响,一般认为浅部煤层物性相对较好,在压降作用下供气速率较快,下倾深部煤层供气速率则存在滞后性,因此在整体产能曲线上往往易形成两个产气高峰。

Kang 等(2018)基于四工河地区高倾角煤储层物性参数,对该地区不同埋深段产能特征进行了数值模拟(图4-4-10),模拟发现高倾角煤储层具有典型的输入型产能特征(赵庆波等,2016),气井总体产量受上倾、下倾方向煤层共同控制,并随着埋深增加发生规律性变化,即二次产气高峰耗时增加、双峰产气特征逐渐减弱以及气井日产气量呈现降低的趋势。

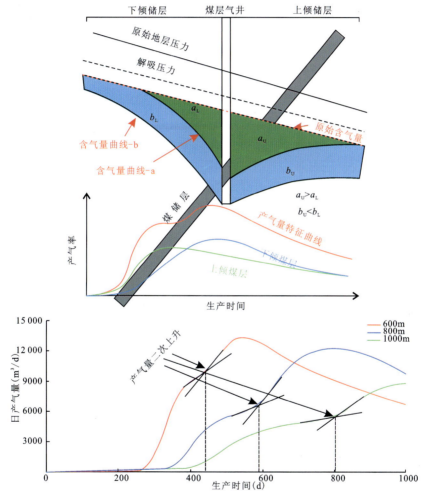

图4-4-10 高倾角煤储层"双峰"特征控制机理(Kang et al,2018)

(二)示范区典型产能特征

准噶尔盆地南缘煤层气产能示范区建设主要位于乌鲁木齐河以东地区,包括乌鲁木齐河东示范区、阜康-四工河示范区和阜康-白杨河示范区(图4-4-11)。

乌鲁木齐河东示范区煤层气排采井主要分布在八道湾向斜构造部位,平均日产气量 575.84~1 170.05m³/d,平均日产水量为0.47~10.74m³/d,见气时间为10~150天。现阶

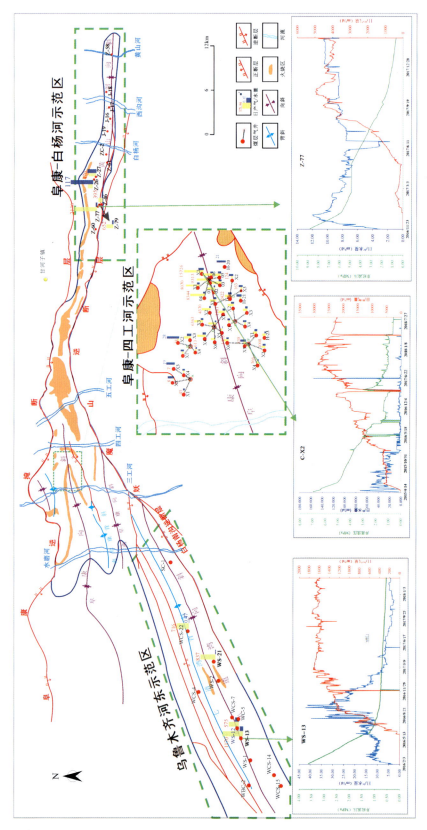

图4-4-11 乌鲁木齐河东-阜康示范区构造特征及产能分布情况

段该示范区产气量最高井为 WS-13,投产约 200 天时产气量急剧上升,截至 2018 年 3 月持续稳产约 370 天,日产量为 1600m³/d,排采曲线特征良好,暂未见有下降趋势。

阜康-四工河示范区煤层气排采井主要集中在阜康向斜构造部位,基本对称分布在褶皱核部及两翼,构造特征体现为东部埋藏浅,沿轴线向西加深。示范区煤层气井产气量普遍较高,高产井主要分布在阜康向斜核部,产气量变化较大,平均日产气量 7.79~22 526.92m³/d,平均日产水量为 0.65~28.37m³/d,见气时间为 12~251 天。高产井主要为 C 井组,截至 2018 年 8 月平均日产量基本在 7000m³/d 以上,目前产能稳定。

阜康-白杨河示范区煤层气排采井主要分布在黄山二工河向斜构造部位,平均日产气量 229.33~2 136.57m³/d,平均日产水量 4.22~117.28m³/d,见气时间为 42~299 天。现阶段该示范区高产井为 Z-77,日产气量于 200 天左右迅速上升,最高达 4 964.07m³/d,截至 2018 年 3 月日产气量基本维持在 4200m³/d 左右,持续约 176 天,曲线特征良好,产能稳定,未见衰减趋势。

阜康-四工河产能示范区煤层气井数量多,高倾角条件下排采煤层深度范围广,产能曲线特征明显,不同埋深段规律性强,故此以四工河示范区煤层气井为研究对象,阐述深部和浅部煤层气井产能特征。分析发现,随埋深增加,四工河煤层气井产气量降低,产能曲线特征模式由输入型过渡到自给型(赵庆波等,2012)。根据四工河示范区煤层气井产能特征,可将煤层气井分为 4 种类型:①输入型浅部高产井;②过渡型深部高产井;③自给型深部中低产井;④其他型低产井。

**1. 输入型浅部高产井**

总体埋深分布在 600~1000m 之间,以 C 井组为典型代表,排采至 2018 年 8 月约 900 天,平均投产 10 余天见气,平均日产气量可达 7501m³/d,平均日产水量为 6.35m³/d,产能曲线稳定(图 4-4-12),定向井气井日产气量最高可达 29 876m³,从产气量曲线来看,呈现出典型双峰特征,表现为输入型产气模式。煤储层排水降压后,产气量迅速上升,达到第一个产气高峰;而下倾煤层供气速率较慢,滞后性较强,当第一个产气高峰趋于稳定时,下部煤储层释放的天然气开始大量汇入井筒,产生第二个产气高峰。

**2. 过渡型深部高产井**

总体埋深分布在 1000~1300m 之间,以 G 井组为典型代表,排采至 2018 年 8 月约 500 天,平均投产 100 天见气,平均日产气量达 3179 m³/d,平均日产水量 4.06m³/d,尽管该井组排采煤层埋深超过 1000m,但各气井仍然表现出较强的高产特征,气井日产气量最高时可达 14 115m³/d,后期随降压速率变缓,日产气量呈现降低的趋势,整体上排采曲线呈现出双峰到单峰过渡特征(图 4-4-13)。这一埋深层段内,上下倾煤层供气滞后性减弱,整体产能曲线呈现出过渡特征,双峰特征不明显。

**3. 自给型深部中低产井**

总体埋深分布在 1300m 以深,以 F 井组为典型代表,排采至 2017 年 5 月共计 861 天,平均投产 48 天见气,平均日产气量为 958m³/d,平均日产水量 6.95m³/d,气井早期产气量较高,最高日产气量可达 5445m³/d,随着进一步排采,后期日产气量逐渐降低至 1500m³/d 以下,整体上排采曲线呈现出单峰特征(图 4-4-14)。随着埋深增加至一定范围,下倾煤层供气滞后现象几乎完全消失,煤储层物性差异逐渐减弱,均质性增强,产能曲线由输入型转变为自给型,产气量呈现先增加后趋于稳定、最后递减的特征。

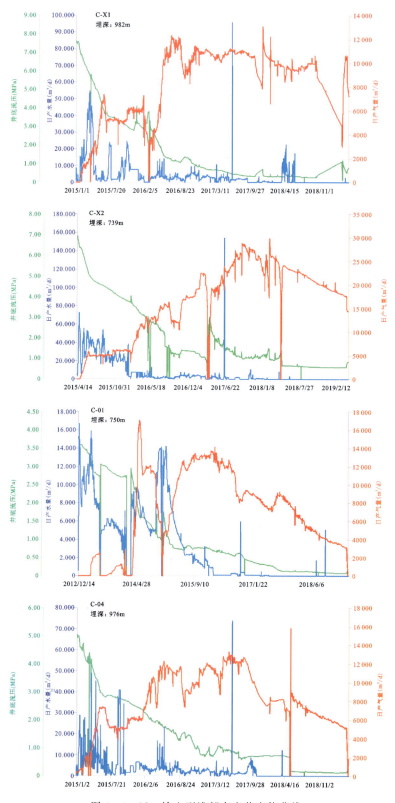

图 4-4-12 输入型浅部高产井产能曲线

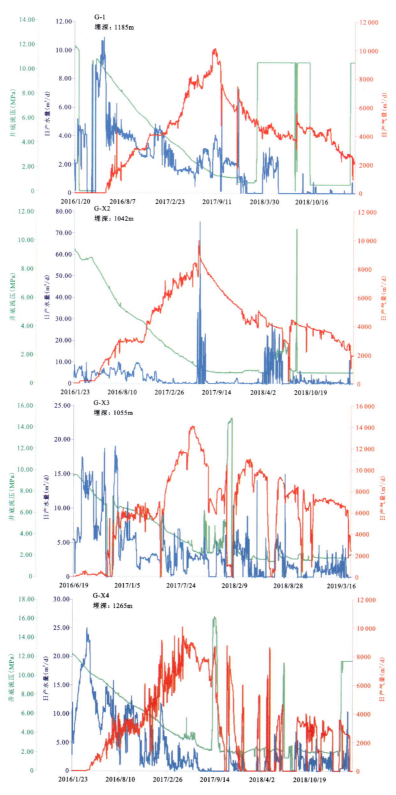

图 4-4-13 过渡型深部高产井产能曲线

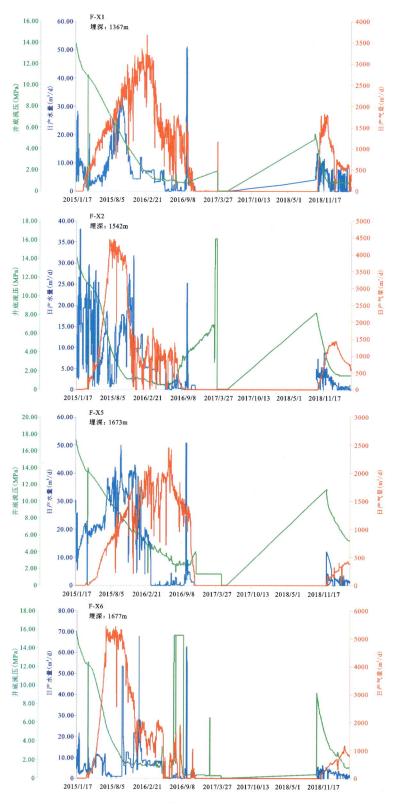

图 4-4-14　自给型深部中低产井产能曲线

## 4. 其他型低产井

该类气井分布在不同埋深层段中,日产气量在几至几百立方米之间,部分气井产水量居高不下(A-X3),与相同井组其余煤层气排采井相比,平均日产气量明显偏低,产能曲线特征不明显,稳定性差,不具有规律性变化(图4-4-15)。分析排采动态发现,该类气井多次发生管柱漏失、仪器故障等工程技术问题,导致长时间修井、停抽,给煤储层造成一定程度的伤害,影响压降漏斗的形成与分布,最终导致气井难以形成稳定的产能,整体排采效果较差。

### (三)深部煤层气井产能主控地质因素

煤储层物性条件、发育特征、含气性、孔渗性、压力系统构成、煤体结构、水文地质条件等地质因素均影响着煤层气井的产能特征(叶建平等,2001;邓泽等,2009),然而对于阜康-四工河示范区而言,影响高倾角煤层产能的单因素控制作用效果往往有限,多种因素的耦合作用以及地质要素与开发对策的时空配置关系,共同决定了该地区复杂地质条件控制下中低煤阶煤层气资源开发的产能特征,通过对该地区深部与浅部煤层气井产能特征的分析,总结出以下3个影响该地区深部煤层气井产能的主控因素。

#### 1. 构造-水动力控产

高倾角地层浅部煤层气发生逸散,但构造-水动力封堵改变了煤储层含气特征,致使一定埋深范围内煤层气有效保存(刘大锰和李俊乾,2014),有利于煤层气的稳定产出。分析发现,构造特征及水动力条件的有效组合是煤层气井高产、稳产的基础条件,水动力与褶皱构造组合控气是该区域煤层气富集的典型特点之一。构造挤压变形使得同一套煤层的水动力环境在褶皱构造中体现为风化带以浅煤层长期沟通地面,地表水径流下大量混入 $N_2$、$CO_2$ 等气体,风化带以深煤层甲烷受水动力封堵作用,易于深部煤层形成局部滞留的水体环境,进而有助于煤层气保存。因此,四工河地区产能曲线稳定、特征明显的煤层气井均分布在阜康向斜核部及其转折端附近(C井组、F井组、G井组)(图4-4-11、图4-4-16),两翼煤层气井均表现出稳定性较差的产能特征(A井组、B井组)。

#### 2. 煤储层渗透性

煤层高倾角导致小范围内埋深变化所引起的上、下倾煤层渗透率差异,是控制煤层气井产出特征的关键因素。四工河矿区煤储层渗透率随埋深增加而呈现指数下降趋势(图4-4-17),下倾方向煤层渗透率低于上倾方向煤层。因此,即便是对同一套煤储层进行开发排采,浅部和深部煤储层产气能力也存在较大的差异,同一构造部位煤层气井整体表现为随埋深增大而产气量降低的特征(图4-4-16)。同时,阜康向斜转折端部位的挤压碎裂导致这一构造部位煤层发生有效破碎,处于局部应力释放区,使得该构造部位煤层渗透率得到极大的改善(石永霞等,2018)。因此,相同埋深下向斜转折端附近煤层气井产气量明显高于两翼:向斜转折端D井组和G井组平均日产气量为 $3502m^3/d$,日产水量为 $5.37m^3/d$;北翼A井组和B井组平均日产气量为 $438m^3/d$,日产水量 $11.58m^3/d$。

#### 3. 煤层游离气

深部游离气的有效赋存是影响四工河矿区煤层气井排采特征的主要控制因素之一。四工河矿区多数煤层气井表现出异于以吸附气为主的高煤阶煤储层初期气水产出关系的排采

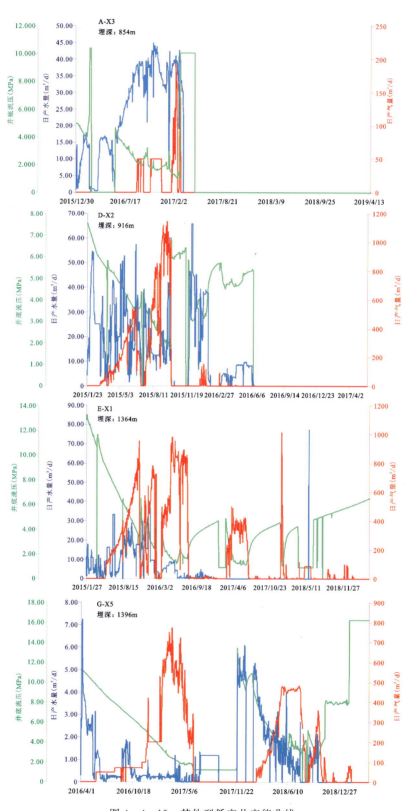

图 4-4-15 其他型低产井产能曲线

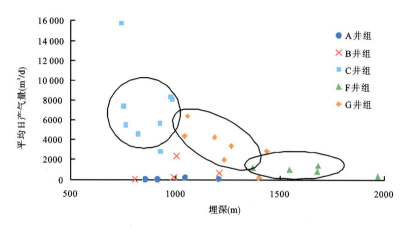

图 4-4-16　阜康向斜转折端部位煤层气井日产气量与埋深关系

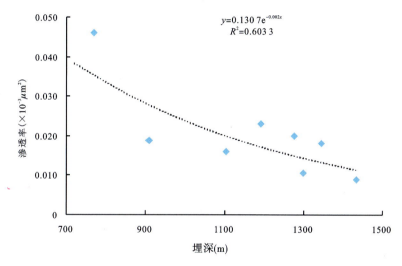

图 4-4-17　四工河矿区煤层气井 A5 号煤渗透率与埋深关系

特征,以位于阜康向斜转折端附近 D-X1、C-06 井为例(图 4-4-18):D-X1 井排采 26 天见气,130 天达到产期高峰,日产气量稳定于 3100m³/d,至此日产水量 20m³/d,最高达 44m³/d,产水量无明显下降趋势,井底流压 5.8MPa;C-06 井排采 18 天,压裂液反排期间即开始见气,日产气量迅速增加至 2000m³/d,随着排水降压的持续进行,日产水量从最高 80m³/d 降低至 5m³/d,平均日产水量为 32m³/d。排水阶段或压裂液退液阶段即可大量见气,说明其储层中赋存有部分游离气。因此,在煤储层还未达到临界解吸压力的初期阶段,煤气井产能主要来源于煤储层中的游离气。

对于准噶尔盆地更深部的中低煤阶煤储层,表现出更明显的以游离气为主的特征。白家海地区的彩 17 井侏罗系煤层(2800m)经压裂,退液 8 天后,日产气量为 9890m³/d;五彩湾地区井深在 2500m 处的彩 504 井压裂后自喷,日产气量稳定在 7300m³/d;井深在 2600m 处的彩 512 井,同样表现出压裂后退液期间见气的特征(孙斌等,2017)。

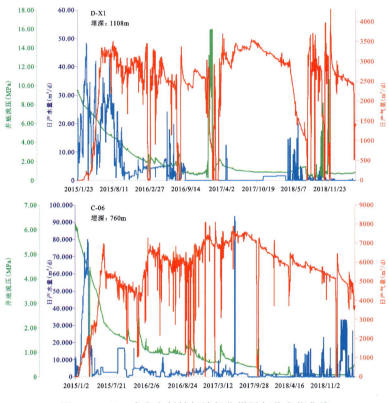

图 4-4-18 阜康向斜转折端部位煤层气井产能曲线

### 三、深部含煤层气系统勘探思路

目前,准噶尔盆地南缘煤层气钻井主要集中在中部和东部的第一排构造带,乌鲁木齐河东—阜康地区及乌鲁木齐河西地区显示出较好的煤层含气性,但在中部玛纳斯地区煤层含气量较低,各煤层实测含气量均低于 $7m^3/t$。然而,基于实验模拟的深部煤层含气性结果,推测在南缘地区第一排构造带的北单斜深部煤层,以及第二、第三排构造带褶皱部位(如霍尔果斯背斜、安集海背斜等),埋深在 2500~4000m 深部侏罗系煤层的含气量可能高于单斜地区的浅部煤层,然而目前尚未有煤层气参数井验证(图 4-4-19)。但常规油气钻井在霍尔果斯背斜新近系沙湾组和古近系紫泥泉子组揭示出良好的油气圈闭,它的烃源岩为下部侏罗系的煤系烃源岩(郑超等,2015),因此推测在背斜深部的侏罗系可能存在煤系气的富集成藏。

准噶尔盆地南缘煤系地层具有大倾角、含煤层多的特点,北单斜地区煤层倾角普遍大于 45°,局部构造转折端煤层近乎直立。准噶尔盆地南缘有两种构造部位有利于深部煤层气的富集,其一为单斜区大倾角深部煤层气成藏,其二为深部褶皱构造煤层气成藏。对于这种山前带特殊地质条件下的深部煤储层,煤层气勘探需注重以下 3 个方面。

(1)明确煤储层含气性,选择适当的开发深度及构造部位有助于提高煤层气井产量。阜康地区煤层埋深变化大,煤层含气性与埋深在一定深度范围内成正相关关系,向斜核部含气量相对两翼较高。此外,区内断裂广泛发育,对断层封闭性和开放性的研究对于煤层气井位的选择十分重要。

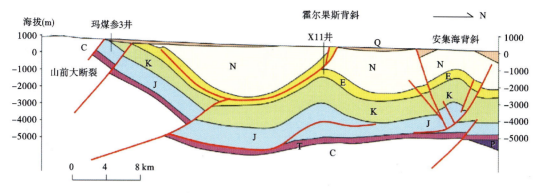

图4-4-19 准噶尔盆地南缘霍尔果斯背斜-安集海背斜构造剖面图

(2) 注重保存条件研究,保存条件控制煤层气的富集。在盖层条件好、开放性断层不发育的相对封闭区寻找煤层气富集区。对于急倾斜煤层,整合接触的上覆盖层不能有效阻止煤层气顺层逸散。此时,上覆含水层的地下水补给或封闭性断层的隔挡,成为抑制煤层气顺层逸散的主要方式。

(3) 探索煤层气综合勘探。准噶尔盆地南缘煤层层数多,且除煤层自身外,邻近的碎屑岩亦可成为良好的储层。因此,煤层气勘探思路不应局限于单一煤层气开采,应注重煤系地层综合勘探,采取常规天然气的选区评价与煤层气勘探评价相结合的办法,精细分析多煤层空间展布特征和煤系地层组合关系,开展多目的层综合勘探。

总之,对于准噶尔盆地南缘深部煤层气的勘探,应加强含煤层气系统的精细研究,"定深度,找封堵,综合勘探",明确区内构造、水动力控气机理,并结合页岩气、致密气勘探评价方法,开展煤系地层综合勘探,拓展勘探开发领域。

# 第五章 煤层气成因与赋存机制

## 第一节 煤层气碳-氢同位素分布规律与成因分析

### 一、煤层气气体组分差异性变化规律

由第二章第三节可知,按照水动力场由强到弱,准噶尔盆地南缘的水文地质类型可被依次划分为封闭性滞留区、开放性局部滞留区以及开放性弱径流区。在封闭性滞留区(米泉),煤层气藏中 $CH_4$ 浓度为 54.12%~86.08%(平均为 69.48%),$CO_2$ 浓度为 11.05%~40.67%(平均为 25.54%),$N_2$ 浓度为 1.15%~14.19%(平均为 4.80%);在开放性局部滞留区(硫磺沟、阜康),煤层气藏中 $CH_4$ 浓度为 68.98%~96.86%(平均为 82.74%),$CO_2$ 浓度为 2.07%~26.34%(平均为 14.33%),$N_2$ 浓度为 0.54%~4.79%(平均为 2.21%);在开放性弱径流区(玛纳斯-呼图壁、吉木萨尔和后峡),煤层气藏中 $CH_4$ 浓度为 65.19%~98.45%(平均为 80.10%),$CO_2$ 浓度为 0.54%~7.20%(平均为 3.60%),$N_2$ 浓度为 1.00%~26.80%(平均为 16.16%)。

对比分析可知,准噶尔盆地南缘煤层气气体组分变化与区域水动力场差异性变化密切相关。简言之,高浓度 $CO_2$ 主要赋存于高 TDS 值地区(即开放性局部滞留区与封闭性滞留区),而高浓度 $N_2$ 却与活跃的水体环境密切相关(即开放性弱径流区)。分析认为,高浓度 $N_2$ 与开放性水体环境地表水补给形成的 $N_2$ 循环有关(表 5-1-1)。

气体湿度($C_{2+}$)指乙烷及以上更重烃类气体的百分含量,为评价烃类气体性质的一项重要指标(Smith and Pallasser,1996;Martini et al,2008)。如表 5-1-1 所示,准噶尔盆地南缘煤层气的 $C_{2+}$ 值为 0.01%~2.87%,表明该地区煤层气非常干燥。此外,干燥系数($C_1/C_{2+}$)亦可被用于区分生物成因气(1000~4000)与热成因气(<100)(Gürgey et al,2005)。统计分析表明,准噶尔盆地南缘大部分气样的 $C_1/C_{2+}$ 值在 1000~4000 之间,且 $C_1/C_{2+}$ 值在 58~100 之间的区域主要存在于深部地层(即 801~1396m)(表 5-1-1),进一步表明该区生物成因气在浅部煤层广泛发育。对比国际上典型的中—低煤阶含煤盆地,准噶尔盆地南缘的 $CH_4$ 浓度明显低于美国(粉河、黑勇士和圣胡安等盆地)与澳大利亚(苏拉特与鲍文等盆地),$N_2$ 和 $CO_2$ 浓度却表现出完全相反的趋势(Flores et al,2008;Kinnon et al,2010;Hamilton et al,2014;Pashin et al,2014)。

### 二、甲烷成因与生物成因气的形成途径

气体的稳定同位素(如 $\delta^{13}C_{C_1}$、$\delta D_{C_1}$ 以及 $\delta^{13}C_{CO_2}$)是用来判别甲烷与二氧化碳成因的重要

表 5-1-1 准噶尔盆地南缘煤层气参数井与生产试验井的气样组分与稳定同位素测试统计表

| 水文地质单元 | 煤层 | 井号 | 埋深(m) | 气体组分(%) CH₄ | $C_2H_6$ | $C_3$ | $C_4$ | $N_2$ | $CO_2$ | 气体稳定同位素(‰) $\delta^{13}C_1$ | $\delta^{13}C_{CO_2}$ | $\delta D_{C_1}$ | $C_1/C_2+C_3$ |
|---|---|---|---|---|---|---|---|---|---|---|---|---|---|
| 阜康 | 八道湾组 | a | 1194.00 | 97.48 | 0.48 | 0.01 | 0 | 0.03 | 2.00 | −43.70 | — | −247.15 | 198.94 |
| | 八道湾组 | b | 1014.00 | 95.57 | 0.24 | 0 | 0 | 0.08 | 4.11 | −45.69 | 22.79 | −247.28 | 398.21 |
| | 八道湾组 | c | 1423.50 | 96.15 | 1.85 | 0.32 | 0.04 | 0.31 | 1.33 | −46.29 | — | −265.90 | 44.31 |
| | 八道湾组 | d | 1050.50 | 95.50 | 1.19 | 0.11 | 0.02 | 0.07 | 3.11 | −44.18 | 29.41 | −263.53 | 73.46 |
| | 八道湾组 | e | 1199.50 | 96.07 | 2.05 | 0.33 | 0.03 | 0.07 | 1.45 | −45.18 | — | −252.92 | 40.37 |
| | 八道湾组 | f | 861.00 | 94.44 | 0.84 | 0.03 | 0.01 | 0.08 | 4.60 | −46.69 | 24.24 | −244.65 | 109.81 |
| | 八道湾组 | g | 767.50 | 95.61 | 0.33 | 0.01 | 0 | 0.03 | 4.02 | −52.55 | 24.96 | −246.19 | 281.18 |
| | 八道湾组 | 1 | 765.91 | 83.50 | 1.66 | 0.23 | 0.04 | 0 | 14.57 | −54.41 | 1.11 | −294.51 | 44.18 |
| | 八道湾组 | 2 | 984.38 | — | — | — | — | — | — | −51.70 | 14.6 | −246.30 | — |
| | 八道湾组 | 3 | 775.84 | 86.43 | 0.40 | 0.01 | 0 | 0.06 | 13.11 | −53.75 | 16.71 | −244.64 | 210.80 |
| | 八道湾组 | 5 | 1150.50 | 86.68 | 0.42 | 0.03 | 0.01 | 0.06 | 12.8 | −49.31 | 16.76 | −255.68 | 192.62 |
| | 八道湾组 | 6 | 990.00 | — | — | — | — | — | — | −52.49 | 16.69 | −252.01 | — |
| | 八道湾组 | 7 | 911.89 | — | — | — | — | — | — | −52.40 | 15.66 | −251.11 | — |
| | 八道湾组 | 9 | 784.83 | 0.30 | 0.02 | 0 | 0 | 0.13 | 13.21 | −54.31 | 16.87 | −250.31 | 269.81 |
| | 八道湾组 | 10 | 750.95 | 93.89 | 0.13 | 0 | 0 | 0.04 | 5.93 | −60.50 | 3.35 | −255.00 | 722.23 |
| | 八道湾组 | 11 | 822.89 | 87.43 | 0.22 | 0 | 0 | 0.34 | 12.01 | −57.11 | 8.55 | −258.59 | 397.41 |
| | 八道湾组 | 12 | 970.43 | 79.16 | 1.67 | 0.21 | 0.04 | 0.42 | 18.50 | −51.01 | −8.19 | −235.19 | 42.11 |
| | 八道湾组 | 13 | 773.36 | 83.9 | 1.45 | 0.17 | 0 | 0.02 | 14.45 | −57.59 | 16.35 | −242.30 | 52.77 |
| | 八道湾组 | 14 | 602.88 | 88.91 | 1.09 | 0.03 | 0.02 | 0.00 | 9.95 | −55.30 | 14.84 | −273.31 | 79.38 |
| | 八道湾组 | 39 | — | 75.12 | 2.38 | 0.42 | 0.04 | 0.27 | 21.77 | −58.19 | 15.73 | −272.82 | 26.83 |
| | 八道湾组 | | 635.00 | 80.17 | 0.21 | 0 | 0 | 3.85 | 15.77 | −65.75 | 8.72 | — | 382 |
| | 八道湾组 | | 683.00 | 77.19 | 0.01 | 0 | 0 | 2.68 | 20.12 | −57.55 | 7.75 | — | 7719 |
| | 八道湾组 | | 696.00 | 85.44 | 0.05 | 0 | 0 | 0.87 | 13.64 | −57.35 | 6.34 | — | 1709 |
| | 八道湾组 | | 801.00 | 83.57 | 0.80 | 0 | 0 | 1.40 | 14.23 | −55.92 | 7.06 | — | 104 |

续表 5-1-1

| 水文地质单元 | 煤层 | 井号 | 埋深(m) | 气体组分(%) $CH_4$ | $C_2H_6$ | $C_3$ | $C_4$ | $N_2$ | $CO_2$ | 气体稳定同位素(‰) $\delta^{13}C_{C_1}$ | $\delta^{13}C_{CO_2}$ | $\delta D_{C_1}$ | $C_1/C_2+C_3$ |
|---|---|---|---|---|---|---|---|---|---|---|---|---|---|
| 阜康 | 八道湾组 | 18 | 842.00 | 68.98 | 2.87 | 0 | 0 | 1.81 | 26.34 | −54.08 | −7.40 | −263.00 | 24 |
| | 八道湾组 | 19 | 908.00 | 81.98 | 0.68 | 0 | 0 | 3.06 | 14.28 | −60.30 | 2.80 | −254.00 | 120 |
| | 八道湾组 | 21 | 1 402.00 | 96.86 | 0.20 | 0 | 0 | 0.88 | 2.07 | −46.40 | 17.8 | −280.00 | 483 |
| | 八道湾组 | 22 | 1 588.00 | 95.25 | 1.64 | 0 | 0 | 0.54 | 2.57 | −43.50 | 18.10 | −275.00 | 58 |
| | 西山窑组 | 23 | 631.27 | 91.98 | 0.04 | 0 | 0 | 0.02 | 7.96 | −52.05 | 15.86 | −239.55 | 2 299.50 |
| | 西山窑组 | 24 | 515.49 | 94.29 | 0.05 | 0.02 | 0 | 0.10 | 5.53 | −52.63 | 10.40 | −255.67 | 1 347.00 |
| | 西山窑组 | 25 | 1 165.37 | 57.87 | 0.58 | 0 | 0 | 0 | 41.55 | −68.06 | −6.80 | −274.29 | 99.78 |
| | 西山窑组 | 27 | 532.66 | 84.57 | 0.02 | 0 | 0 | 0.17 | 15.21 | −69.07 | −8.05 | −257.92 | 4 228.50 |
| | 西山窑组 | 28 | 793.84 | 85.02 | 0.03 | 0 | 0 | 0 | 14.94 | −65.48 | −7.03 | −257.57 | 2 843.00 |
| | 西山窑组 | 29 | 668.23 | 64.92 | 0.38 | 0.03 | 0 | 0 | 34.70 | −68.70 | −2.34 | −270.65 | 170.84 |
| 米泉 | 西山窑组 | 30 | 900.36 | 64.13 | 0.42 | 0 | 0 | 0 | 35.42 | −67.16 | −4.24 | −267.44 | 142.51 |
| | 西山窑组 | 31 | 636.00 | 79.39 | 0.13 | 0 | 0 | 0.21 | 20.28 | −67.89 | −2.10 | −246.44 | 610.69 |
| | 西山窑组 | 32 | 900.00 | 54.12 | 0.01 | 0 | 0 | 14.33 | 31.55 | −68.91 | −3.51 | −257.23 | 5412 |
| | 西山窑组 | 33 | 822.00 | 61.78 | 0.08 | 0 | 0 | 0 | 38.14 | −70.61 | −4.41 | −262.73 | 772.25 |
| | 西山窑组 | 34 | 625.50 | 86.78 | 0.01 | 0 | 0 | 0.67 | 12.54 | −65.52 | −3.71 | −224.05 | 8 678.00 |
| | 西山窑组 | 35 | 890.00 | 55.44 | 0.07 | 0 | 0 | 0 | 44.48 | −68.74 | −5.91 | −257.21 | 792.00 |
| | 西山窑组 | | 616.59 | 95.19 | 0.01 | 0 | 0 | 0 | 4.80 | −77.79 | −16.93 | −253.45 | 9 519.00 |
| | 西山窑组 | | 570.28 | 97.95 | 0.01 | 0 | 0 | 8.31 | 2.02 | −66.31 | −4.30 | −257.05 | 9 795.00 |
| | 西山窑组 | | 598.42 | 90.82 | 0.01 | 0 | 0 | 0.01 | 0.86 | −63.22 | — | −226.37 | 9 082.00 |
| | 西山窑组 | | 811.39 | 97.94 | 0.01 | 0 | 0 | 0.01 | 2.04 | −46.66 | 20.89 | −257.67 | 9 794.00 |
| | 西山窑组 | | 378.00 | 83.57 | 0.01 | 0 | 0 | 2.21 | 14.22 | −65.14 | 6.29 | −268.28 | 8357 |
| | 西山窑组 | | 531.00 | 86.08 | 0.01 | 0 | 0 | 2.87 | 11.05 | −55.39 | 6.86 | −266.46 | 8608 |

续表 5-1-1

| 水文地质单元 | 煤层 | 井号 | 埋深(m) | 气体组分(%) | | | | | | 气体稳定同位素(‰) | | | $C_1/C_2+C_3$ |
|---|---|---|---|---|---|---|---|---|---|---|---|---|---|
| | | | | $CH_4$ | $C_2H_6$ | $C_3$ | $C_4$ | $N_2$ | $CO_2$ | $\delta^{13}C_1$ | $\delta^{13}C_{CO_2}$ | $\delta D_{C_1}$ | |
| 米泉 | 西山窑组 | | 526.00 | 74.42 | 0.20 | 0 | 0 | 11.78 | 13.6 | −60.78 | 1.72 | −249.61 | 372 |
| | 西山窑组 | | 724.00 | 80.44 | 0.04 | 0 | 0 | 2.71 | 16.81 | −61.55 | 0.90 | −253.05 | 2011 |
| | 西山窑组 | | 872.00 | 54.12 | 0.14 | 0 | 0 | 14.19 | 31.55 | −49.44 | 10.52 | — | 387 |
| | 西山窑组 | | 954.00 | 64.74 | 0.29 | 0 | 0 | −8.02 | 26.95 | −62.12 | −0.24 | −251.25 | 223 |
| | 西山窑组 | | 1 028.00 | 57.80 | 0.38 | 0 | 0 | 1.15 | 40.67 | −59.39 | −2.42 | −248.93 | 152 |
| | 西山窑组 | | 1 046.00 | 60.84 | 0.50 | 0 | 0 | 1.35 | 37.31 | −59.42 | −2.04 | −250.19 | 122 |
| | 西山窑组 | | 1 109.00 | 60.73 | 0.18 | 0 | 0 | 1.76 | 37.33 | −65.07 | −2.35 | −249.73 | 337 |
| | 西山窑组 | | 1 159.00 | 72.02 | 0.11 | 0 | 0 | 1.92 | 25.95 | −63.35 | −1.82 | −248.34 | 655 |
| | 西山窑组 | | 971.00 | 78.30 | 0.01 | 0 | 0 | 18.15 | 3.81 | −63.06 | −3.63 | — | 7 803.00 |
| | 西山窑组 | | 1 008.00 | 87.05 | 0.03 | 0 | 0 | 7.89 | 5.03 | −60.25 | 6.57 | — | 2 901.67 |
| 玛纳斯－呼图壁 | 西山窑组 | | 1 153.00 | 65.19 | 0.01 | 0 | 0 | 27.6 | 7.20 | −47.2 | −20.7 | — | 6 519.00 |
| | 西山窑组 | | 1 156.00 | 66.73 | 0.01 | 0 | 0 | 25.14 | 8.12 | −46.5 | −18.10 | — | 6 673.00 |
| | 西山窑组 | | 1 256.00 | 83.34 | 0.03 | 0 | 0 | 15.42 | 1.21 | −42.7 | −16.40 | — | 2 778.00 |
| | 西山窑组 | | 1 257.00 | 83.44 | 0.09 | 0 | 0 | 11.66 | 4.81 | −41.7 | −16.90 | — | 927.11 |
| 后峡 | 八道湾组 | 37 | 910.97 | 94.51 | 0.22 | 0 | 0 | 4.74 | 0.53 | −62.21 | −15.62 | −243.14 | 429.59 |
| | 八道湾组 | 38 | 774.32 | 93.98 | 0.02 | 0 | 0 | 3.25 | 2.75 | −57.86 | −15.39 | −238.77 | 4 699.00 |
| | 八道湾组 | 40 | 989.79 | 87.69 | 0.03 | 0 | 0 | 11.79 | 0.49 | −60.78 | −15.59 | −240.69 | 2 923.00 |
| | 八道湾组 | | 730.00 | 98.46 | 0.01 | 0 | 0 | 1.00 | 0.54 | −53.44 | −15.37 | −237.46 | 9 846.00 |
| | 八道湾组 | | 1 030.00 | 87.17 | 0.01 | 0 | 0 | 11.75 | 1.08 | −55.30 | −15.68 | −230.79 | 8 716.00 |
| | 八道湾组 | | 623.00 | — | — | — | — | — | — | −58.86 | −15.27 | −242.65 | — |
| | 八道湾组 | | 584.00 | — | — | — | — | — | — | −59.74 | −15.41 | −240.46 | — |

参数(Whiticar et al,1986;Pitman et al,2003;Gürgey et al,2005)。一般来说,较轻的 $CH_4$ 碳同位素($\delta^{13}C_{C_1} < -55‰$)可指示生物成因气,且生物成因气的比例随 $\delta^{13}C_{C_1}$ 值的降低而增加(Rightmire et al,1984;Rice,1993)。如表 5-1-1 所示,准噶尔盆地南缘煤层气的 $\delta^{13}C_{C_1}$ 值(-65.75‰~-41.70‰,平均为 -56.60‰)大于粉河盆地(平均为 -68.40‰)与鲍文盆地(平均为 -57.10‰),小于黑勇士盆地(平均为 -51.60‰)、苏拉特盆地(平均为 -51.40‰)以及圣胡安盆地(平均为 -44.13‰)(Flores et al,2008;Kinnon et al,2010;Hamilton et al,2014;Pashin et al,2014)。前人研究认为,生物成因煤层气在粉河盆地、鲍文盆地、黑勇士盆地、苏拉特盆地以及圣胡安盆地产出的煤层气中均占很大比例(Flores et al,2008;Kinnon et al,2010;Hamilton et al,2014;Pashin et al,2014)。基于此,初步认为准噶尔盆地南缘煤层气中生物成因气也应占有较高的比例。

基于 Milkov 和 Etiope(2018)提出的最新天然气成因判识图版,本书系统探讨了准噶尔盆地南缘煤层气成因与生物成因气的形成途径。与传统经典的天然气判识图版相比,新图版的一个重要修改是提出了原生生物气与次生生物气的概念。原生生物气主要指来源于沉积有机质(煤或页岩)经过 $CO_2$ 还原或乙酸发酵途径形成的天然气(类似于传统概念的次生生物气),次生生物气主要指厌氧微生物对石油、热成因气或其他非生物成因气降解作用产生的天然气。由于 $C^{12}—C^{12}$ 键比 $C^{12}—C^{13}$ 更易断裂,导致在封闭体系中通过 $CO_2$ 还原途径生成甲烷所剩余的 $CO_2$ 易于富集 $^{13}C$。基于此,$^{13}C$ 富集的 $CO_2$ 可指示石油或天然气经过微生物降解形成的次生生物气(Milkov and Dzou,2007;Jones et al,2008)。在此处,次生生物气主要指经微生物降解改造后的热成因气,该类气体的 $CH_4$ 碳同位素 $\delta^{13}C_{C_1}$ 值在 -55‰~-35‰ 之间,$CO_2$ 碳同位素 $\delta^{13}C_{CO_2}$ 明显大于 +2‰(最高可达 +36‰)(Milkov,2011)。新图版的另一项重要修改是将热成因气划分为早期热成因气、油伴生热成因气以及晚期热成因气。其中,早期热成因气的 $CH_4$ 碳同位素 $\delta^{13}C_{C_1}$ 值为 -55‰~-73‰,明显轻于相对较晚产生的油伴生热成因气以及更成熟的晚期热成因气。

准噶尔盆地南缘 39 口煤层气开发井与 28 口煤层气勘探井的气样分析数据见表 5-1-1。其中,$CH_4$ 碳同位素值 $\delta^{13}C_{C_1}$ 为 -77.79‰~-41.70‰(平均为 -57.06‰),$CO_2$ 碳同位素值 $\delta^{13}C_{CO_2}$ 为 -20.70‰~+29.41‰(平均为 +2.053‰),$CH_4$ 氢同位素值 $\delta D_{C_1}$ 为 -294.51‰~223.95‰(平均为 -253.50‰)。此外,该区煤层气样品的干燥系数($C_1/C_{2+}$)为 24.00~9 846.00,平均为 2 485.45。除阜康地区 10 个样品,准噶尔盆地南缘大部分气样的干燥系数大于 1000。由图 5-1-1a 所示,米泉地区大部分气样(20/25)表现为原生生物气特征(17 个 $CO_2$ 还原,3 个乙酸发酵),其余 5 个气样则表现出次生生物气或早期热成因气特征。由图 5-1-1b 所示,低煤化作用阶段产生的早期热成因气可能与原生生物气混合,进一步证实米泉地区尚未进入油伴生热成因气阶段。明显不同的是,阜康地区大部分气样表现出油伴生热成因气特征,仅有 7 个异常点分别属于次生生物气或 $CO_2$ 还原途径形成的原生生物气。

综合分析认为,阜康地区的煤层气表现为受到一定程度微生物降解作用的热成因气,可能与该区地表水携带微生物侵入早期热成因煤层气藏有关。玛纳斯—呼图壁地区的两个气样(<1008m)均属于原生生物气(靠近 $CO_2$ 还原途径),另外 4 个气样(>1153m)则表现出次生生物气特征。后峡地区的气样均表现出原生生物气特征(2 个 $CO_2$ 还原,3 个乙酸发酵),且随着埋深的增大以及水体环境由淡水向咸水的转变,生物成因气的形成途径有从乙酸发酵向$CO_2$还原转变的趋势。

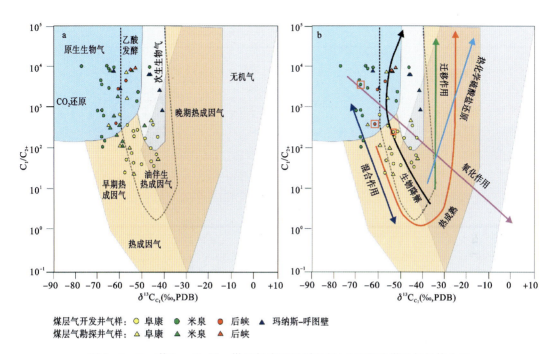

图 5-1-1　$\delta^{13}C_{C_1}$-$C_1/C_{2+}$煤层气成因识别图版(a)及影响煤层气气体分子与稳定同位素组成的地质过程图(b)

其次,阜康、米泉以及后峡地区 54 个气样的$\delta^{13}C_{C_1}$和$\delta D_{C_1}$值被进一步用来判识煤层气成因与生物气形成途径。如图 5-1-2a 所示,米泉地区的 20 个气样落在原生生物气(以 $CO_2$还原为主)范围内,其他 4 个样品则落在"油伴生热成因气"与"次生生物气"的重叠区。阜康地区的煤层气成因难以判识,大部分样品落在"油伴生热成因气"与"次生生物气"的重叠区。后峡地区有 4 个气样落在"油伴生热成因气"和"次生生物气"的重叠区域,其余 3 个样品则表现出 $CO_2$ 还原途径形成的原生生物气特征。从图 5-1-2b 可知,阜康地区的气样明显表现出微生物降解的热成因气特征。简言之,准噶尔盆地南缘大多数气样落在次生生物气与各类其他煤层气成因的重叠区。因此,采用$\delta^{13}C_{C_1}$与$\delta D_{C_1}$天然气成因图版难以有效区分该区煤层气成因与生物成因气的形成途径。

最后,进一步将 61 个气样的$\delta^{13}C_{C_1}$与$\delta^{13}C_{CO_2}$值投影在 Milkov 和 Etiope(2018)图版上,以判识准噶尔盆地南缘煤层气成因与生物成因气形成途径。一般来说,该图版可以有效区分次生生物气($\delta^{13}C_{CO_2}>+2‰$(最高达$+36‰$),$\delta^{13}C_{C_1}$值为$-55‰\sim-35‰$)、原生生物气($\delta^{13}C_{CO_2}$最高达$+15‰$,$\delta^{13}C_{C_1}<-60‰$),以及部分高成熟度的热成因气($\delta^{13}C_{CO_2}$高达$+11‰$,$\delta^{13}C_{C_1}$约为$-30‰$)(Tassi et al,2012;Toki et al,2012)。由图 5-1-3a 可知,阜康地区的气样大多表现出次生生物气特征,仅有 5 个气样表现异常(原生生物气)。在米泉地区,大部分气样都落在"$CO_2$还原"与"乙酸发酵"(属于原生生物气)的重叠区域,仅有 5 个气样表现出次生生物气特征。此外,后峡地区的 7 个气样均落在原生生物成因气(3 个 $CO_2$ 还原,4 个乙酸

发酵)范围内。在玛纳斯—呼图壁地区，2个气样表现出原生生物气特征($CO_2$还原)（<1008m），其他4个样品点（>1153m）落在"油伴生热成因气"范围内。

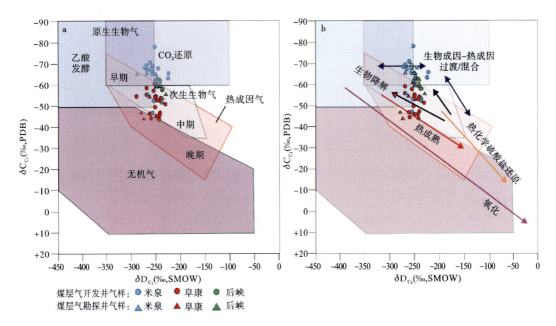

图 5-1-2 $\delta^{13}C_{C_1}$-$\delta D_{C_1}$ 煤层气成因识别图版（a）及影响煤层气中 $CH_4$ 碳氢同位素组成的地质过程图（b）

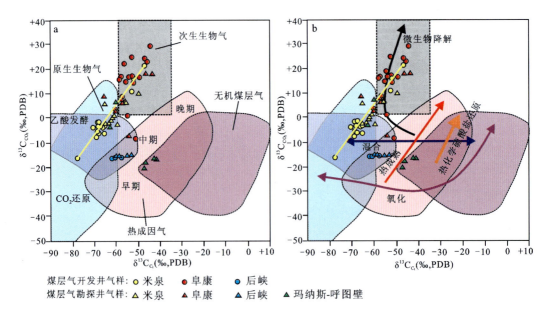

图 5-1-3 $\delta^{13}C_{C_1}$-$\delta^{13}C_{CO_2}$ 煤层气成因识别图版（a）及影响煤层气中 $CH_4$ 与 $CO_2$ 碳同位素组成的地质过程图（b）

综上所述，单一的天然气成因图版均不能准确判定准噶尔盆地南缘煤层气成因与生物成因气的形成途径。因此，本书综合采用3个天然气成因图版，系统判识研究准噶尔盆地南缘煤层气成因与生物成因气的形成途径。综合分析认为，西山窑组煤层气在米泉地区表现出明显的原生生物气特征（以 $CO_2$ 还原为主），可能与该区高 TDS 值（类似于盆地咸水）的煤层水有关（Whiticar，1999；Fu et al，2019）。明显不同的是，八道湾组煤层气在阜康地区表现出"油伴生热成因气"特征，但在后期明显经历了微生物降解作用，最终表现出"次生生物气"特征。玛纳斯—呼图壁地区西山窑组煤层气成因则较为复杂，浅层（<1008m）和深层（>1153m）分别表现出原生生物气（以 $CO_2$ 还原为主）和油伴生热成因气特征，且后者可能经历了一定程度的微生物降解作用。八道湾组煤层气在后峡地区表现为明显的原生生物气特征，随着埋藏深度的增加，生物成因气的形成途径趋于由乙酸发酵转变为 $CO_2$ 还原。需要注意，由于气体样本相对较少，煤层气成因在后峡与玛纳斯—呼图壁地区可能无法准确判定。但是，这两个地区的煤层气在浅部地层均表现出明显的原生生物气（乙酸发酵或 $CO_2$ 还原）或微生物降解特征，与这两个地区开放性的水体环境以及较低的 TDS 值有关（Fu et al，2019）。

### 三、二氧化碳成因及其分布规律

由前文所述，玛纳斯—呼图壁与后峡地区属于水动力活跃区，而阜康与米泉地区则属于水动力停滞区。由表5-1-1可知，准噶尔盆地南缘煤层气的气体组分以 $CH_4$ 为主（平均含量为82.23%），其次为 $CO_2$（平均含量为13.73%），含少量 $C_{2+}$（平均含量为0.49%）与 $N_2$（平均为3.28%）。对比分析可知，不同地区的 $CO_2$ 浓度差异明显。例如，米泉（0.86%~44.48%，平均为21.83%），阜康（1.33%~26.34%，平均为10.64%），玛纳斯—呼图壁地区（1.21%~8.12%，平均为5.03%）以及后峡（0.49%~2.75%，平均为1.08%）。分析认为，$CO_2$ 浓度的变化可能与区域性的水动力场差异性变化密切相关，即，相对于较活跃的水动力场，滞留区的煤层气中 $CO_2$ 富集显著。此外，$CO_2$ 的碳同位素 $\delta^{13}C$ 值在不同地区也存在明显的变化。例如，阜康（−8.19‰~+26.34‰，平均为+12.46‰），米泉（−16.93‰~+20.89‰，平均为−0.19‰），玛纳斯—呼图壁地区（−20.70‰~+6.57‰，平均为−11.52‰），后峡（−15.68‰~−15.27‰，平均为−15.48‰）。总体而言，相对于活跃的水体环境，滞留区的煤层气中 $CO_2$ 具有更高的浓度以及更重的 $\delta^{13}C$ 值。初步分析认为，相对于 $CH_4$ 和 $N_2$，煤层气中 $CO_2$ 优先溶于地层水并随之运移。因此，$CO_2$ 极难高浓度地保存于活跃的水体环境中，但易于富集于储层压力大、封闭条件较好的水体滞留环境。

一般认为，腐殖型有机质产生的热成因 $CO_2$ 的 $\delta^{13}C$ 值为−27‰~−5‰，与微生物产甲烷作用密切相关 $CO_2$ 的 $\delta^{13}C$ 值为−40‰~+20‰（Whiticar et al，1986；Kotarba et al，2001）。勘探实践表明，正值 $\delta^{13}C_{CO_2}$ 在国外典型的中低煤阶含煤盆地广泛出现（Flores et al，2008；Kinnon et al，2010；Hamilton et al，2014）。例如，粉河盆地（−24.60‰~+22.40‰）、圣胡安盆地（−12.70‰~+18.20‰）、鲍文盆地（−13.90‰~+6.14‰），且这些地区的 $CO_2$ 被认为主要是生物成因。由前文可知，准噶尔盆地南缘煤层气中 $CO_2$ 的 $\delta^{13}C$ 值为−20.70‰~+29.41‰（平均值为+2.053‰），初步表明该区应含有大量的生物成因 $CO_2$。由图5-1-4可知，水动力滞留区（阜康与米泉）煤层气藏中赋存的 $CO_2$ 主要与微生物产甲烷作用密切相关（几乎没有热成因），活跃的水动力场保存的 $CO_2$（玛纳斯—呼图壁与后峡）则具有相对复杂的成因（热成因或生物成因）。

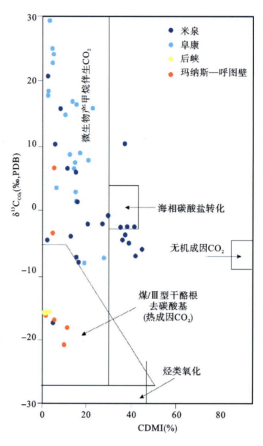

图 5-1-4　CDMI-$\delta^{13}C_{CO_2}$ 二氧化碳成因识别图版（据 Jenden et al,1993 改）

注：CDMI=$[CO_2/(CH_4+CO_2)]\times 100\%$

需要注意，与微生物产甲烷作用相关的 $CO_2$ 指的是经过 $CO_2$ 还原途径产甲烷过程后的残余的 $CO_2$。大量室内实验表明，$CO_2$ 是产甲烷菌还原 $CO_2$ 与 $H_2$ 转化形成 $CH_4$ 的重要生物反应底料，残余的 $CO_2$ 在微生物产甲烷初期形成的总气体中占有很大比例（40%）（Milkov, 2011）。由于 $C^{12}$—$C^{12}$ 键比 $C^{12}$—$C^{13}$ 键更易断裂，在相对封闭的系统中，$CO_2$ 还原产甲烷过程中残余的 $CO_2$ 会逐渐富集 $^{13}C$，形成的 $CH_4$ 则会逐渐富集 $^{12}C$（James and Burins,1984）。Jones 等（2008）数学模型表明，在约 30%（质量分数）的 $CO_2$ 转化为 $CH_4$ 后，残留的 $CO_2$ 碳同位素 $\delta^{13}C_{CO_2}$ 约为 −15‰；而 60%（质量分数）的 $CO_2$ 转化为 $CH_4$ 后，$\delta^{13}C_{CO_2}$ 约为 +10‰。因此，具有异常高正值 $\delta^{13}C_{CO_2}$ 反映了在封闭系统中 $CO_2$ 向 $CH_4$ 的较高转化效率。但是，在一个封闭系统中，当 $CH_4$ 的碳元素主要来自于 $^{13}C$ 同位素富集的 $CO_2$ 时，$CH_4$ 的碳同位素 $^{13}C$ 也将越来越富集。从地质角度来看，地下水补给有限的水动力滞留区可能为相对封闭的系统，该系统中 $CO_2$ 将会相对富集 $^{13}C$（Milkov,2011）。如图 5-1-3a 所示，米泉地区煤层气的 $\delta^{13}C_{CO_2}$ 值与 $\delta^{13}C_{C_1}$ 表现出明显的正相关关系，表明该地区的 $CH_4$ 主要来自于封闭系统中 $CO_2$ 的转化，但由于 $CH_4$ 成因较为复杂（热成因与生物成因），阜康地区并没有表现出类似的相关关系。由图 5-1-5 可知，阜康与米泉地区煤层气的 $\delta^{13}C_{CO_2}$ 值与 $CO_2$ 浓度呈一定的负相关关系。分析认为,初始$CO_2$浓度在封闭系统中大致相等,在缺乏新的$CO_2$补给的情况下,随着初始的$CO_2$逐渐转化为$CH_4$,残余的$CO_2$浓度逐渐减少。如表5-1-1所示,相对于深部地层,米泉地区的浅部地层中$CO_2$具有更高的$\delta^{13}C$与更低的浓度,表明浅部煤层发生了更活跃的微生物产甲烷活动。与此同时,在阜康地区广泛发现了$\delta^{13}C$为正值的$CO_2$,表明在相对封闭的储层系统中$CO_2$向$CH_4$的转化效率较高。与阜康、米泉地区明显不同,玛纳斯—呼图壁和后峡地区具有足够地表水补给,水动力场活跃区可能为一个开放或半开放的系统,可以为煤层气藏提供富含$^{12}C$的新鲜$CO_2$,进而导致这两地区的$CO_2$碳同位素$\delta^{13}C$为负值。

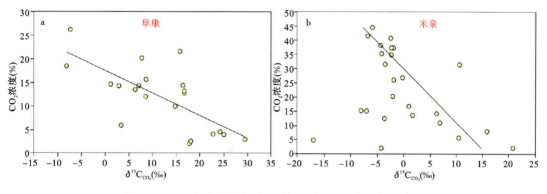

图5-1-5 阜康与米泉地区$\delta^{13}C_{CO_2}$与$CO_2$浓度线性关系

## 第二节 煤层气成藏主控因素

煤层气富集成藏过程主要受构造、沉积、储层以及水文地质条件等多因素耦合控制影响。其中,构造条件对煤层气富集成藏控制作用最为重要且直接,成煤环境主要影响煤储层的生气潜力、顶底板岩性、储集性能以及渗透性等,水文地质条件对生物成因气的形成、运移、富集以及热成因气的保存或逸散作用均存在控制作用。三者之间的配置关系是否能有效耦合,决定了准噶尔盆地南缘能否形成大规模高丰度煤层气藏。

### 一、构造控气作用

构造条件作为控制煤层气富集成藏最重要的地质因素,首先,直接控制区域构造沉降活动,进而影响煤层气在区域上的富集;其次,通过构造变形影响煤储层及其围岩应力状态,间接控制煤层气富集成藏条件。此外,后期的构造活动可能对早期形成的煤层气藏产生破坏性作用。

**1. 现今地应力场**

通过控制煤储层孔裂隙系统的张开或者闭合,现今应力场可对煤储层渗透率、储层压力、含气量、人工裂缝扩展以及排水降压过程产生明显的控制作用(孟召平,2013;逢思宇和贺小黑,2014;孟贵希,2017)。根据最大水平主应力$\sigma_H$、最小水平主应力$\sigma_h$以及垂向主应力$\sigma_v$的相对关系,现今地应力体制可被划分为正断层应力体制($\sigma_v > \sigma_H > \sigma_h$)、逆断层应力体制($\sigma_H > \sigma_h > \sigma_v$)与走滑断层应力体制($\sigma_H > \sigma_v > \sigma_h$)(Anderson,1951)。通过对国内外含煤盆地的地应力场数据进行分析,发现现今地应力体制在垂向上大多表现出明显的分带现象。该现象对煤储层渗透率、煤层气成藏条件以及开发条件具有明显的制约作用。

针对准噶尔盆地南缘煤层气开发实践,系统收集了该区 29 口煤层气井 54 个目标层位的试井数据。通过系统分析可知,随着埋深的增大,准噶尔盆地南缘煤系地层的地应力状态由挤压逐渐演化为伸展,现今地应力体制由 3 种应力体制共存逐渐演化为正断层应力体制(图 5-2-1)。例如:①埋深 200~600m,应力体制为正断层应力体制(18.75%)、走滑断层应力(50%)与逆断层应力体制(31.25%);②埋深 600~1100m,应力体制为正断层应力体制(29.4%)与走滑断层应力体制(70.6%);③埋深 >1100m,应力体制为正断层应力体制(100%)。综合分析,逆断层应力体制在该区浅部占主导地位,表明浅部孔裂隙系统处于挤压封闭状态。此类"浅部挤压,深部伸展"的应力体制有利于煤层气富集成藏。

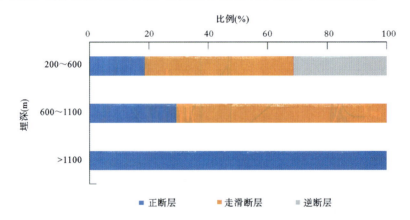

图 5-2-1 准噶尔盆地南缘煤系地层不同地应力体制的比例随埋深变化关系

**2. 构造变形**

在材料力学中,内部构造均匀的弹性物质在水平挤压应力作用下发生弯曲形变时,物质内部应力分布明显不均匀,外侧受拉伸变长,内侧受压缩变短,中间存在一个既不伸长又不缩短的无应力形变面,即为中和面(Lisle,1999;王生全,1999)(图 5-2-2)。沉积地层在构造演化过程中易发生弹性形变,多形成背斜、向斜褶皱构造,各岩层间岩石力学性质存在明显差异,褶皱构造的中间位置形成构造中和面。研究表明,构造中和面上、下地层应力状态存在明显差异,且不同的应力状态对煤储层物性、煤体结构及吸附性能产生明显的差异性影响(Ryan and Branch,2002;张玉柱等,2015)。

准噶尔盆地南缘在三叠系至第四系可识别出多个区域性角度不整合面(白斌等,2010),且由于中—下侏罗统煤系地层(包括八道湾组、三工河组以及西山窑组)内部不发育沉积间断面,唯一的褶皱构造中和面发育于地层近似中间的位置,可对煤层气富集成藏产生明显的地质控制作用。通过系统收集准噶尔盆地南缘中—下侏罗统各地层的厚度、杨氏模量以及泊松比等参数(表 5-2-1),将其代入到式(5-1)计算该区煤系地层的构造中和面位置。计算结果表明,准噶尔盆地南缘中—下侏罗统煤系地层的构造中和面存在于三工河组,即西山窑组

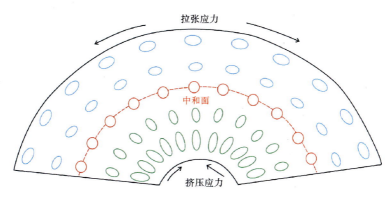

图 5-2-2　弹性材料挤压应力作用下中和面

与八道湾组地层分别位于褶皱中和面的上部与下部(图 5-2-3),截然不同的应力状态对两套煤系地层的煤层气富集均产生重要影响。

$$H = \frac{\sum_{i=1}^{n} \frac{E_i}{1-\mu_i^2} \left| 2h - h_i - 2\sum_{j=0}^{i-1} h_j \right|}{2\sum_{i=1}^{n} \frac{E_i}{1-\mu_i^2} h_i} \tag{5-1}$$

式中,$H$ 代表褶皱中和面到地层底板的距离(m);$h$ 代表整个地层的总厚度(m);$h_i$ 代表每个地层的厚度(m);$E_i$ 代表每套地层的杨氏模量($\times 10^4$Pa);$\mu_i$ 代表每套地层的泊松比,无量纲。

表 5-2-1　准噶尔盆地南缘地层参数统计表

| 统 | 组 | 地层厚度(m) | 杨氏模量($\times 10^4$Pa) | 泊松比 |
|---|---|---|---|---|
| 中—下侏罗统 | 西山窑组 | 79~965 | 3.131 | 0.233 |
| | 三工河组 | 278~672 | 2.958 | 0.238 |
| | 八道湾组 | 663~869 | 2.658 | 0.235 |

构造应力主要集中于向斜构造中和面的上部与背斜构造中和面的下部,应力集中有利于改善煤储层物性以及甲烷吸附能力,有利于煤层气富集保存(赵少磊等,2012;Ghosh et al,2014)。因此,向斜构造发育的西山窑组煤层与背斜构造发育的八道湾组煤层构造应力最为集中,最有利于煤层气富集保存,应作为该区煤层气勘探的方向。

**3. 构造类型**

准噶尔盆地南缘整体表现为大型北倾单斜断块构造,局部地区伴生发育系列次级褶皱(背斜与向斜)与伴生逆断层。但是,准噶尔盆地南缘中部硫磺沟—西山地区明显受乌鲁木齐-米泉走滑大断裂影响,构造格局较其西部更加复杂,褶皱轴线由北北西向逐渐转为北北东向,多层次复合褶皱构造(向斜+背斜+向斜)最终定型于晚喜马拉雅期运动。此外,东部阜康地区明显受喜马拉雅期博格达山向南推覆作用的影响,同样发育多层次复合褶皱构造,煤系地层明显表现出高陡倾特征。研究认为,不同构造类型中的煤储层构造应力与甲烷吸附性

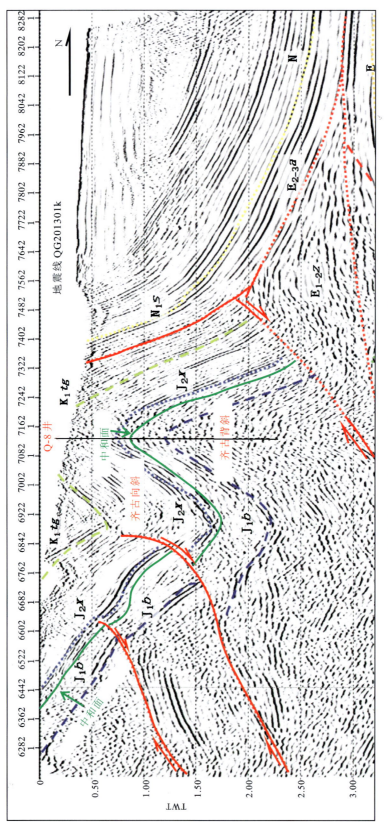

图 5-2-3 准噶尔盆地南缘典型南北向地震剖面及中—下侏罗统褶皱中和面位置

能存在明显差异,可能具有不同的煤层气富集成藏条件(Lamarre and Burrns,1998;Li et al,2014;Jia et al,2015)。

根据构造应力与构造组合特征,准噶尔盆地南缘主要识别出4类控气构造,分别为单斜、背斜、向斜以及断层。勘探实践表明,准噶尔盆地南缘煤层气参数井主要部署于向斜与单斜构造。基于玛纳斯、呼图壁以及硫磺沟地区的煤层气参数井数据,可知该区向斜构造西山窑组平均含气量(4.63~6.34m³/t)明显大于单斜构造(2.84~4.13m³/t)。分析原因认为,单斜构造煤层气富集成藏主要依靠水文地质条件控制,但向斜构造煤层气成藏过程中水动力与构造应力均可起作用。此外,阿克屯向斜煤层气含量变化规律表明,向斜构造煤层气含量由两翼向轴部逐步增大(图5-2-4)。

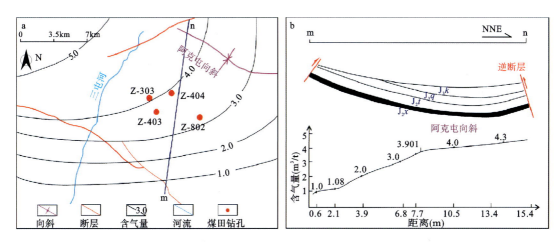

图5-2-4　准噶尔盆地南缘三屯河地区构造样式与含气量的关系(王安民等,2014)
a.三屯河地区构造元素与含气量分布;b.阿克屯向斜构造形态与含气量关系

以准噶尔盆地南缘硫磺沟矿区为例,探讨性分析断层类型对煤层气富集的地质控制作用。由图5-2-5所示,系列正断层密集分布于硫磺沟矿区东南部地区,该地区煤层含气性普遍较差。但是,大量逆断层分布于西南部地区,煤层气含量明显大于前者。换言之,相比于正断层,逆断层更有利于煤层气富集保存。区域上,准噶尔盆地南缘煤系地层明显受控于南北向挤压应力作用,次级背斜、向斜褶皱广泛发育。此外,准噶尔盆地南缘断层类型以逆断层为主,正断层发育较小,参照硫磺沟矿区断层类型与煤储层含气性的关系,可知准噶尔盆地南缘广泛发育的封堵性断裂构造有利于形成大规模的煤层气藏。

## 二、沉积控气作用

### 1.煤层厚度

煤岩既是煤层气的生烃母质,也是煤层气的储集空间,巨厚的煤层以及岩性尖灭有利于形成煤层气的自身封闭作用,对于蕴含一定丰度的煤层气资源至关重要(Paul and Chatterjee,2011;Karacan and Goodman,2012;Kalam et al,2015)。顶底板岩性特征是制约煤层含气量高低的关键因素,岩性越致密则对煤层封闭性越强,煤层含气量越高。但由于煤层本身属于低渗储层,本身具有一定的封闭性,因此煤层含气量可能与煤层厚度存在一定的正相关关

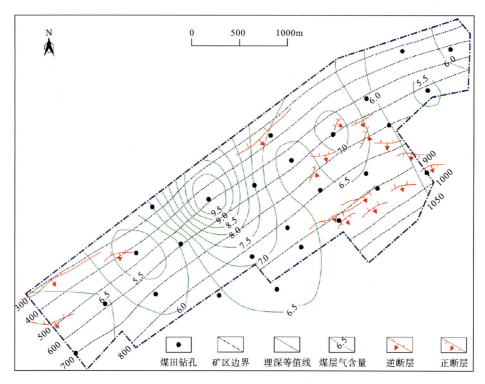

图 5-2-5　准噶尔盆地南缘硫磺沟矿区 4~5 号煤层埋深与含气量等值线(周三栋等,2015)

系(龙玲和王兴,2005;伏海蛟等,2015)。准噶尔盆地南缘侏罗系两套煤系地层均具有典型的厚煤层发育特征,局部地区单层煤厚度可达 30m 以上。其中,八道湾组地层含煤 2~45 层,煤层总厚度为 7~85m,东部较西部煤层层数多,厚度大;西山窑组地层含煤 3~39 层,煤层总厚度为 8~110m,于玛纳斯、硫磺沟和米泉地区形成 3 个富煤区带。对于准噶尔盆地南缘厚煤层而言,上部煤对中、下部煤的甲烷起着封盖作用,使得煤层甲烷气体得到有效保存,从煤层厚度及含气性组合关系中可以发现(图 5-2-6),厚煤层含气量平均值要高于薄煤层,且煤层各部分含气量也存在差异,自上而下煤层含气量呈现一定的增大趋势。

**2. 成煤环境**

成煤环境包括煤系地层形成时的岩相古地理、古地貌、古植被、古气候、泥炭沼泽类型、沼泽中的水体深度及地球化学条件等(崔思华等,2007)。成煤环境不仅直接控制了煤层厚度及顶底板岩性,还决定了煤层物质成分、灰分含量等参数,是影响煤储层生气条件、物性条件以及保存条件的重要因素。

研究发现,准噶尔盆地南缘成煤环境在区域上存在差异性变化,导致煤层厚度、顶底板岩性、物质成分等参数差异明显。基于此,煤储层含气性必然在一定程度上受到沉积相带所控制。如图 5-2-7 所示,辫状河三角洲朵体间广泛发育泛滥平原沉积。该类泥炭沼泽环境形成的煤层厚,灰分低,顶底板多为细粒沉积物,盖层条件好,含气量高;辫状河三角洲内部沼泽环境形成的煤层层数多,单层薄,灰分高,顶底板多为粗粒沉积物质,盖层封堵性能较差,含气量偏低。从层序地层角度,准噶尔盆地南缘厚煤层多形成于低位体系域与高位体系域,煤层顶底板以细粒砂质泥岩为特征,有利于煤层气富集保存;湖侵体系域时期快速的湖侵作用使得泥炭沼泽被淹没,煤层发育较差,不利于煤层气富集成藏。

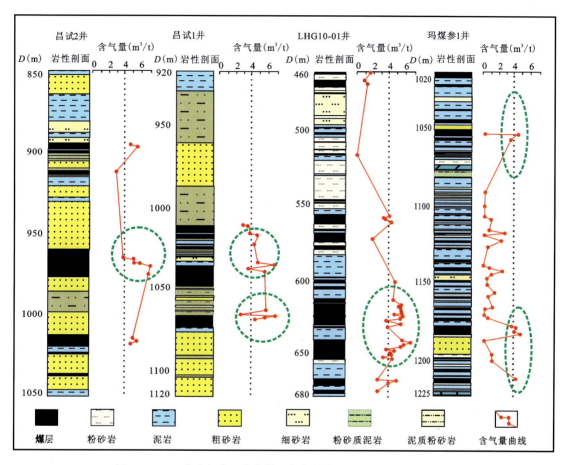

图 5-2-6　准噶尔盆地南缘煤层气参数井岩性剖面和含气量对比

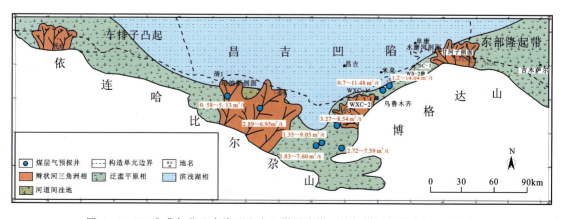

图 5-2-7　准噶尔盆地南缘西山窑组煤层成煤环境与煤层气井含气量叠合图

## 三、水文控气作用

研究认为,煤储层的含气性条件明显受到复杂的地质因素影响,主要包括煤阶、埋深、渗透率以及水文地质条件等(Yao et al,2014)。截至目前,准噶尔盆地南缘的米泉、阜康、硫磺沟、玛纳斯—呼图壁以及吉木萨尔地区的煤层气勘探开发已取得一定进展。上述地区煤层气参数井的含气量数据被统计于表5-2-2。一般来说,煤层气井含气量随埋深增大应表现出增大的趋势,可采用平均含气量去近似表征某一煤层气井的实际含气性条件。由于研究区八道湾组煤层的埋深与煤化作用程度均明显大于西山窑组煤层,导致前者的含气性明显强于后者。基于此,用于分析研究煤层气富集成藏机制的含气量数据应该有所区别,即区分八道湾组与西山窑组。

区域上,西山窑组煤层含气性并不随深度增加而增强(表5-2-2),水文地质条件可能在煤层气富集保存中起了至关重要的作用。研究表明,准噶尔盆地南缘的水文地质条件变化极大,导致不同地区可能具有不同的煤层气富集机制。通过对比不同水动力背景下煤层气含量的变化,进而探讨了水文地质条件对煤层气富集成藏的控制作用(图5-2-8,表5-2-2)。通过系统对比不同水动力背景下西山窑组煤层的平均含气量(即参数井A、B、D、E、F、I和J)可知,米泉平均含气量($6.73\sim6.94m^3/t$)>硫磺沟平均含气量($5.61\sim6.58m^3/t$)>玛纳斯-呼图壁地区平均含气量($4.03\sim5.19m^3/t$)。由前文可知,米泉、硫磺沟以及玛纳斯-呼图壁水文地质单元分别属于封闭性滞留区、开放性局部滞留区与开放性弱径流区。因此,准噶尔盆地南缘煤层含气量与水文地质条件具有明显相关性,即水动力场越停滞,煤储层含气性条件越好。

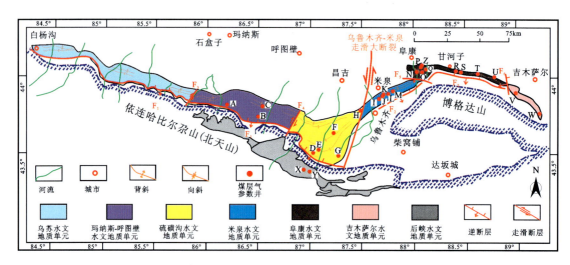

图5-2-8 准噶尔盆地南缘水文地质单元划分与煤层气参数井部署图

准噶尔盆地南缘存在不同的构造类型(如单斜、背斜、向斜或者复合褶皱),其与变化的水动力场以及煤层气富集条件密切相关。基于此,以阜康水文地质单元为例,探讨相同水文地质背景下不同构造类型的水动力场及其对煤层气富集的控制作用。由前文可知,阜康地区是一个开放的水体环境,但是局部地区受向斜构造的影响易于形成水动力滞留区(图5-2-9)。

与此同时，单斜构造在深部也可能形成于停滞的水体环境，其主要受控于封闭性断层或岩层尖灭。阜康地区八道湾组煤层平均含气量(参数井 Q、P、S、R、U 和 T)对比分析表明，复合褶皱中的向斜构造煤层气含量最高($12.3m^3/t$)，其次为普通向斜构造($11.33\sim11.91m^3/t$)，再次为背斜构造($7.09m^3/t$)，最后为单斜构造($2.32\sim3.23m^3/t$)(表 5-2-2)。因此，在开放的水体环境下，向斜构造易于形成水动力滞留区，有利于煤层气富集保存。

表 5-2-2  准噶尔盆地南缘典型的煤层气参数井含气量统计表

| 水文地质单元 | 参数井 | 煤层 | 构造类型 | 埋深 (m) | 含气量(平均值) ($m^3/t$) |
|---|---|---|---|---|---|
| 玛纳斯-呼图壁 | A | 西山窑组 | 单斜 | 1013～1258 | 0.58～5.13(4.03) |
|  | B | 西山窑组 | 向斜 | 896～1038 | 2.89～6.95(5.19) |
| 硫磺沟 | D | 西山窑组 | 复合褶皱(背斜) | 461～681 | 1.83～7.60(5.61) |
|  | E | 西山窑组 | 复合褶皱(背斜) | 655～751 | 1.35～9.05(6.58) |
|  | F | 西山窑组 | 复合褶皱(向斜) | 726～758 | 3.27～8.54(6.34) |
|  | G | 八道湾组 | 单斜 | 369～816 | 2.72～7.59(5.41) |
| 米泉 | I | 西山窑组 | 向斜 | 792～1009 | 0.7～11.48(6.94) |
|  | J | 西山窑组 | 向斜 | 557～1180 | 1.2～14.04(6.73) |
| 阜康 | N | 西山窑组 | 复合褶皱(向斜) | 1052～1066 | 7.15～7.25(7.21) |
|  | Q | 八道湾组 | 复合褶皱(向斜) | 749～768 | 10.89～14.14(12.3) |
|  | P | 八道湾组 | 复合褶皱(背斜) | 470～483 | 6.21～7.97(7.09) |
|  | S | 八道湾组 | 单斜 | 459～689 | 0.54～5.11(3.23) |
|  | R | 八道湾组 | 单斜 | 360～451 | 1.97～2.61(2.32) |
|  | U | 八道湾组 | 向斜 | 563～642 | 7.08～13.22(11.33) |
|  | T | 八道湾组 | 向斜 | 629～807 | 6.51～15.55(11.91) |
| 吉木萨尔 | V | 八道湾组 | 向斜 | 769～859 | 2.16～7.92(4.93) |

简言之，准噶尔盆地南缘的水文地质条件明显影响煤储层含气性，即水体越滞留，煤储层含气性条件越好。根据煤层气富集条件与水文地质条件的关系，准噶尔盆地南缘的煤层气勘探潜力可初步划分为 3 个层次，分别对应封闭性滞留区(米泉)、开放性局部滞留区(硫磺沟、阜康、乌苏)和开放性弱径流区(玛纳斯-呼图壁、吉木萨尔、后峡)。基于此，准噶尔盆地南缘的未来煤层气勘探开发目标应选择米泉、硫磺沟、阜康等水文地质单元，建议在向斜构造厚煤层中开展煤层气勘探开发工作。

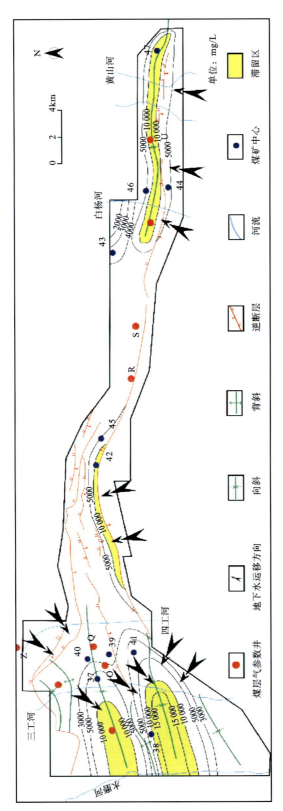

图 5-2-9 阜康水文地质单元地下水 TDS 等值线图与运移路径

# 第三节 煤层气富集成藏模式

结合煤层气与煤层气井产出水的地球化学特征,本书针对准噶尔盆地南缘总结归纳出3类煤层气富集成藏模式,分别为水动力滞留区封存性原生生物气成藏模式、水动力滞留区微生物改造热成因气成藏模式以及水动力活跃区浅层生物气补给-深部热成因气逸散成藏模式,具体富集成藏过程总结如下。

## 一、水动力滞留区封存性原生生物气成藏模式

准噶尔盆地南缘米泉地区西山窑组煤层气被认为是原生生物气(以 $CO_2$ 还原途径为主),甚至当埋深达到1165m,也没有表现出热成因气特征(表5-1-1)。其他一些证据包括:①$CH_4$ 碳同位素 $\delta^{13}C_{C_1}$ 与埋深并没有表现出线性关系(图5-3-1b),热成因气多与埋深表现出显著的线性关系(图5-3-1a);②煤层气气体组分仅包含 $C_1$、$C_2$ 与 $C_3$($C_2$ 和 $C_3$ 的含量远小于 $C_1$)(表5-1-1),微生物仅能产生此3种烃类气体(Oremland et al,1998;Hinrichs

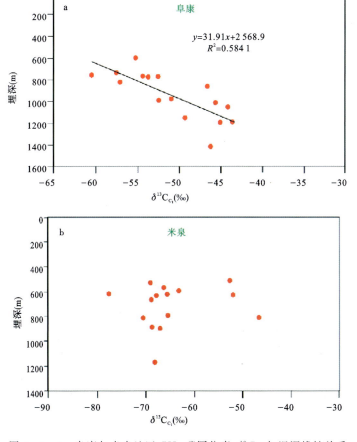

图5-3-1 阜康与米泉地区 $CH_4$ 碳同位素 $\delta^{13}C_{C_1}$ 与埋深线性关系

et al,2006)。此外,异常高浓度的生物成因$CO_2$(高达40%)是米泉地区煤层气的另一地质特征,且$CO_2$浓度随埋深的增加表现出一定的增大趋势(图5-3-2b)。由前文所述,根据区域水动力场差异性变化,米泉地区为准噶尔盆地南缘煤系地层水的汇水区。

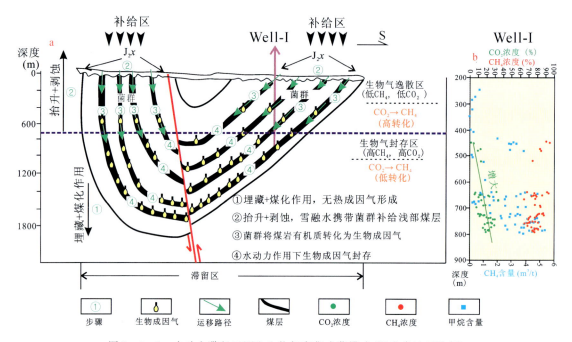

图5-3-2 水动力滞留区原生生物气富集成藏模式(以米泉地区为例)

简言之,地层水溶解并携带在浅部煤储层中形成的生物成因气,持续向米泉地区运移直至富集保存。煤层气勘探实践表明,$CO_2$极易溶于地层水并随之运移,$CO_2$一般难以高浓度富集于煤层气储层中。基于此,水动力场较弱、现今地表水不补给或较少补给应该是准噶尔盆地南缘米泉地区异常高浓度$CO_2$的合理解释。

综上所述,米泉地区西山窑煤储层中的原生生物气与煤层水可能来自相同或相近的地质年代,即地层水携带溶解的生物成因气在某一地质时期富集保存于米泉地区。此时开始,煤层水与生物成因气已被封存,受现今水的影响不大或不受影响。

基于此,分析认为在准噶尔盆地南缘米泉地区封存了原生生物气藏。其他地质证据包括:①放射性同位素测年数据表明,米泉地区煤层水地质年龄较为古老(2000~43.5ka),现今地表水不补给或较少补给;②异常高TDS值(高达45 000mg/L)表明现今的煤层水不利于产甲烷菌的生存及产甲烷活动;③浅部煤层气含量低(远小于$2m^3/t$),表明米泉地区现今生物气无补给或较少补给(图5-3-2b);④异常高浓度的$CO_2$(高达40%)表明生物成因气在现阶段已停止形成,因为$CO_2$还原途径是米泉地区中生物成因气的主要形成途径(即$CO_2$转化为$CH_4$)。

在准噶尔盆地南缘,八道湾组与西山窑组煤层生烃作用(即形成热成因气)始于早白垩世($R_o$在0.5%~0.8%之间),于晚白垩世埋深达到最大。新生代以来,煤层开始不断抬升,在适宜的埋深与水文地质条件下,煤系地层开始接受携带微生物的地表水补给,通过微生物与煤或热成因气反应形成原生生物气或生物降解热成因气。分析认为,在煤系地层下沉过程中,米泉地区西山窑组煤可能尚未达到形成大量热成因气的温度与压力条件(阶段1,图5-3-2a)。如表5-3-1所示,米泉地区西山窑煤的镜质体反射率($R_o$)明显偏低(0.50%～0.70%),甚至当埋深达到1565m时,WCS-15井煤岩的$R_o$值也仅为0.68%。较低的煤化作用程度表明,米泉地区西山窑煤可能没有经历过形成大量热成因气(即油伴生热成因气)的阶段,可能已经达到早期热成因气形成阶段,但保存条件不好。

表5-3-1 准噶尔盆地南缘煤层气参数井煤样镜质体反射率统计表

| 水文地质单元 | 煤层气井 | 地层 | 埋深(m) | 镜质体反射率(%) | | |
|---|---|---|---|---|---|---|
| | | | | 最大值 | 最小值 | 中值 |
| 玛纳斯-呼图壁 | MC-2 | 西山窑组 | 923~1005 | 0.60 | 0.79 | 0.71 |
| 米泉 | WCS-5 | 西山窑组 | 806~1565 | 0.51 | 0.68 | 0.58 |
| | WCS-14 | 西山窑组 | 714~883 | 0.60 | 0.70 | 0.66 |
| | SC-1 | 西山窑组 | 510~696 | 0.55 | 0.66 | 0.62 |
| | WS-1 | 西山窑组 | 389~1178 | 0.50 | 0.65 | 0.58 |
| | WS-2 | 西山窑组 | 243~795 | 0.50 | 0.70 | 0.61 |
| | WS-8 | 西山窑组 | 700~875 | 0.55 | 0.65 | 0.62 |
| | WS-9 | 西山窑组 | 768~937 | 0.54 | 0.67 | 0.61 |
| 阜康 | FC-2 | 八道湾组 | 900~950 | 0.66 | 0.74 | 0.72 |
| | FS-24 | 八道湾组 | 717~1035 | 0.64 | 0.94 | 0.79 |
| | FS-60 | 八道湾组 | 633~710 | 0.64 | 0.76 | 0.71 |
| 后峡 | TC-2 | 八道湾组 | 330~901 | 0.38 | 0.62 | 0.64 |

随后,西山窑地层不断被抬升与侵蚀,直到第四纪,开始接受携带微生物的地表雪融水的补给(阶段2,图5-3-2a),原生生物气在微生物作用下开始在浅部地层大量形成(阶段3,图5-3-2a)。随着地层水向盆地方向不断流动,溶解其中的生物成因气逐渐发生气体组分与同位素值的变化(即运移分馏)。例如,相对于$CH_4$和$N_2$,煤层气藏中$CO_2$优先溶解于地层水中并随之迁移,导致运移路径方向的$CO_2$浓度逐渐增加;此外,浅部$\delta^{13}C_{CO_2}$值应该较小,由于含$^{13}C$的$CO_2$更易于被地层水溶解带走,但是现场数据却显示,$\delta^{13}C_{CO_2}$正值仅出现在浅部煤储层中(表5-3-1)。分析地质原因,认为此现象可能为封闭系统中运移分馏与$CO_2$还原途径产甲烷的综合作用结果。

自第四纪以来,中国西北地区的冰川覆盖逐渐消失,年平均蒸发量远高于降水量(刘洪林等,2008),干旱性气候可为米泉地区缺乏现今水补给的可能性提供一些证据。由于干旱性气候以及远离北天山雪融区,米泉地区地表水补给逐渐减弱直至停止,形成相对封闭的系统。此阶段,产甲烷作用开始逐渐减弱,直至完全停止。然而,由于相对较低的TDS值,浅部地层$CO_2$还原产甲烷的持续时间应该相对较长(即$CO_2$向$CH_4$的高转化率),残留的$CO_2$逐渐富集$^{13}C$。

最终,在水动力场的封闭作用下,米泉地区可以有效地富集保存原生生物气(阶段4,图5-3-2a)。米泉地区煤层气参数井 Well-I 含气量与气体组分的垂向变化(图5-3-2b),表明原生生物气可以更有效地封闭在深部煤储层中(即高 $CH_4$ 与高 $CO_2$),浅部煤储层由于水动力场封堵条件稍差,浅部生物成因气会存在一定程度上的逸散(即低 $CH_4$ 与低 $CO_2$)。此外,微生物产甲烷过程可能在此阶段已经停止,缺乏现今的生物成因气补给可能是浅部煤储层含气量较低的另一个重要原因。

## 二、水动力停滞区微生物改造热成因气成藏模式

由前文所述,阜康地区八道湾组煤层气表现出明显的热成因气特征。其他一些地质证据为:①$\delta^{13}C_{C_1}$ 与埋深之间存在明显的线性关系(图5-3-1b),即埋藏深度越深,$CH_4$ 中 $^{13}C$ 越重;②一定量的 $C_4$ 在阜康地区被检测出来,而这是微生物所不能产生的(表5-1-1);③$C_1 \sim C_4$ 碳同位素表现出半线性关系(Chung et al,1998),表明很少存在其他成因气体混合作用(图5-3-3)。

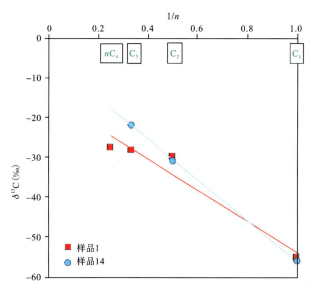

图5-3-3 阜康地区八道湾组煤层气中 $C_1 \sim C_4$ 碳同位素 $\delta^{13}C$ 的线性关系

与此同时,热成因气在阜康地区也表现出明显的微生物降解特征。主要地质证据为:①浅部煤储层中存在较少的原生生物气;②$CO_2$ 浓度为 1.33%～21.77%,$\delta^{13}C_{CO_2}$ 高达 +29.41‰,此特征可与原生生物气以及热成因气有所区分,即微生物降解热成因湿气产生的 $CO_2$ 逐渐转化为次生生物成因 $CH_4$,且残余的 $CO_2$ 不断富集$^{13}C$;③阜康地区与高碱度值伴生的正值 $\delta^{13}C_{DIC}$(+11.0‰～+23.0‰),反映了微生物的产甲烷作用。此外,相对于沁水盆地与鄂尔多斯盆地,准噶尔盆地南缘阜康地区 $CO_2$ 浓度较高,$N_2$ 浓度较低,进一步表明阜康地区水动力场相对较弱,缺乏大规模现今地表水的补给。综上所述,可在阜康地区提出水动力滞留区微生物改造热成因气成藏模式。

对比分析可知，八道湾组煤层发育于西山窑组煤层之下，随着埋藏作用的进行，八道湾组煤的煤化程度明显大于西山窑组煤。如表5-3-1所示，阜康地区八道湾组煤层的$R_o$值（0.64%~0.94%）明显大于米泉地区西山窑组煤层（0.50%~0.70%）。换言之，首先，阜康地区八道湾组煤层可能在埋藏与煤化过程中达到了大量形成热成因气的阶段（阶段1，图5-3-4a），同一时期的米泉地区西山窑组煤层可能仍未进入生烃门限。其次，阜康地区的西山窑组煤层在构造运动（如印支期和燕山期）的作用下几乎被剥蚀殆尽，八道湾组煤层逐渐被抬升至近地表，获得了携带微生物的地表雪融水补给（阶段2，图5-3-4a）。此时，微生物开始降解煤化作用过程中产生的热成因湿气或者直接与八道湾组煤层作用，产生大量生物降解热成因气以及较少的原生生物气（阶段3，图5-3-4a）。此后不久，气候变化可能中断了地表雪融水的补给，阜康地区也逐渐形成相对封闭的系统。

煤层水$^3$H、$^{14}$C和$^{129}$I等放射性同位素测年数据表明，阜康地区煤层水的地质年龄为2000~43.5ka，也属于较古老的地层水。此阶段，$CO_2$还原途径产甲烷作用使已存的$CO_2$逐渐转化为$CH_4$，残余的$CO_2$逐渐富集$^{13}$C，形成异常高正值$\delta^{13}C_{CO_2}$。最终，阜康地区水文地质活动进一步减弱，显示出较高TDS值，可为微生物降解热成因气提供有效的水动力封堵条件（阶段4，图5-3-4a）。煤层气勘探实践表明，阜康地区浅部煤储层（如图5-3-4b所示的Well-Ⅱ井）中也可有效保存微生物降解热成因气，较高的$CH_4$浓度与$CH_4$含量为主要的地质特征。

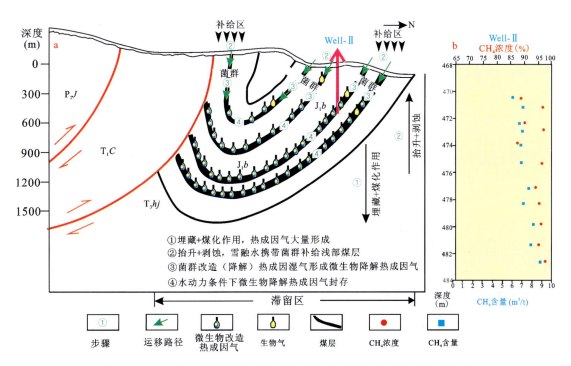

图5-3-4　水动力滞留区微生物改造热成因气成藏模式（以阜康地区为例）

## 三、水动力活跃区浅部生物气补给-深部热成因气逸散成藏模式

玛纳斯—呼图壁地区西山窑组煤层气气体组分表现为异常高浓度 $N_2$、低浓度 $CO_2$ 的特征，水文地质条件较为活跃(表 5-1-1)。此外，玛纳斯—呼图壁地区浅部煤层气($<1000m$)表现为原生生物成因气(以 $CO_2$ 还原为主)，深层煤储层则具有明显的热成因气特征。基于此，本书以玛纳斯—呼图壁地区为研究对象，提出了水动力活跃区浅部生物气补给-深部热成因气逸散的煤层气富集成藏模式(图 5-3-5)。西山窑组地层是玛纳斯—呼图壁地区的主要含煤层系，它的 $R_o$ 值(0.60%~0.79%)明显大于米泉地区的西山窑组煤层(0.50%~0.70%)，即在埋藏和煤化作用过程中，玛纳斯—呼图壁地区的西山窑组煤层已达到热成因气大量形成的阶段(阶段1，图 5-3-5a)，而米泉地区西山窑组煤层则没有。随后，在构造运动的影响下，该区西山窑组煤层被逐渐抬升到近地表，热成因气开始不断逸散，此时由于水动力条件较为活跃，地表雪融水将携带微生物带入浅部煤储层(阶段2，图 5-3-5(a))。此后不久，微生物逐渐降解煤中有机质形成原生生物气(包含 $CH_4$ 和 $CO_2$)(阶段3，图 5-3-5a)。由于靠近北天山雪融区，玛纳斯—呼图壁地区地表雪融水补给一直持续到现今，形成了一个相对开放或半开放的系统。此阶段，已存在的 $CO_2$ 将通过 $CO_2$ 还原途径产甲烷作用逐渐转化为 $CH_4$。但在开放系统中富含 $^{12}C$ 的 $CO_2$ 可以持续性补给，导致玛纳斯—呼图壁地区的 $\delta^{13}C_{CO_2}$ 值表现为负值(表 5-1-1)。最终，溶解于地层水中的生物成因气不断向下运移，然后在相对较深的构造位置与深部逸出的热成因气混合(阶段4，图 5-3-5a)。以 1000m 为界，1000m 以浅，西山窑组煤层气以原生生物气($CO_2$ 还原途径)为主，含一定量的深部热成因气；1000m 以深，西山窑组煤层气以热成因气为主，含少量浅部运移过来的生物气。

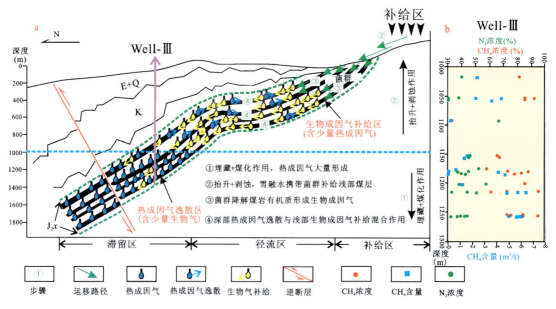

图 5-3-5　水动力活跃区浅部原生生物气补给-深部热成因气逸散成藏模式
(以玛纳斯—呼图壁地区为例)

整体看来，西山窑组煤层气在玛纳斯—呼图壁地区具有明显的生物成因气与热成因气混合特征，且随着埋深的增大，生物成因气和热成因气分别表现出减少与增大的趋势。由于水文地质条件非常活跃，煤层气藏容易与大气相连通，$CO_2$易溶于地层水中并随之运移，导致$CO_2$浓度下降、$N_2$浓度大幅增加（图5-3-5b）。

对比分析可知，准噶尔盆地南缘中下侏罗统西山窑组与八道湾组地层，在地质演化过程中经历了一次简单的沉降与抬升作用，但在不同地区的沉降幅度（反映煤化作用程度）可能有所区别。例如，西山窑煤层的煤化作用程度就存在较大差异，该煤层在玛纳斯—呼图壁地区已达到热成因气（即油伴生热成因气）的大量形成阶段，但米泉地区可能尚未进入生烃门限或仅达到早期热成因气阶段。八道湾组煤层发育于西山窑组煤层下，较高的煤化作用程度使得八道湾组煤层在全区范围内普遍达到油伴生热成因气阶段。

综上所述，早期的煤化作用程度与晚期的水文地质条件，共同决定了准噶尔盆地南缘煤层气的成因及气体组分在区域上的差异变化。

# 第六章　煤层气资源评价

煤层气资源评价是支持煤层气规模性勘探开发、促进产业可持续发展的先导性地质工作，对于查清煤层气资源状况、制订产业战略规划、保障能源安全有重要意义。1987—2013年，新疆地区开展过4次全疆级别的煤层气及煤矿瓦斯资源评价工作，但由于新疆煤层气资源勘查工作主要在2013年以后规模性开展，且重点分布于准噶尔盆地南缘东段、塔里木盆地北缘、三塘湖盆地，因此本次资源评价将采纳更多的勘查数据成果，力争使资源评价结果更准确、可靠。

## 第一节　煤层气资源评价方法

煤层气资源评价主要包括评价单元划分、评价方法确定、资源量估算参数取值等内容。

### 一、评价单元划分

**1. 划分原则**

根据构造位置和煤层特性不同，沉积盆地可划分为不同的含气区带，同一区带内具有相似的构造-煤层埋藏-热演化-生烃历史特征，煤层气分布具有相似的变化规律。此外，需要考虑不同地区的煤层气勘查程度。

资源量估算范围以煤层气风化带底界为计算单元的上界，以煤组垂深2000m为计算单元的下界（各煤组以最底部可采煤层的底板为准），以埋深为依据将资源量分为3个深度段，分别为煤层气风化带至1000m、1000~1500m、1500~2000m。

**2. 划分结果**

根据上述原则，本次煤层气资源动态评价以准噶尔盆地南缘的侏罗系含煤地层为对象，依据构造单元、煤田面积、行政区划及勘查程度等条件进行了评价单元的划分，共划分为11个评价单元，依次为：准南煤田的水西沟区、阜康区、乌鲁木齐区、呼图壁—玛纳斯区、四棵树区5个单元，后峡煤田的南玛纳斯区、呼图壁区、昌吉区、后峡区、黑山区5个单元，以及达坂城煤田单元。

### 二、评价方法

煤层是一种裂隙-孔隙型双重孔隙介质储集层，煤层气主要以吸附态赋存于煤层中。与其他资源量估算方法相比，体积法更适合煤层气资源量或储量的计算。作为中—低煤阶煤层气商业性开发最成功的国家，美国多次开展的煤层气资源评价均采用体积法。

**1. 煤层气地质资源量估算方法**

煤层气地质资源量计算方法采用体积法。根据《新疆煤炭资源潜力评价成果报告》结果，可直接获得各评价单元煤炭储量或资源量数据。因此，采用煤炭储量或资源量与含气量的乘积得出煤层气地质资源量，计算煤层气资源量采用以下公式：

$$G_i = \sum_{j=1}^{n} C_{rj} \cdot C_j \qquad (6-1)$$

式中，$n$ 为评价单元中划分的次一级计算单元总数；$G_i$ 为第 $i$ 个评价单元的煤层气地质资源量（$\times 10^8 \mathrm{m}^3$）；$C_{rj}$ 为第 $j$ 个次一级评价单元煤炭储量或资源量（$\times 10^8 \mathrm{t}$）；$C_j$ 为第 $j$ 个次一级评价单元煤储层平均原地基含气量（$\mathrm{m}^3/\mathrm{t}$）。

**2. 煤层气可采资源量估算方法**

在获取煤层气地质资源量后，乘以可采系数可计算出煤层气可采资源量，计算公式为：

$$G_r = G_i \cdot R \qquad (6-2)$$

式中，$G_r$ 为煤层气可采资源量（$\times 10^8 \mathrm{m}^3$）；$G_i$ 为煤层气地质资源量（$\times 10^8 \mathrm{m}^3$）；$R$ 为煤层气可采系数。

对埋深大于 1500m 的煤储层，由于其处于温压耦合的临界深度界线以下，煤层气赋存状态与中浅部的吸附态不一致，利用煤的等温吸附曲线难以准确评价它的可采系数，因此暂不计算埋深大于 1500m 煤储层的煤层气可采资源量。

### 三、资源量评价参数取值

本次资源评价煤炭资源量为已知数据，只确定煤层空气干燥基含气量、兰氏体积、兰氏压力、废弃压力、可采系数等参数取值方法。

**1. 煤炭资源量**

各计算单元煤炭预测资源量根据 2012 年提交的《新疆煤炭资源潜力评价成果报告》，分煤田、煤组、预测区、埋深求取。

**2. 空气干燥基含气量**

煤层含气量为钻井取芯获得的损失气量、解吸气量以及残余气量之和。煤层含气量取值方法有以下几种。

1）实测法

煤层气勘查区内，采用煤层气参数井中实测的煤层含气量。

煤层气勘查空白区内，煤田勘探阶段进行过煤层含气量或简易瓦斯测试的，采用实测数据，并扣除非烃类气体，采用纯甲烷浓度。

2）类比法

在缺乏煤层含气量实测值的计算单元，可以类比相邻或地质条件相似、具有相同埋深范围单元的含气量值。在类比取值时，应重点注意上覆有效地层厚度、煤层发育情况、构造位置、水文地质条件与含气量之间的关系，使类比预测的含气量更接近地质实际情况。

3）推测法

以获得的浅部计算单元内含气量与深度关系为前提，可推算地质条件相似的深部计算单元内的含气量值。根据实际情况,可选择梯度法、等温吸附曲线法。

(1)梯度法:主要用于同一构造单元中的深部外推预测区,或不同构造单元中基本条件相近的预测区。理论基础为:在构造相对简单的含煤块段,在一定的深度范围内,煤层含气量主要受煤层埋深控制。因此,梯度法应用的前提条件为:同一构造单元中已有浅部区含气性资料,煤级相当或变化较小,埋深与煤层含气量关系密切。

(2)等温吸附曲线法:等温吸附曲线法预测深部煤层含气量的理论基础为煤储层含气性取决于煤的吸附能力和含气饱和度。煤的吸附能力是煤储层压力和温度的函数,温度相差不大的情况下,与煤储层压力关系密切,它们的关系可由等温吸附实验得到。理论吸附量可由兰格缪尔方程求得,煤储层压力由试井获得或通过浅部压力梯度推算,含气饱和度根据浅部煤层实测饱和度或煤层气成藏条件估算。具体计算公式如下:

$$P = P_0 + K_p(H - H_0) \quad (6-3)$$

$$V_a = V_L \cdot P/(P_L + P) \quad (6-4)$$

$$V = V_a \cdot S \quad (6-5)$$

式中,$V$ 为预测含气量($m^3/t$);$V_a$ 为煤储层理论吸附量($m^3/t$);$S$ 为煤储层含气饱和度(%);$P$ 为预测深度处煤层气储层压力(MPa);$V_L$ 为兰氏体积($m^3/t$);$P_L$ 为兰氏压力(MPa);$P_0$ 为煤层气风化带下限处压力(MPa);$K_p$ 为煤层气储层压力梯度(MPa/m);$H$ 为煤储层预测深度(m);$H_0$ 为煤层气风化带下限深度(m)。

同时,根据《煤层气资源/储量规范》(DZ/T0216—2010),各类型煤层气资源/储量计算块段中的煤层气含量要达到表6-1-1所规定的下限标准,才能参与煤层气资源量的计算。

表6-1-1 煤层含气量下限标准

| 煤类 | 变质程度 $R_{o,max}$(%) | 空气干燥基含气量($m^3/t$) |
|---|---|---|
| 褐煤-长焰煤 | <0.70 | 1.0 |
| 气煤-瘦煤 | 0.70~1.90 | 4.0 |
| 贫煤-无烟煤 | >1.90 | 8.0 |

**3. 兰氏体积、兰氏压力**

本次煤层气资源评价选用空气干燥基兰氏体积、兰氏压力。

收集整理盆地内以往样品的等温吸附实验数据,获得兰氏体积、兰氏压力。在没有实测值的计算单元内,类比相同变质程度、邻近单元内的实测兰氏体积、兰氏压力。

**4. 可采系数**

可采系数是依据等温吸附实验结果、原始含气量与排采废弃压力对应的含气量计算的理论值,可用来反映基于煤岩等温吸附特性的煤层气可采系数。计算公式如下:

$$R = \frac{C_i - C_a}{C_i} \quad (6-6)$$

为便于应用,上式可变为:

$$R = 1 - \frac{V_L \cdot P_a}{C_i(P_L + P_a)} \qquad (6-7)$$

式中，$R$ 为可采系数(%)；$C_a$ 为煤层气废弃时的煤层含气量($m^3/t$)；$C_i$ 为煤储层原始含气量($m^3/t$)；$V_L$ 为煤储层兰氏体积($m^3/t$)；$P_L$ 为煤储层兰氏压力(MPa)；$P_a$ 为废弃压力(MPa)。

## 第二节　煤层气风化带深度确定的原则及方法

### 一、煤层气风化带定义与形成机制

地质演化历史过程中，由于煤层气沿露头逸散和大气向煤层渗透使得煤层气中含气量降低，$CH_4$ 成分降低，$CO_2$、$N_2$ 等组分增加，形成煤层气成分沿垂向深度变化的分带性，垂向分带自上而下依次为：①$CO_2-N_2$ 带，$CO_2$ 含量大于20%；②$N_2$ 带，$N_2$ 含量大于80%，$CH_4$ 含量小于20%；③$N_2-CH_4$ 带，$CH_4$ 含量为20%~80%，$N_2$ 含量为80%~20%；④$CH_4$ 带，$CH_4$ 含量大于80%，$N_2$ 含量小于20%。一般来说，可将 $CO_2-N_2$ 带、$N_2$ 带、$N_2-CH_4$ 带划归为煤层气风化带，$N_2-CH_4$ 带与 $CH_4$ 带的分界深度即为煤层气风化带的深度。

煤层气风化带形成的主要作用机制包括以下几个方面。

**1. 地下水动力条件**

地下水径流强度越高，表明地表水、地下水与大气、煤岩中煤层气的溶解、运移、稀释作用越活跃，使煤层气风化带深度越大。此外，新疆地区吐哈、准东等地区第四纪以来，干旱气候条件下大气降水量少，地下水位低，煤层气风化带深度大（刘得光等，2010）。

**2. 构造抬升**

现今或构造演化历史时期，构造运动使煤层抬升出露地表接受剥蚀，煤层露头与大气接触，煤层气与大气相互混合使煤层 $CH_4$ 含量降低，$CO_2$ 及 $CO_2$ 浓度升高（宋岩等，2009）。同时新疆地区沉积的第四系巨厚层松散沉积物(100~1500m)属于无效盖层，使得煤层气风化带深度较大，准噶尔盆地南缘的第四系厚度一般在100~600m。

**3. 盖层性质**

盖层条件对煤层气聚气条件有重要影响，同时也显著影响风化带深度。疏松、裂隙发育的盖层条件下，煤层气易逸散，使风化带深度加深；致密层、巨厚层、多煤层区域的盖层条件较好，具有物性封闭、烃浓度封闭等作用，使煤层气聚集条件好，风化带深度较浅。

**4. 地质构造性质**

开放性构造应力场格局下，受张性正断层、张节理发育等因素影响，大气、地表水与地下水、煤岩的循环深度大幅加深，使煤层含气量降低，风化带深度加深。山西襄汾矿区南部瓦斯风化带最大深度达1222.5m，乌鲁木齐河东 WCS-5 井在 1350~1410m 深度煤层含气量异常降低，$N_2$ 成分异常升高，分析表明，生烃期后构造抬升，张性正断层导致煤层气大量解吸、逸散，使煤层气风化带（局部）大幅加深（陈立超等，2016；白俊萍，2016）。

## 5. 生物地球化学作用

国外粉河盆地等低煤阶煤层气勘探开发的成功经验表明，次生生物气的产生并在浅部微构造部位聚集，导致浅部煤层气富集，从而使煤层气风化带深度变浅，部分地区仅有数十米（Walter and Ayers，2002）。

## 二、煤层气风化带划定方法

### 1. 煤层气风化带划定常规方法

由于煤层气$CH_4$含量、$CH_4$浓度以及相对瓦斯涌出量的变化趋势是由浅部到深部逐渐增高的。因此，在实际工作中可利用它们与深度的关系，获得煤层气风化带底界所对应的深度。满足下列任一条件的深度可确定为煤层气风化带底界（优先顺序依次降低）。

(1) 甲烷浓度-深度关系法：$CH_4$浓度为80%所对应的深度。

(2) 甲烷含量-深度关系法：当煤类为褐煤-1/2中黏煤时，$CH_4$含量等于$1m^3/t$对应的深度；或当煤类为气煤-贫煤时，$CH_4$含量等于$2m^3/t$对应的深度。

(3) 相对瓦斯涌出量-深度关系法：相对瓦斯涌出量为$2m^3/t$时对应的深度。

(4) 类比法：缺乏$CH_4$含量和$CH_4$浓度等实测资料的区块，可与邻区类比。

### 2. 准噶尔盆地南缘煤层气风化带影响因素与划定方法

众所周知，煤层气的主要成分是$CH_4$，含有少量重烃与非烃气体，非烃气体主要为$N_2$和$CO_2$。大气的主要成分为$N_2$(78%)与$O_2$(21%)，稀有气体约占0.94%，$CO_2$约占0.03%，其他杂质约占0.03%。因此，大气向煤层中渗透主要带来的是$N_2$与$O_2$，而煤岩与$O_2$的氧化反应会使混入煤层中的$O_2$消耗殆尽，而$N_2$化学性质稳定，基本全部保留下来。新疆地区煤层气气体组分在不同地区存在较大差异，与煤层气成因以及气藏演化过程有关。局部地区煤层气中$CO_2$浓度异常高是影响该区煤层气风化带划定的主要因素。

准噶尔盆地南缘吉木萨尔水西沟—阜康—乌鲁木齐河东矿区—呼图壁—玛纳斯一带的八道湾组煤层由于热演化程度高，以中低煤阶的长焰煤-气煤为主，煤层气以热成因气为主，含少量次生生物气，煤层气成分中$CO_2$浓度一般低于10%，平均仅为5%。准噶尔盆地南缘乌鲁木齐河东—硫磺沟—呼图壁—玛纳斯一带的西山窑组煤层以低煤阶长焰煤-不黏煤为主，局部有褐煤，煤层气以生物成因气为主，煤层气成分中$CO_2$浓度介于1%~41%之间，平均为16%。此外，硫磺沟—乌鲁木齐—米泉一带位于准噶尔盆地南缘汇水中心，地层水TDS值最高，煤层含气量与$CO_2$浓度也最高，$CO_2$浓度在埋深500~1000m时可达20%~41%。

准噶尔盆地南缘地区煤处于早期煤化作用阶段（$0.5\%<R_o<0.8\%$），以含氧官能团的断裂为主，原生生物成因和初期热解成因的$CO_2$大量充斥煤层气储集空间，为次生生物甲烷的生成积聚提供了充足的底料。同时，由于浅部煤层产甲烷菌活跃，$CO_2$作为生成甲烷的主要原料被大量消耗，导致浅部煤层$CO_2$含量降低；而深部煤层由于水体滞流、温压限制，产甲烷菌活性降低，$CO_2$被消耗速率减缓，导致深部煤层气体中$CO_2$含量高于浅部。这一现象在以生物成因气为主的米泉地区表现十分明显，煤层中$CO_2$浓度随埋深增大呈现增加的趋势（图6-2-1）。

按照地层水径流由强到弱,埋深由浅到深,准噶尔盆地南缘煤层气中 $N_2$ 占比明显降低并与 $CH_4$ 占比形成反比关系(表 6-2-1)。

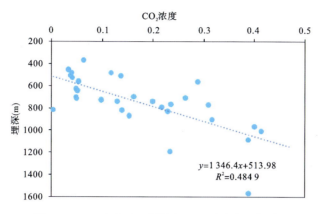

图 6-2-1 米泉地区煤层气 $CO_2$ 浓度与埋深关系

表 6-2-1 准南地区煤层气参数井气体组分与甲烷稳定碳同位素统计表

| 水文地质单元 | 参数井 | 地层 | 深度(m) | 气体组分占比 | | | $\delta^{13}C_{C_1}$(‰,PDB) |
|---|---|---|---|---|---|---|---|
| | | | | $CH_4$(%) | $CO_2$(%) | $N_2$(%) | |
| 玛纳斯 | A | 西山窑组 | 1 117.88 | 38.47 | 4.47 | 57.07 | -46.4 |
| | | | 1 124.75 | 65.92 | 4.96 | 29.12 | -45.1 |
| | | | 1 158.60 | 80.29 | 0.73 | 18.97 | -43.9 |
| 呼图壁 | B | 西山窑组 | 896.74 | 18.20 | 0.30 | 76.67 | -55.2 |
| | | | 912.14 | 73.17 | 4.75 | 22.10 | -54.9 |
| | | | 974.24 | 92.17 | 0.21 | 3.62 | -52.6 |
| | | | 1 017.25 | 89.45 | 4.11 | 2.69 | -50.7 |
| 硫磺沟 | C | 西山窑组 | 461.32 | 62.31 | 6.97 | 29.91 | -68.2 |
| | | | 466.93 | 74.26 | 5.68 | 17.62 | -66.8 |
| | | | 556.40 | 91.04 | 8.96 | 0.00 | -58.4 |
| | | | 565.84 | 89.43 | 10.57 | 0.00 | -63.2 |
| | | | 665.82 | 99.14 | 0.86 | 0.00 | -56.2 |
| 阜康 | P | 西山窑组 | 635.26 | 80.17 | 15.77 | 3.85 | -65.8 |
| | | | 683.26 | 77.19 | 20.12 | 2.69 | -57.6 |
| | | | 690.28 | 78.50 | 19.60 | 2.21 | -58.5 |
| | | | 696.28 | 85.44 | 13.64 | 0.87 | -57.4 |
| | | | 801.59 | 83.57 | 14.23 | 1.40 | -55.9 |

综上所述，准噶尔盆地南缘煤层气高浓度的 $CO_2$ 并非由大气 $CO_2$ 渗透进入煤层所致，仅 $N_2$ 为大气向煤层渗透的组分。基于此，在满足经济边界的前提下，以"$CH_4$ 含量大于等于 $1m^3/t$ 且 $N_2$ 浓度小于等于 20%"作为确定准噶尔盆地南缘煤层气风化带底界的方法最为科学且合理。

### 三、煤层气风化带划定结果

依据新制订的准噶尔盆地南缘煤层气风化带划定方法，基于近年来施工的煤层气参数井与矿井瓦斯数据，准噶尔盆地南缘煤层气风化带底界深度介于 300～500m 之间（表 6-2-2）。

表 6-2-2　准噶尔盆地南缘煤层气风化带底界

| 煤田 | 区段 | 风化带底界(m) |
| --- | --- | --- |
| 准南煤田 | 四棵树预测区 | 450 |
| | 呼图壁-玛纳斯预测区 | 450 |
| | 乌鲁木齐预测区 | 370 |
| | 阜康预测区 | 400 |
| | 水西沟预测区 | 300 |
| 达坂城煤田 | | 500 |
| 后峡煤田 | | 300 |

# 第三节　煤层气资源量评价

### 一、煤层气资源量评价结果

基于准噶尔盆地南缘中下侏罗统煤层气评价单元（图 6-3-1、图 6-3-2），通过对煤层气风化带以深至埋深 2000m 以浅的煤层气资源量计算，得出煤层气总资源量为 $6613.56\times10^8m^3$（表 6-3-1）。其中，准南、后峡、达坂城煤田的煤层气资源量分别为 $4245.46\times10^8m^3$、$1388.99\times10^8m^3$、$979.11\times10^8m^3$，分别占准噶尔盆地南缘总资源量的 64.19%、21.00%、14.80%。

### 二、煤层气可采资源量评价结果

依据估算的可采系数，对准噶尔盆地南缘 1500m 以浅的煤层气可采资源量进行估算，得出准噶尔盆地南缘的煤层气可采资源量为 $2031.41\times10^8m^3$（表 6-3-2）。其中，准南、后峡、达坂城煤田的煤层气可采资源量分别为 $1346.41\times10^8m^3$、$471.68\times10^8m^3$、$213.33\times10^8m^3$，分别占准噶尔盆地南缘总资源量的 66.28%、23.21%、10.50%。

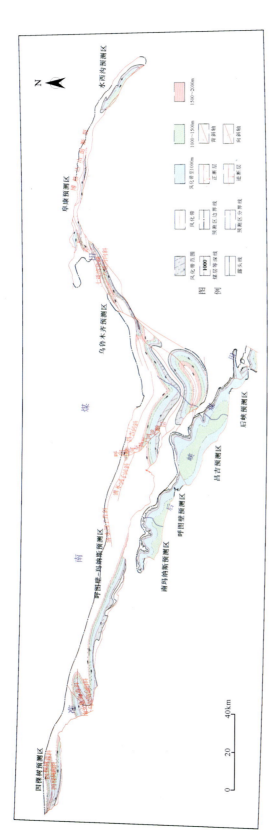

图 6-3-1 准噶尔盆地南缘下侏罗统八道湾组煤层气资源评价单元示意图

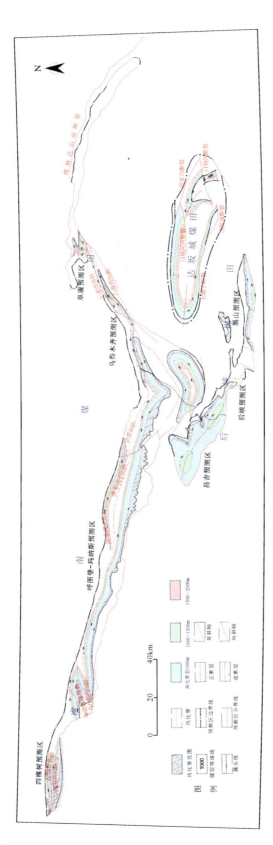

图 6-3-2 准噶尔盆地南缘中侏罗统西山窑组煤层气资源评价单元示意图

表 6-3-1　准噶尔盆地南缘煤层气资源量估算成果

| 煤田 | 煤组 | 煤层气资源量($\times 10^8 m^3$) | | | 合计 |
|---|---|---|---|---|---|
| | | 风化带至1000m | 1000～1500m | 1500～2000m | |
| 准南煤田 | $J_2x$ | 1 134.87 | 706.10 | 803.41 | 2 644.38 |
| | $J_1b$ | 774.94 | 376.14 | 450.00 | 1 601.08 |
| 小计 | | 1 909.81 | 1 082.24 | 1 253.41 | 4 245.46 |
| 后峡煤田 | $J_2x$ | 738.42 | 275.74 | 1.69 | 1 015.85 |
| | $J_1b$ | 232.92 | 140.22 | 0.00 | 373.14 |
| 小计 | | 971.34 | 415.96 | 1.69 | 1 388.99 |
| 达坂城煤田 | $J_2x$ | 275.56 | 370.88 | 332.67 | 979.11 |
| | $J_1b$ | 0 | 0 | 0 | 0 |
| 小计 | | 275.56 | 370.88 | 332.67 | 979.11 |
| 合计 | | 3 156.71 | 1 869.08 | 1 587.77 | 6 613.56 |

表 6-3-2　准噶尔盆地南缘煤层气可采资源量估算成果

| 煤田 | 预测区 | 1500m以浅煤层气资源量($\times 10^8 m^3$) | 可采系数(%) | 煤层气可采资源量($\times 10^8 m^3$) |
|---|---|---|---|---|
| 准南煤田 | 四棵树预测区 | 82.26 | 42 | 34.55 |
| | 呼图壁-玛纳斯预测区 | 969.23 | 40 | 387.69 |
| | 乌鲁木齐预测区 | 1 310.16 | 46 | 602.67 |
| | 阜康预测区 | 381.79 | 51 | 194.71 |
| | 水西沟预测区 | 248.61 | 51 | 126.79 |
| 小计 | | 2 992.05 | | 1 346.41 |
| 后峡煤田 | | 1 387.30 | 34 | 471.68 |
| 达坂城煤田 | | 646.44 | 33 | 213.33 |
| 合计 | | 5 025.79 | | 2 031.42 |

# 第七章 煤层气勘探有利区评价

## 第一节 煤层气勘探有利区主控因素

准噶尔盆地属于我国典型的中—低煤阶含煤盆地,蕴藏着丰富的煤层气资源,资源量为 $2.26 \times 10^{12} m^3$。勘探开发史表明,准噶尔盆地南缘的煤层气勘探工作始于20世纪80年代,但煤层气的商业化开发迟迟未取得关键突破。直至2013年,新疆煤田地质局156队与新疆科林思德新能源有限公司等单位才在准噶尔盆地南缘阜康地区的煤层气勘探开发中取得重要进展,单井日产气量最高可达 $30 \times 10^4 m^3/d$。截至2015年,阜康地区共完钻煤层气井120余口,建成了新疆地区第一个煤层气勘探开发示范基地。近两年,新疆煤田地质局156队在米泉地区的煤层气勘探开发工作也取得显著进展,平均单井日产气量稳定在 $2000 m^3/d$ 左右,可稳定供气满足乌鲁木齐市冬季取暖的需求。此外,中国地质调查局油气资源调查中心、中石油煤层气有限责任公司、中联煤层气有限责任公司以及Terrawest能源公司等单位在昌吉硫磺沟、呼图壁雀尔沟、玛纳斯清水河以及后峡等区块也部署了一些煤层气参数井,但产气效果普遍不太理想。分析原因认为,区域辽阔、构造条件复杂以及资源条件分布不清等因素导致煤层气参数井的部署与实际地质背景不匹配,进而制约了准噶尔盆地南缘煤层气的勘探开发进程。

整体看来,准噶尔盆地南缘大部分地区仍处于煤层气勘探开发的初级阶段,煤层气资源动用程度仍然较低,需开展全区范围内的煤层气勘探选区评价工作,进一步寻找优质接替区块。对于准噶尔盆地南缘,大部分区块的资料丰富程度尚不能支撑开发阶段的需求,勘探阶段煤层气选区评价应主要考虑煤层气资源条件、煤储层地质条件以及煤层气保存条件3个方面因素,但每项条件的优劣由许多次一级因素决定。例如,煤层气资源条件由煤层含气量、煤层总厚度、甲烷浓度与煤层气风化带4个因素决定;煤储层地质条件由储层渗透率、兰氏体积、储层压力梯度、含气饱和度与煤体结构5个因素决定;煤层气保存条件由构造条件、水文地质条件、顶底板保存条件3个因素决定。需要注意,本书中12项煤层气勘探阶段选区评价的次一级主控因素的提出,主要是基于准噶尔盆地南缘现今煤层气勘探阶段资料的获取难易程度与准确程度。

## 第二节 煤层气勘探有利区评价方法

影响煤层气勘探开发潜力的地质因素较为复杂(例如煤层厚度、含气量、埋深以及构造类型等),其产生的地质影响有些可采用定量的方法来衡量,有些却只能采用定性的描述去表达。如果仅使用简单的对比分析,很难系统对比不同地质因素之间的优劣次序,以及其在煤层气富集成藏与开发过程中所起的实际作用。因此,开展准噶尔盆地南缘煤层气勘探阶段的地质选区评价工作,不能简单参考煤层厚度、含气量与埋深等地质参数。应基于研究区的实际地质情况,尽量多参考能够反映煤层气勘探潜力的地质参数,运用层次分析与模糊数学评价相结合的方法,通过层次分析法计算各影响因素指标的权重,运用模糊评价方法进行影响因素配置的评价,建立数学评价模型对煤层气勘探潜力在区域上的变化进行定量表征。

## 一、层次分析法

层次分析法,简称 AHP(Analytic Hierarchy Process),是系统论中的一种决策方法,在 20 世纪 80 年代初被引入中国,并在各行业中得到了较为广泛的应用。该方法首先是对决策系统划分层次,建立多层次结构模型;在此基础上,对同一层次各元素关于上一层次中某一准则的重要性进行两两比较,构造两两比较判断矩阵;然后由判断矩阵计算被比较元素对于该准则的相对权重和各层元素对系统目标的合成权重;最终得出排序结果。深入分析各元素的相互关系,建立合理的层次结构模型,这对于实现决策目的来说是十分重要的。递阶层次结构模型包括 3 个基本层次,即最高层、中间层与最低层,也可分别被称为目的层、准则层和方案层,准则层又可以进一步划分为若干子准则层。

### (一)单因素模糊评判

单独从一个因素出发,评判评价对象对评价某元素的隶属度,称为单因素模糊评判。假设对因素集中的 $u_i$ 进行评判,对其评价集中的 $v_j$ 的隶属度为 $r_{ij}$,用模糊集合可表示为:

$$R_i = (r_{i1}, r_{i2}, \cdots, r_{in}) \quad (7-1)$$

$R_i$ 称为单因素集。以各单因素评价集的隶属度为行组成的矩阵:

$$\boldsymbol{R} = \begin{Bmatrix} R_{11} & R_{12} & \cdots & R_{1n} \\ R_{21} & R_{22} & \cdots & R_{2n} \\ \cdots & \cdots & \cdots & \cdots \\ R_{m1} & R_{m2} & \cdots & R_{mn} \end{Bmatrix} \quad (7-2)$$

$\boldsymbol{R}$ 称为单因素矩阵。由于 $R_{ij}$ 表示 $U_i$ 和 $V_j$ 之间的隶属度,称 $\boldsymbol{R}$ 为从 $U$ 到 $V$ 的模糊关系。

### (二)单层次综合评价模型

设有两个有限集:因素集 $U = (u_1, u_2, \cdots, u_n)$ 和评价集 $V = (v_1, v_2, \cdots, v_n)$。若 $\boldsymbol{R}$ 是 $U$ 与 $V$ 之间的一个模糊关系,则 $U$ 上的模糊集为:

$$\boldsymbol{R} = \begin{Bmatrix} r_{11} & r_{12} & \cdots & r_{1n} \\ r_{21} & r_{22} & \cdots & r_{2n} \\ \cdots & \cdots & \cdots & \cdots \\ r_{m1} & r_{m2} & \cdots & r_{mn} \end{Bmatrix} \quad (7-3)$$

$V$ 上的模糊集为:

$$A = (a_1, a_2, \cdots, a_n) \quad (7-4)$$

则对该评判对象的综合评判结果为:

$$B = A \otimes \boldsymbol{R} \quad (7-5)$$

其中：
$$B_J = \bigcup_{i=1}^{m}(a_i \wedge r_{ij}) \qquad (7-6)$$

(∨,∧)为模糊交换中的广义算子；⊗是模糊矩阵的合成规则。式(7-6)称为单层次综合评判模型。实际上，该模型是以(A B **R**)构成的三维模型。A 为因素集 U 上的权重；**R** 为从因素集 U 到评价集 V 的一个模糊映射；B 为评价结果，$B_J$ 的含义是综合考虑所有因素的影响时，评价对象对评价集中第 j 个元素的隶属度。

### (三)多层次模糊评判模型

煤层气地质综合评价是一个多因素、多层次的复杂系统，必须用多层次模糊综合评价模型进行处理。多层次模糊综合评价，是以单层次评价为核心，先构成若干个评价小组的单层次评价子集，再以评价小组的评价子集为新的节点，进行高一层次的评价。

支级模糊综合评判时的单因素评判，应为相应的上一级模糊综合评判，故多级(以二级为例)模糊综合评判的单因素评判矩阵，应为：

$$\boldsymbol{R} = \begin{bmatrix} B_1 \\ B_2 \\ \cdot \\ \cdot \\ B_m \end{bmatrix} = \begin{bmatrix} A_1 & \otimes & R_1 \\ A_2 & \otimes & R_2 \\ \cdot & \cdot & \cdot \\ \cdot & \cdot & \cdot \\ A_m & \otimes & R_m \end{bmatrix} = |r_{ij}|_{mp} \qquad (7-7)$$

式中：$r_{ik} = b_{jk}(=1,2,3,\cdots,p)$。

于是，二级模糊综合评判集为：

$$B = A \otimes \boldsymbol{R} = A \otimes \begin{bmatrix} A_1 & \otimes & R_1 \\ A_2 & \otimes & R_2 \\ \cdot & \cdot & \cdot \\ A_m & \otimes & R_m \end{bmatrix} = (b_1, b_2, \cdots, b_p)$$

$$(7-8)$$

式中：$b_k = \bigcup_{i+}^{m}(a_1 \wedge b_{ik}) \quad (k=1,2,\cdots,p)$

类似地，可以构成多段模糊评判模型。由于不同层次中节点的权系数、算子模型不同，多层次模糊数学综合评判并不是单层次的简单叠加。

### (四)多层次模糊综合评价

以评价小组为单元所进行的单层次综合评价所获得的评价结果可以作为下一层次上述因素对自身评语的评价，即为所在层次小组的单因素对自身评语评价矩阵中的一个行向量 $R(u_i)$，故任一层次的评价矩阵可表示为：

$$R_i = [R_i(u_1) R_i(u_2) \cdots R_i(u_n)] \qquad (7-9)$$

对于给定的权重：

$$A_i = (A_{11}, A_{12}, \cdots, A_{1n}) \qquad (7-10)$$

多层次综合评判即为：

$$R_{iz} = A_i \otimes R_i \qquad (7-11)$$

层次分析法是将分析工作中模糊不清的相关关系转化为定量分析问题的方法,是一种体现了层次权重决策的分析法。它采用将复杂的问题构建成有序的层次结构,通过同层次相对前一层次元素的比较、判断和计算,确定最底层所有元素对总目标的权重。应用多层次法分析具体问题的步骤如图7-2-1所示。

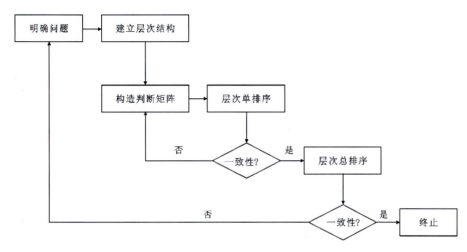

图7-2-1 多层次法分析具体问题的步骤

**1. 建立层次结构**

筛选影响综合评价的指标参数,建立目标层与指标层,指标层分为一级指标层、二级指标层等延展分类(图7-2-2)。

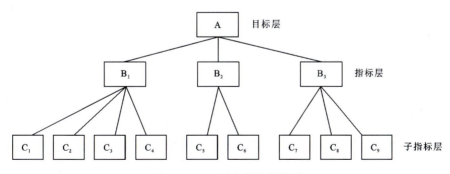

图7-2-2 层次结构分类图

**2. 构造判断矩阵**

为了能定量地确定各因素的权重,需要构造相关指标的判断矩阵。判断矩阵是表示本层所有因素针对上一层某一个因素的相对重要性的比较。两两相比较,重要性标度按照表7-2-1取值。判断矩阵中的元素具有"$x_{ij}>0, x_{ij}=1/a_{ji}, x_{ii}=1$"的性质,构造矩阵为互反矩阵。

表 7-2-1　两两判断矩阵构建中相对重要性标度的含义

| $x_i:x_j$ 的重要性 | 极重要 | 很重要 | 稍微重要 | 两者相当 | 稍不重要 | 不重要 | 极不重要 |
|---|---|---|---|---|---|---|---|
| $x_{ij}$ | ≥3 | 2～3 | 1～2 | 1 | 0.5～1 | 0.5～1/3 | ≤1/3 |

### 3. 计算权向量

在得到判断矩阵后,采用 MATLAB 软件求解矩阵最大特征值和特征向量,得到本层次的元素相对于前层次中某指标的相对重要性权值,分别对一级指标层、二级指标层进行层次单排序和层次总排序,得到各指标权向量。矩阵特征值和特征向量采用 MATLAB 软件求解。

### 4. 一致性检验

为保证计算结果的可信度和相对准确性,需要对矩阵作一致性检验。本次采用 Saaty 提出的用一致性指标 $CI$ 与同阶随机一致性指标 $RI$ 的比值,即随机一致性比率 $CR$ 来判别矩阵的一致性。

$$CI=(\lambda_{\max}-n)/(n-1) \tag{7-12}$$

$$CR=CI/RI \tag{7-13}$$

式中,$\lambda_{\max}$ 为矩阵最大特征根,$n$ 为矩阵的阶数;$RI$ 可从表 7-2-2 中查询取值。

如果 $CR<10\%$,认为判别矩阵具有可接受的不一致性;如果 $CR>10\%$,需要重新赋值和修正计算,直至一致性通过为止。

表 7-2-2　$RI$ 查询表

| 阶数 | 1 | 2 | 3 | 4 | 5 | 6 | 7 | 8 | 9 |
|---|---|---|---|---|---|---|---|---|---|
| $RI$ | 0 | 0 | 0.58 | 0.90 | 1.12 | 1.24 | 1.32 | 1.41 | 1.42 |

## 二、模糊数学评价法

用数学方法研究和处理具有"模糊性"现象的数学方法称为模糊数学法。模糊性主要指事物间差异的过渡界线的"不明确性",如煤层气藏的边界、水动力分区的界限、构造的形态等,这些模糊变量的描述或定义是模糊的,各变量的内部分级没有明显的界限。

模糊综合评价是基于评价过程的非线性特点而提出的,它是利用模糊数学中的模糊运算的法则,对非线性的评价论域进行量化综合,从而得到可比的量化评价结果的过程。模糊评价利用模糊变换原理和最大隶属度原则,考虑与被评价事物相关的各个因素及对其所进行的综合评价。

### (一)模糊评价法的基本步骤

(1)选定评价对象 $X$。
(2)建立评价指标体系。
(3)确定评价指标权重。
(4)建立隶属函数。
(5)选定模糊算子。
(6)采集样本数据。

(7) 建立评价矩阵,归一化处理。

(8) 处理数据,得到评价结果。

## (二) 模糊评判模型的建立

### 1. 单层次模糊评判模型

假设两个有限论域 $M$, $N$:

$$M = \{m_1, m_2, \cdots, m_k\} \quad N = \{n_1, n_2, \cdots, n_j\}$$

式中,$M$ 代表所有的评判因素所组成的集合;$N$ 代表所有的评语等级所组成的集合。

如果着眼于第 $i(i=1,2,\cdots,k)$ 个评判因素 $m_i$,其单因素评判结果为 $Y_i = [y_{i1}, y_{i2}, \cdots, y_{ij}]$,则 $k$ 个评判因素的评判决策矩阵为:

$$\boldsymbol{Y} = \begin{bmatrix} Y_1 \\ Y_2 \\ \vdots \\ Y_k \end{bmatrix} = \begin{bmatrix} r_{11} & r_{12} & \cdots & r_{1n} \\ r_{21} & r_{22} & \cdots & r_{2n} \\ \vdots & \vdots & \ddots & \vdots \\ r_{k1} & r_{k2} & \cdots & r_{kj} \end{bmatrix}$$

$\boldsymbol{Y}$ 为 $M$ 到 $N$ 上的一个模糊关系 ($r$ 为 $\boldsymbol{Y}$ 的子集)。

如果对各评判因数的权数分配为:$X = [x_1, x_2, \cdots, x_k]$,为得到论域 $V$ 上的一个模糊子集,则应用模糊变换的合成运算,即得到综合评判结果:$A = X \times Y = [a_1, a_2, \cdots, a_j]$。

### 2. 多层次模糊综合评判模型

在复杂的系统中,事物的影响因素往往是很多的,各因素之间还存在着多种层次。这时采用单层次模糊综合评判模型很难达到理想的目标。所以,首先需要将评判因素集合按照某种属性分成几类,对每一类因素进行综合评判,然后再对评判结果进行类之间的高层次综合评判,这样就产生了多层次模糊综合评判。

对评判因素集合 $M$,按某个属性,将其划分成 $k$ 个子集,使它们满足:

$$\begin{cases} \sum_{i=1}^{k} M_i = M \\ M_i \cap M_h = \Phi (i \neq h) \\ M = \{M_1, M_2, \cdots, M_k\} \end{cases} \tag{7-14}$$

式中,$M_i = \{M_{ij}\}(i=1,2,\cdots,k; h=1,2,\cdots,n_j)$ 表示子集 $M_i$ 中含有 $n_j$ 个评判因素。

对于每一个子集 $M_i$ 中的 $n_j$ 个评判因素,按单层次模糊综合评判模型进行评判,如 $i_M$ 中诸因数的权数分配为 $i_X$,其评判决策矩阵为 $i_Y$,则得到第 $i$ 个子集 $M_i$ 的综合评判结果:$A_i = X_i \times Y_i = [a_{i1}, a_{i2}, \cdots, a_{ij}]$。

对 $M$ 中的 $k$ 个评判因素子集 $M_i(i=1,2,\cdots,k)$,进行综合评判,其评判决策矩阵为:

$$\boldsymbol{X} = \begin{bmatrix} A_1 \\ A_2 \\ \vdots \\ A_k \end{bmatrix} = \begin{bmatrix} a_{11} & a_{12} & \cdots & a_{1j} \\ a_{21} & a_{22} & \cdots & a_{2j} \\ \vdots & \vdots & \ddots & \vdots \\ a_{k1} & a_{k2} & \cdots & a_{kj} \end{bmatrix}$$

如果 $M$ 中的各因数子集的权数分配为 $\boldsymbol{Y}$,可得综合评判结果:$A^* = \boldsymbol{X} \times \boldsymbol{Y}$ 得到的结果既是 $M$ 的综合评判结果,也是 $M$ 中所有评判因数的综合评判结果。其中,矩阵合成运算常用的有两种方法：一种是主因素决定模型法，即利用逻辑算子 $M(\wedge,\vee)$ 进行取大或取小合成，该方法一般仅适合于单项最优的选择；二是普通矩阵模型法，即利用普通矩阵算法进行运算，这种方法考虑了各方面的因素，因此适用于多因素的评价方法。

若 $M$ 的二级层次中还含有很多因素，就可以进行进一步划分，得到三级以至更多层次的评判模型。多层次的模糊综合评判模型具有能够不反映评判因素的不同层次的特点，能够避免由于因素过多而导致的难于分配权重的问题。

# 第三节 煤层气勘探有利区优选

## 一、参数优选及其权重确定

为实现通过研究而找出准噶尔盆地南缘煤层气勘探有利区的目的，在建立评价体系的时候，把煤层气勘探潜力（$U$）作为评价体系中评价的终极目标，而把煤层气资源条件（$A$）、煤储层地质条件（$B$）、煤层气保存条件（$C$）作为二级评价指标，三级参数的选取是评价体系建立过程中最重要的环节，三级参数的选取是否得当，将直接影响到最终的评价结果。在研究准噶尔盆地南缘煤层气富集高产主控因素之后，并参考其他地区已有研究方法的基础上，最终将煤层含气量（$A_1$）、煤层总厚度（$A_2$）、甲烷浓度（$A_3$）、煤层气风化带（$A_4$）、储层渗透率（$B_1$）、兰氏体积（$B_2$）、储层压力梯度（$B_3$）、含气饱和度（$B_4$）、煤体结构（$B_5$）、构造条件（$C_1$）、水文地质条件（$C_2$）、顶底板保存条件（$C_3$）12 个参数确定为体系中的三级参数。

各级评价指标确定之后，需要对各参数进行赋值，权重的赋予依据主要是地质研究的成果结合判断矩阵的一致性检验（表 7-3-1）。

表 7-3-1 准噶尔盆地南缘勘探阶段选区评价各级参数所得权重

| 目标 | 二级指标及权重 | 三级参数及权重 |
|---|---|---|
| 煤层气勘探潜力（$U$） | 煤层气资源条件（$A$）0.42 | 煤层含气量（$A_1$）0.30 |
| | | 煤层总厚度（$A_2$）0.40 |
| | | 甲烷浓度（$A_3$）0.15 |
| | | 煤层气风化带（$A_4$）0.15 |
| | 煤储层地质条件（$B$）0.35 | 储层渗透率（$B_1$）0.30 |
| | | 兰氏体积（$B_2$）0.20 |
| | | 储层压力梯度（$B_3$）0.15 |
| | | 含气饱和度（$B_4$）0.15 |
| | | 煤体结构（$B_5$）0.20 |
| | 煤层气保存条件（$C$）0.23 | 构造条件（$C_1$）0.33 |
| | | 水文地质条件（$C_2$）0.44 |
| | | 顶底板保存条件（$C_3$）0.23 |

## 二、参数隶属度函数确定

上述三级评价参数具有相互独立的数值大小与单位,具有不同的有效取值范围,为将所有参数放在同一个标准下进行对比分析,需要对其开展均一化处理。准噶尔盆地南缘煤层气勘探阶段选区评价参数可分为定量与定性两大类。定量参数(如煤层含气量、煤层总厚度、甲烷浓度、储层渗透率等)主要采用实际数据取平均法,对部分无实际数据的块段,根据参数之间的相关关系利用数学统计法求得,或在相应的参数平面等值线图中求得。定性参数(煤体结构、构造条件、水文地质条件、顶底板保存条件等)的取值,原则上参考各地质单元已有的地质资料与研究成果,经过系统分析,经验性地给出不同地质条件下的定量赋值。

### 1. 煤层含气量($A_1$)

煤层气主要以吸附态赋存于煤基质的孔隙内表面,含气性是评价煤层气资源量与勘探潜力的关键指标。对含气性的评价主要以实测的煤层气参数井原位含气量数据作为首选。一般来说,热成因煤层气含量普遍高于生物成因煤层气,不应以统一的标准进行评价。统计分析可知,准噶尔盆地南缘热成因煤层气实测含气量($V_p$,m³/t)为 $0.89 \sim 15.55 \text{m}^3/\text{t}$,建立热成因煤层气含量与煤层气勘探潜力的隶属度函数[式(7-15)]。此外,研究区生物成因煤层气实测含气量($V_p$)为 $0.04 \sim 14.04 \text{m}^3/\text{t}$,建立生物成因煤层气含量与煤层气勘探潜力的隶属度函数[式(7-16)]。

$$A_1 = \begin{cases} 0.4 & V_p < 5 \\ 3/25\ V_p - 1/5 & 5 \leqslant V_p \leqslant 10 \\ 1 & V_p > 10 \end{cases} \quad (7-15)$$

$$A_1 = \begin{cases} 0.2 & V_p < 2 \\ 4/15\ V_p - 1/3 & 2 \leqslant V_p \leqslant 5 \\ 1 & V_p > 5 \end{cases} \quad (7-16)$$

### 2. 煤层总厚度($A_2$)

由于准噶尔盆地南缘中—低煤阶煤层气含量相对较低,较大的煤层总厚度($M_2$,m)直接决定了该区煤层气资源丰度与勘探潜力。统计分析可知,研究区煤层总厚度为 $6.84 \sim 88.4 \text{m}$,建立煤层总厚度与煤层气勘探潜力的隶属度函数[式(7-17)]。

$$A_2 = \begin{cases} 0.4 & M_2 < 20 \\ 0.015 M_2 + 0.1 & 20 \leqslant M_2 \leqslant 60 \\ 1 & M_2 > 60 \end{cases} \quad (7-17)$$

### 3. 甲烷浓度($A_3$)

甲烷作为煤层气资源的重要组分,其浓度的高低直接决定了煤层气资源条件与经济价值。统计分析可知,准噶尔盆地南缘煤层气组分中甲烷浓度($C_m$,%)为 $10.30\% \sim 97.95\%$,建立甲烷浓度与煤层气勘探潜力的隶属度函数[式(7-18)]。

$$A_3 = \begin{cases} 0.5 & C_m < 60\% \\ 2.5 C_m - 1 & 60\% \leqslant C_m \leqslant 80\% \\ 1 & C_m > 80\% \end{cases} \quad (7-18)$$

**4. 煤层气风化带($A_4$)**

煤层气风化带边界($H$,m)对于煤层气资源量计算与开发方案的制订至关重要,可运用"$CH_4$含量大于等于$1m^3/t$且$N_2$浓度小于等于20%"对准噶尔盆地南缘煤层气风化带进行定量判识研究。对于热成因煤层气,若煤层气风化带较深,则浅层开发效果一定较差。因此,煤层气风化带越浅,煤层气勘探潜力越大。基于此,建立热成因煤层气风化带边界与煤层气勘探潜力的隶属度函数[式(7-19)]。对于生物成因煤层气,由于浅部煤层可能存在次生生物气的现今补给且煤储层渗透率较高,煤层气风化带对生物成因煤层气勘探潜力的影响相对较弱。基于此,建立生物成因煤层气风化带边界与煤层气勘探潜力的隶属度函数[式(7-20)]。

$$A_4 = \begin{cases} 1 & H < 500 \\ -0.002H + 2 & 500 \leqslant H \leqslant 800 \\ 0.4 & H > 800 \end{cases} \quad (7-19)$$

$$A_4 = \begin{cases} 1 & H < 200 \\ -0.001H + 1.2 & 200 \leqslant H \leqslant 800 \\ 0.4 & H > 800 \end{cases} \quad (7-20)$$

**5. 储层渗透率($B_1$)**

储层渗透率对于煤层气开发至关重要,低渗透率煤层分布区的煤层气一般无开采价值,产能高的地区,煤储层渗透率一般较高。统计分析可知,准噶尔盆地南缘地区基质渗透率($\kappa$,$\times 10^{-3} \mu m^2$)为$0.001 \times 10^{-3} \sim 13.48 \times 10^{-3} \mu m^2$,建立煤储层渗透率与煤层气勘探潜力的隶属度函数[式(7-21)]。

$$B_1 = \begin{cases} 0.4 & \kappa < 0.1 \\ 1.5\kappa + 0.25 & 0.1 \leqslant \kappa \leqslant 0.5 \\ 1 & \kappa > 0.5 \end{cases} \quad (7-21)$$

**6. 兰氏体积($B_2$)**

兰氏体积($V_L$,$m^3/t$)主要通过煤岩甲烷等温吸附实验测试获得,可表征煤储层最大甲烷吸附能力。由于煤层气主要以吸附态赋存于煤基质内表面,兰氏体积可近似表征煤储层理论最大含气量。统计分析可知,准噶尔盆地南缘煤储层兰氏体积为$3.43 \sim 28.76 m^3/t$,建立兰氏体积与煤层气勘探潜力的隶属度函数[式(7-22)]。

$$B_2 = \begin{cases} 0.2 & V_L < 0.1 \\ 0.08V_L - 0.2 & 5 \leqslant V_L \leqslant 15 \\ 1 & V_L > 15 \end{cases} \quad (7-22)$$

**7. 储层压力梯度($B_3$)**

煤储层压力($P$,MPa/100m)为煤层孔隙中的流体(包括气体与水)所承受的压力,一般指原始储层压力,即储层被开采前,处于平衡状态时所测得的储层压力。地质学家也常用储层压力梯度($P_L$)去衡量储层压力的大小,且认为储层压力梯度越大越有利于煤层气资源的保存与开采。统计分析可知,准噶尔盆地南缘煤储层压力梯度为$0.49 \sim 1.32$MPa/100m,建立储层压力梯度与煤层气勘探潜力的隶属度函数[式(7-23)]。

$$B_3 = \begin{cases} 0.4 & P_L < 9.5 \\ 0.6P_L - 5.3 & 9.5 \leqslant P_L \leqslant 10.5 \\ 1 & P_L > 10.5 \end{cases} \quad (7-23)$$

**8. 含气饱和度($B_4$)**

含气饱和度($S$,%)指实测含气量与理论含气量的比值,对比含气饱和度与单井日产气量之间的关系,可知煤层气井产气效果与煤储层含气饱和度密切相关。例如,单井日产气超过1000m³/d的煤层气井含气饱和度均大于50%;产气效果较好的地区煤储层含气饱和度多大于70%。统计分析可知,准噶尔盆地南缘煤储层含气饱和度明显偏低(1.31%~135.9%),建立含气饱和度与煤层气勘探潜力的隶属度函数[式(7-24)]。

$$B_4 = \begin{cases} 0.2 & S < 40\% \\ 2S - 0.6 & 40\% \leqslant S \leqslant 80\% \\ 1 & S > 80\% \end{cases} \quad (7-24)$$

**9. 煤体结构($B_5$)**

煤体结构指煤岩成分的形态、大小、厚度与植物组织残迹,以及它们之间相互关系所表现出来的特征。一般来说,根据构造运动对煤体产生的塑性、韧性变化的程度不同,将煤体结构依次划分为原生结构煤、碎裂煤、碎粒煤以及糜棱煤4类。煤体结构对于煤储层渗透性以及煤层压裂完井作业有重要影响,原生结构煤对于煤层开发比较有利,后期构造运动改造强烈的构造煤是煤层气开发的禁区。煤体结构对于煤层气勘探开发潜力的控制作用,难以对其开展定量、综合考量的方法,此次研究采取定性判别的方式(表7-3-2)。

表7-3-2 准噶尔盆地南缘勘探阶段煤层气选区评价定性参数隶属度取值表

| 煤体结构($B_5$) | 构造条件($C_1$) | 水文地质条件($C_2$) | | 顶底板保存条件($C_3$) |
|---|---|---|---|---|
| | | $\delta^{13}C_{C_1} \leqslant -55‰$ | $\delta^{13}C_{C_1} > -55‰$ | |
| 原生结构煤、碎裂煤(0.7~1) | 构造简单—中等,处于向斜、断块或断背斜圈闭,断层几乎不发育(0.7~1) | 低TDS值、水动力弱径流(0.7~1) | 高TDS值、水动力弱径流—滞留、简单易降压(0.7~1) | 顶板厚度大,以泥岩为主,裂缝不发育(0.7~1) |
| 碎粒煤(0.3~0.7) | 构造中等—复杂,处于向斜或背斜构造,断层较为发育(0.3~0.7) | 中—低TDS值、水动力弱径流—径流(0.5~0.7) | 中低TDS值、水动力弱径流—径流(0.5~0.7) | 顶板厚度大,以粉砂岩、砂泥岩互层等为主,发育少量裂缝(0.5~0.7) |
| 糜棱煤(0~0.3) | 构造复杂,断层十分发育(0~0.3) | 高TDS值或水动力径流(0~0.5) | 低TDS值、水动力径流、水动力复杂、排水量大(0~0.5) | 以中—粗砂岩为主,裂缝较发育(0~0.5) |

#### 10. 构造条件（$C_1$）

构造类型及其复杂程度在一定程度上对煤层气的生成、聚集和保存都起着重要的影响。因此，在优选煤层气勘探开发有利区时，构造条件是必须要考虑的一项指标。准噶尔盆地南缘构造类型主要有背斜、向斜、单斜、逆断层及少量正断层等，而某个区块中构造条件对煤层气富集条件的控制主要取决于不同构造圈闭类型及其相互间的组合关系。一般来说，构造越简单，断层越不发育，煤体结构越完整，煤层气富集成藏条件越好，此外向斜构造煤层气勘探潜力最优越。构造条件对于煤层气勘探潜力的控制作用，此处也采取定性判别的方式（表7-3-2）。

#### 11. 水文地质条件（$C_2$）

水文地质条件对煤层气产生、运移、富集及成藏过程影响极大，且水文地质条件对不同成因煤层气影响明显不同。对于热成因煤层气，水文地质条件控气具有双重效应，既可起到水动力封堵作用，又可产生水动力逸散效应。一般来说，水动力越滞缓，矿化度越高，越易于煤层气富集成藏与开发过程中降压解吸。对于生物成因煤层气，水文地质条件不仅影响其富集成藏过程，还决定了煤层生物气能否形成（即较低的矿化度有利于产甲烷菌生存及产甲烷活动）。因此，低TDS、水动力弱径流区有利于低煤阶煤次生生物气富集成藏。水文地质条件对煤层气勘探潜力的控制作用，可采用定性判别方式（表7-3-2）。需要注意的是，准噶尔盆地南缘米泉地区的生物成因气可能形成于较早地质时期，缺乏现今生物气大量补给，只需考虑现今保存条件，应采用热成因气的判别标准。

#### 12. 顶底板保存条件（$C_3$）

煤层顶底板岩性及其厚度可在很大程度上影响煤层气藏的保存效果。一般来说，煤层顶底板岩性越致密，厚度越大，越有利于煤层气的富集保存。泥岩岩性致密，裂缝不发育，是煤层气的最佳顶底板；粉砂岩、泥质粉砂岩岩性较为致密，可能产生少量裂缝，封盖条件稍差；中—粗砂岩，裂缝较发育，封盖条件最差。顶底板保存条件对煤层气勘探潜力的控制作用，此处同样采用定性判别方式（表7-3-2）。

### 三、数学评价模型建立

在求得不同评价单元的评价指标的权重与相应隶属度值之后，可对准噶尔盆地南缘开展煤层气勘探阶段选区评价工作。为最大限度地接近实际，并体现出各项评价指标的真实影响，本书建立了准噶尔盆地南缘勘探阶段煤层气选区评价数学模型（表7-3-3），有利于实现对各评价单元煤层气勘探潜力的定量排序与有利区的优选。

### 四、煤层气勘探有利区优选

为定量评估煤层气勘探潜力在区域上的变化规律，可将准噶尔盆地南缘划分为乌苏、玛纳斯、呼图壁、硫磺沟、米泉、阜康、吉木萨尔以及后峡8个选区评价单元。此外，结合不同评价单元内早期煤田勘探与现今煤层气勘探开发成果，将上述评价单元的不同评价指标信息统计于表7-3-4中。然后，将表7-3-4中评价指标信息代入对应定量参数隶属度函数与定性参数隶属度取值表，求得不同评价单元中不同评价指标的隶属度值。随后，将隶属度值代入数学评价模型，求得准噶尔盆地南缘不同评价单元煤层气勘探潜力的定量值，即乌苏（$U_1=$

# 第七章 煤层气勘探有利区评价

0.584)、玛纳斯($U_i=0.638$)、呼图壁($U_i=0.667$)、硫磺沟($U_i=0.729$)、米泉($U_i=0.749$)、阜康($U_i=0.754$)、吉木萨尔($U_i=0.746$)及后峡($U_i=0.657$)。最后,按 $U_i$ 值的大小将准噶尔盆地南缘煤层气勘探潜力划分为 3 类,即 $U_i<0.60$ 为较差,$0.60 \leqslant U_i \leqslant 0.70$ 为中等,$U_i>0.70$ 为好。基于此,准噶尔盆地南缘煤层气勘探潜力由好到差可划分为 3 个层次(图 7-3-1)。Ⅰ类煤层气勘探区块为阜康、米泉、吉木萨尔、硫磺沟,Ⅱ类煤层气勘探区块为呼图壁、后峡、玛纳斯,Ⅲ类煤层气勘探区块为乌苏。

基于此,除已经取得煤层气勘探突破的阜康与米泉地区外,吉木萨尔与硫磺沟地区应该作为准噶尔盆地南缘下一阶段煤层气勘探的首先目标。

表 7-3-3 准噶尔盆地南缘勘探阶段煤层气选区评价定性指标隶属度取值表

| 目标 | 二级指标 | 三级指标 | 权重 | 隶属度 | 权系数 |
|---|---|---|---|---|---|
| $U_i$ | $A_i$ | $A_{1i}$ | 0.30 | $X_{1i}$ | $0.30 \times X_{1i}$ |
| | | $A_{2i}$ | 0.40 | $X_{2i}$ | $0.40 \times X_{2i}$ |
| | | $A_{3i}$ | 0.15 | $X_{3i}$ | $0.15 \times X_{3i}$ |
| | | $A_{4i}$ | 0.15 | $X_{4i}$ | $0.15 \times X_{4i}$ |
| | $B_i$ | $B_{1i}$ | 0.30 | $Y_{1i}$ | $0.30 \times Y_{1i}$ |
| | | $B_{2i}$ | 0.20 | $Y_{2i}$ | $0.20 \times Y_{2i}$ |
| | | $B_{3i}$ | 0.15 | $Y_{3i}$ | $0.15 \times Y_{3i}$ |
| | | $B_{4i}$ | 0.15 | $Y_{4i}$ | $0.15 \times Y_{4i}$ |
| | | $B_{5i}$ | 0.20 | $Y_{5i}$ | $0.20 \times Y_{5i}$ |
| | $C_i$ | $C_{1i}$ | 0.33 | $Z_{1i}$ | $0.33 \times Z_{1i}$ |
| | | $C_{2i}$ | 0.44 | $Z_{2i}$ | $0.44 \times Z_{2i}$ |
| | | $C_{3i}$ | 0.23 | $Z_{3i}$ | $0.23 \times Z_{3i}$ |
| $U_i=0.42 \times A_i+0.35 \times B_i+0.23 \times C_i$　$i=1,\cdots,n$,$U_i$ 代表不同的评价节点<br>$A_i=A_{1i}+A_{2i}+A_{3i}+A_{4i}$;$B_i=B_{1i}+B_{2i}+B_{3i}+B_{4i}+B_{5i}$;$C_i=C_{1i}+C_{2i}+C_{3i}$ | | | | | |

表 7-3-4 准噶尔盆地南缘勘探阶段不同评价单元选区评价指标信息统计表

| 评价单元 | 乌苏 | 玛纳斯 | 呼图壁 | 硫磺沟 | 米泉 | 阜康 | 吉木萨尔 | 后峡 |
|---|---|---|---|---|---|---|---|---|
| 煤层气气含量(m³/t) | 0.5~2.0 (1.25) | 0.89~6.43 (3.66) | 2.89~6.95 (5.19) | 1.35~9.05 (5.98) | 0.70~14.04 (6.73) | 0.54~15.55 (8.03) | 0.71~7.92 (4.05) | 0.04~3.92 (2.17) |
| 煤层总厚度(m) | 11.2~18.81 (15.3) | 19.27~43.63 (34.5) | 6.84~22.41 (12.97) | 14.33~47.59 (32.75) | 9.95~74.24 (32.52) | 22.95~88.4 (55.68) | 32.5~47.3 (39.9) | 27.19 |
| 甲烷浓度(%) | 10.3~75.2 (52.64) | 61.43~94.79 (78.89) | 65.19~83.44 (74.68) | 86.4~99.65 (94.05) | 55.44~97.95 (75.26) | 79.16~97.47 (87.66) | 52.43~99.65 (93.11) | 58.14~91.27 (78.68) |
| 煤层气风化带(m) | 450 | 450 | 450 | 300 | 370 | 400 | 300 | 300 |
| 储层渗透率(mD) | 0.21~0.92 (0.67) | 0.001~1.95 (0.17) | 0.002~1.22 (0.16) | 0.029~0.78 (0.40) | 0.014~13.48 (1.61) | 0.004~0.26 (0.12) | 0.02~1.80 (0.75) | 0.04~3.79 (1.19) |
| 兰氏体积(m³/t) | 8.76~14.02 (11.84) | 5.32~28.76 (14.28) | 5.80~16.57 (13.25) | 8.79~16.57 (13.25) | 10.66~25.18 (18.84) | 9.4~33.45 (25.63) | 3.43~13.46 (9.39) | 4.33~15.80 (10.58) |
| 储层压力梯度(MPa/100m) | 0.89 | 1.01~1.03 (1.02) | 0.87 | 0.83~0.96 (0.91) | 0.49~0.99 (0.82) | 0.74~0.93 (0.82) | 0.78~1.32 (0.90) | 0.76~1.03 (0.91) |
| 含气饱和度(%) | 10.55~24.65 (21.30) | 61.2~81.7 (71.2) | 24.63~64.05 (42.96) | 26.15~135.9 (62.84) | 1.31~99 (40.61) | 50~58.6 (54.2) | 522~97.51 (73.40) | 13.9~66.75 (34.48) |
| 煤体结构 | 原生结构 | 原生结构,局部夹碎裂结构,碎粒结构及粉碎裂结构 | 原生结构,碎裂结构 | 碎裂结构,原生结构 | 原生结构 | 碎裂结构,原生结构 | 原生结构,碎裂结构 | 原生结构 |
| 构造条件 | 构造简单 | 构造复杂 | 构造简单 | 构造复杂 | 构造简单 | 构造复杂 | 构造简单 | 构造简单 |
| 水文地质条件 | 中-低化矿度,水动力弱径流-径流 | 低TDS值,水动力弱径流 | 低TDS值,水动力弱径流 | 中-低TDS值,水动力弱径流-径流 | 高TDS值 | 中-低TDS值,水动力弱径流-径流 | 低TDS值,水动力弱径流 | 低TDS值,水动力弱径流 |
| 顶底板保存条件(岩性) | 泥质粉砂岩、粉砂质泥岩 | 泥岩、粉砂质泥岩、碳质泥岩 | 粗砂岩、细砂岩、粉砂岩 | 泥岩、粉砂岩 | 泥岩、粉砂岩、细砂岩 | 粉砂岩、碳质泥岩、细砂岩 | 细砂岩、粉砂岩 | 粉砂岩 |

注:括号内数值为平均值。

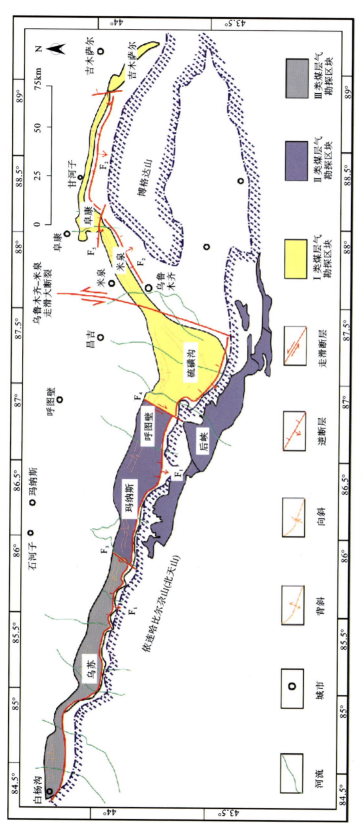

图 7-3-1 准噶尔盆地南缘煤层气勘探潜力级别划分

# 第八章 煤层气开发"甜点"评价

煤层气"甜点区"是指煤层埋藏深度适中、厚度较大、热演化程度合适、含气量相对较高、孔渗相对较好、单井产量高且稳产的煤层气富集区块。找到了"甜点区"也就相当于找到了有利的开发区块。在多煤层发育区进行煤层气地质选区时,不仅要进行平面有利区优选,而且要考虑垂向层段的组合优选。吴财芳等(2018)将有利于煤层气开发的区域称为有利区,主要是指"有利向斜或含煤盆地";将有利于实现煤层气高产的区域称之为甜点区,主要是指"靶区或有利建产区";将有利于煤层气开发的垂向层段称之为甜点段,是在甜点区的范围内进行优选,主要指"有利目的层段或开发层段"。本书针对准噶尔盆地南缘的特殊地质条件,以高效煤层气开发为导向,力图构建煤层气开发甜点优选方法体系,夯实区域特色的煤层气地质选区评价理论与技术。

## 第一节 煤层气开发"甜点"评价指标优选

### 一、平面"甜点"区评价指标

(一) 含气性特征

**1. 含气饱和度**

煤层含气饱和度是计算煤层气资源量的重要参数,区别于常规天然气含气饱和度,它是指煤层实测含气量与原始储层压力条件下吸附气含量之间的比值,大于100%时为过饱和煤层,小于100%时为欠饱和煤层。含气饱和度主要受控于沉积、构造及水文地质条件演变而引起的煤层气生成和运移,一定程度上反映了煤层气保存条件和赋存特征。煤层含气饱和度也是用于衡量煤层气井开始产气时间的参数,对于高含气饱和度煤层尤其是过饱和煤层可能蕴藏着一定规模的游离气,气井生产过程中见气时间会大幅度缩短。

**2. 甲烷含量**

甲烷含量是煤层气资源可采性中的一个重要参数,影响着该地区煤层气开发的商业价值,对于低煤阶煤层气而言,以"$CH_4$ 含量大于等于 $1m^3/t$ 且 $N_2$ 浓度小于等于20%"作为低煤阶甲烷风化带边界(杨曙光等,2019),边界以浅煤层一般不具有经济开发价值。准噶尔盆地南缘煤层气中甲烷含量受构造水动力条件影响显著,构造挤压形成的煤层高倾角使得部分煤层出露地表,与外界空气沟通,混入大量 $N_2$ 和 $CO_2$,同时出露地表部分煤层存在自燃现象,气体中甲烷含量进一步降低。因此,在优选甜点区过程中,风化带边界以深煤层气资源中参数甲烷含量越高,则代表煤层气资源品质越好。

**3. 主煤层含气量**

煤层含气量作为选区评价的关键参数,它的重要性已在各个选区评价实例中得到了充分证实。勘探开发初期,通常以煤层含气量的平均值代表这一地区煤层含气量高低,便于从宏观层面上把控煤层气资源分布特征,优选勘探初期资源有利区。甜点区优选则是在有利区中选择适合开发的区域和层段,不同区域主力煤层不同且含气量存在差异,而现今煤层气开发一般会选择主力煤层进行压裂排采,煤层含气量均值不足以指导甜点级别的选区工作。因此,将区域主力煤层含气量作为甜点优选评价的评价指标。

(二)开发关键参数

**1. 吸附时间**

吸附时间是含气量测定过程中实测气体达到总吸附量63%时所用的时间,可作为表征气体从煤储层中解吸并运移出来的速率的近似指标。煤吸附时间的长短,可预测产气高峰出现的早晚,控制着煤层气的早期生产动态,吸附时间越短,煤层解吸扩散速率则越快(李景明等,2008),而扩散能力在一定程度上影响煤层气产出效率。因此,吸附时间可用于预测煤层气早期开发效率,早期开发效率越高,煤层气井获得收益时间越短,经济成本回收也越快。

**2. 煤体结构**

煤体结构是指煤层在地质历史演化时期,经构造挤压等地质作用后表现出的结构特征。煤层气开发利用过程中,一般来说需要对煤层进行压裂改造,煤层原生性结构特征保存得越好,则压裂改造越容易产生有效裂缝,更利于煤层气排采。一般来说,煤体可改造性结构优劣程度为:原生结构＞碎裂结构＞碎粒结构＞糜棱结构,对煤层气的渗流来说,起主要作用的是煤岩裂隙,煤层气可采性主要取决于煤层本身裂隙(割理)的发育情况。

## 二、垂向"甜点"段评价指标

(一)储层可改造性

**1. 煤岩力学性质**

煤层及顶底板岩石力学性质是影响煤层压裂过程中裂缝发育的关键参数,煤层与顶底板岩石力学性质之间的差异控制着压裂过程中裂缝的延展特征和分布规律。岩石力学参数主要包括抗拉强度、抗压强度、弹性模量、泊松比等。当煤岩力学性质与顶底板力学性质相似或强于顶底板时,压裂施工过程中极易造成裂缝穿层,破坏盖层的封盖性,沟通含水层,从而导致压裂失败(倪小明等,2010)。水力压裂是煤层气开发进程中的关键步骤,因此在优选有利开发层段时,应将煤储层与顶底板之间的力学性质作为评价储层可改造性的关键指标。

**2. 有效压裂厚度**

煤层厚度不仅影响着煤层气资源丰度的大小和保存效果,同时也影响着压裂改造效果以及井型选择。对于厚度大的煤层而言,既可以为压裂改造方案提供更多选择,也可以提供更多的井型选择,如多分支水平井、顺煤层井等。准噶尔盆地南缘地区具典型的高倾角特征,强烈的构造挤压作用以及断层褶皱的发育使得地应力条件复杂,压裂改造裂缝发育特征难以预测,因此对厚煤层进行压裂施工更易获取其裂缝发育特征,为其他相对薄的煤层压裂改造提供经验性指导。

**3. 煤体破碎程度**

煤体结构是衡量储层可改造性的关键参数,"甜点区"优选阶段主要是从区域上进行煤体结构类型的判别和筛选,但准噶尔盆地南缘地区含煤地层均发育多套主力煤层,不同煤层之间非均质性较强,煤体结构类型不尽相同,因此在垂向选段过程中应再次考虑煤体结构。由于四工河矿区钻井取芯数量有限,部分煤层煤体结构未能有效控制,采用测井曲线反演的方式(Ren et al,2018),对该地区煤体结构进行反演得到各煤层煤体结构组合关系(图8-1-1)。同时为提出煤体破碎程度这一评价指标,定量表征煤体结构,对应关系为:原生结构为0,碎裂结构33%,碎粒结构67%,糜棱结构100%。

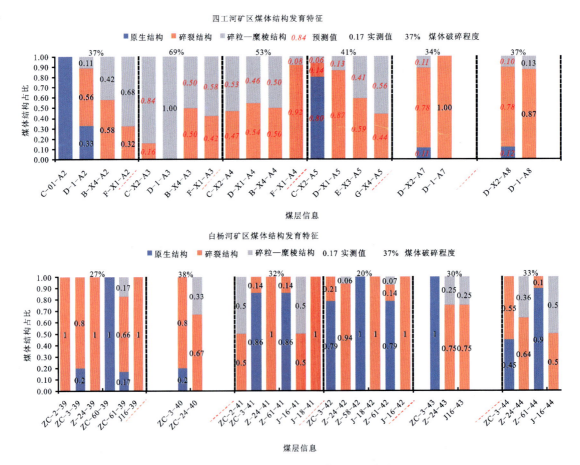

图8-1-1 阜康地区煤层煤体结构发育特征

## (二)排采关键参数

**1. 临储压力比**

储层压力在一定程度上表征着地层能量的高低。相同情况下,煤储层压力越大,煤岩吸附能力就越强,所能够吸附甲烷的量就越多,但储层高压也导致了排水周期的加长,同时过高的压降会导致煤储层渗流通道受到伤害。煤层气生产排采过程首先对煤储层进行排水降压,使吸附于煤岩基质表面的甲烷气体解吸成游离态,进而对煤层有效排采。临界解吸压力则是甲烷气体由吸附态转变到游离态所需的最大压力,临界解吸压力与储层压力比值越大,则煤层中甲烷气体压力降至临界点所需时间越短,煤层气井进入产气高峰越快。

**2. 渗透率**

煤层渗透性是反应煤层对流体传导作用能力的度量,影响着排采阶段煤层甲烷气体的运移和产出作用,是生产开发阶段最重要的评价参数,一定程度上决定着开发的成败。如阜康向斜转折端部位张性有效碎裂可形成煤层气高渗通道。阜康向斜转折端部位的挤压碎裂导致这一构造部位煤层发生有效破碎,渗透率得到极大的改善(石永霞等,2018)。C井组位于向斜转折端位置,原生结构煤受应力作用发生破碎,渗透率急剧增大,试井数据显示最高可达 $16.42 \times 10^{-3} \mu m^2$,该井组产能效果明显优于其他井组。

# 第二节 煤层气开发"甜点"评价方法

## 一、模糊数学层次分析法

"甜点区"选区评价是煤层气资源更进一步开发利用的前期工作,一定程度上直接决定着煤层气商业化开发利用的成败。现阶段,国内外学者对煤层气开发阶段"甜点区"选区评价做了大量工作,从早期定性评价阶段逐渐过渡到现在更为科学、合理的定性+定量两方面综合性分析的选区评价模式。模糊数学层次分析法(AHP)作为一类基于数学模型从定性与定量角度分析复杂问题、值得信赖的数学方法(Saaty,2013),已成为煤层气与页岩气等化石能源选区评价的关键方法手段,在中—高煤阶煤层气勘探开发领域得到了广泛的应用(孟艳军等,2010;余牛奔等,2015)。关于模糊数学层次分析法,本书第七章第二节已经做了系统阐述,此节不再赘述。

## 二、模糊聚类分析

煤层气勘探或开发阶段不同,选区评价指标也不同,并非所有的指标均被用于同一阶段的选区评价中,处于不同煤阶的煤层气资源的煤层含气量、厚度等指标标准也有着较大的差异。对于煤层某一性质变化较平均的区域而言,选区评价中对目的煤层相关评价参数按照统一标准,极大的可能整个区域这一参数均划分于同一分类区间中(尤其在"甜点"区各项参数都表现为有利情况下)。这显然是不符合评价优选的实际目的的,这样的评价标准无法直观地体现出区域煤层性质的差异性以及优劣性。因此,在针对这一区域煤层指标参数的评价过程中，应结合区域煤层实际地质情况，把握其突出特征重新划分评价标准。此外，在多煤层区域开发过程中，多层组合排采是提高煤层气开发效率的重要措施之一，不同煤层之间的相似性是影响多煤层排采高效、稳定的关键因素。影响煤层组合排采效果的因素是多方面的，若仅仅考虑单一指标的匹配性，往往会造成合采效果不理想，甚至产气能力弱于单煤层的现象发生。因此，多煤层合采兼容性问题应结合生产开发实践，同时考虑多个参数指标之间的匹配性。

模糊聚类分析（Fuzzy Cluster Analysis）是采用模糊数学语言，对事物按照一定的要求进行定量分析描述，根据事物的基本属性进行相应的数学逻辑运算，客观、准确地将数据分为多个类或簇，相同类（簇）内的数据差异性尽可能小，各个类（簇）之间差异性尽可能大，最终确定事物之间聚类关系的一种数理统计方法，现被广泛运用于经济、生物、地理、电信等大数据挖掘领域中。因此，无论是对于单变量聚类划分评价标准，还是多变量聚类探寻相似性最大的多煤层组合，均能够实现将差异性小的数据归为一类（簇）。

聚类分析对数据进行分类的基本思想是从数据点之间的距离出发，以多个变量表述某一样品性质，形成一个多维向量，将 $n$ 个样品看做多维空间中的 $n$ 个点，用多维空间中两点距离来度量两个样品的相似性。对于两个 $n$ 维向量 $\boldsymbol{X}_i(x_{i1}, x_{i2}, \cdots, x_{in})$ 与 $\boldsymbol{X}_j(x_{j1}, x_{j2}, \cdots, x_{jn})$ 间的距离。常用的距离算法可表示为以下 4 种。

欧式距离：

$$d_{ij} = \sqrt{\sum_{k=1}^{n}(x_{ik} - x_{jk})^2} \tag{8-1}$$

曼哈顿距离：

$$d_{ij} = \sum_{k=1}^{n}|x_{ik} - x_{jk}| \tag{8-2}$$

切比雪夫距离：

$$d_{ij} = \lim_{m \to \infty}(\sum_{k=1}^{n}|x_{ik} - x_{jk}|^m)^{1/m} \tag{8-3}$$

标准化欧式距离：

$$d_{ij} = \sqrt{\sum_{k=1}^{n}\left(\frac{x_{ik} - x_{jk}}{S_k}\right)^2} \tag{8-4}$$

式中：$x_{ik}$ 为向量 $X_i$ 中第 $k$ 个样品属性值；$x_{jk}$ 为向量 $X_j$ 中第 $k$ 个样品属性值；$X_i$ 为第 $i$ 项用于描述样品特征的变量；$X_j$ 为第 $j$ 项用于描述样品特征的变量；$d_{ij}$ 为向量 $X_i$ 与 $X_j$ 间的距离，用于体现第 $k$ 个样品的相似程度；$S_k$ 为样本标准差。

# 第三节　煤层气开发"甜点"优选

## 一、评价模型与标准

### 1. 聚类分析与评价标准

建立科学有效、适合度高和针对性强的评价标准，仅仅根据地区基本特征定性研究划分区间是具有一定局限性的,定性分析难以把握内在的数学逻辑关系。对于指标特征值较多的区域而言,不同参数的值归类区间的确定,需要对这些特征值数据进行定量研究分析,探寻其内在规律和逻辑关系。准噶尔盆地南缘煤层普遍具有厚度大、层数多、热演化程度较低等特征,各项参数的标准明显区别于中—高煤阶煤层气资源评价标准,套用中高煤阶评价标准显然是不符合评价要求的,根据现有的参数数据,从评价参数值的最大值、最小值等距离划分标准区间,其差异性的凸显程度也存在一定局限性。因此,我们基于现阶段对准噶尔盆地南缘勘探开发所取得的进展,对现有数据进行模糊聚类分析,划分具有针对性的评价标准。

不同的距离算法对最终聚类的结果有着一定的影响。本次聚类实验中发现,欧式距离算法对煤层气相关参数聚类效果较好,后期结合基本地质特征分析后,不需要进行较大程度的矫正,因此此次聚类采用欧式距离公式[式(8-1)]进行聚类。利用系统聚类法分析过程中,常常因为数据的极大值或极小值的影响,使得最终聚类情况不理想。因此,在进行聚类分析之前,需对数据进行异常值检验(肖维勒准则),判定是否将其剔除。基于划分标准区间的需求,运用SPSS软件采用系统聚类方法对数据进行处理,得到聚类谱系图(图8-3-1),按照评价区间分为多个类(簇),根据各个类内数据特点,划分标准区间。

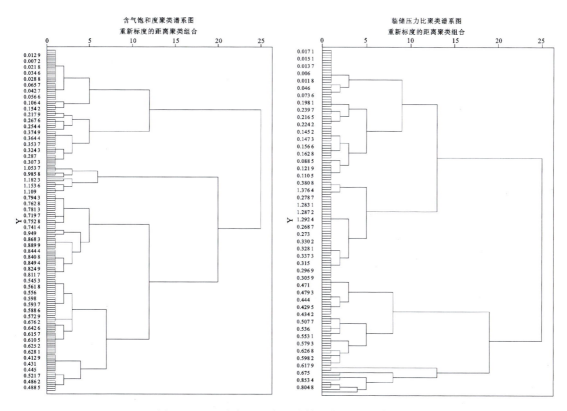

图8-3-1 含气饱和度和临储压力比聚类谱系图

重复相关步骤,可完成不同选区评价阶段优选参数的聚类分析,然后综合前人研究成果划分定性参数评价标准,最终形成不同评价阶段的参数标准及隶属度取值范围(表8-3-1、表8-3-2)。

表 8-3-1　准噶尔盆地南缘中低煤阶煤层气甜点区优选评价标准

| Ⅰ级综合指标 | Ⅱ级评价参数 | 隶属度评价标准 | | |
|---|---|---|---|---|
| | | Ⅰ类甜点(1) | Ⅱ类甜点(1～0.5) | 非甜点(<0.5) |
| 含气性特征 | 主煤层含气量($m^3/t$) | >14 | 14～8 | <8 |
| | 甲烷含量 | >0.80 | 0.80～0.68 | <0.68 |
| | 含气饱和度 | >0.95 | 0.95～0.40 | <0.40 |
| 开发关键参数 | 吸附时间(d) | <4.25 | 4.25～10 | >10 |
| | 煤体结构 | 以原生结构为主 | 以碎裂结构为主 | 以碎粒—糜棱结构为主 |

表 8-3-2　准噶尔盆地南缘中低煤阶煤层气甜点段优选评价标准

| Ⅰ级综合指标 | Ⅱ级评价参数 | 隶属度评价标准 | | |
|---|---|---|---|---|
| | | Ⅰ类甜点段(1) | Ⅱ类甜点段(1～0.5) | 非甜点段(<0.5) |
| 可改造性指标 | 煤岩力学性质 | 顶底板抗压强度>5倍煤层抗压强度 | 顶底板抗压强度>2倍煤层抗压强度 | 顶底板、煤层抗压强度相似 |
| | 有效压裂厚度(m) | >22 | 22～10 | 10 |
| | 煤体破坏程度 | <30% | 30%～50% | >50% |
| 排采关键参数 | 临储压力比 | >0.65 | 0.65～0.40 | <0.40 |
| | 煤层渗透率($\times 10^{-3} \mu m^2$) | >1 | 1～0.1 | <0.1 |

**2. 多层次综合评判模型**

建立多层次模糊综合评判模型(AHP)的最终目的在于定义一个综合性的定量评价指标 $U_i$ 值(范围 0～1.0),且值越大表明该区域的煤层气勘探开发潜力越大。通过层次分析模型,建立两两对比判别矩阵,将同一层次的不同参数进行对比,根据其相对重要性打分(表 8-3-3,表 8-3-4)。相对重要性打分这一环节对整个煤层气评价过程来说是至关重要的步骤,也是层次分析综合评判过程中的定性分析环节,两个评价参数的重要性评判,需要与研究区地质背景、煤层特征、经济状况等众多因素相结合,从选区评价的目的和意义出发,根据矿区勘探开发下一步需求,结合前人对评价指标的研究成果,综合、全面、合理地对该地区指标之间的重要性进行打分。因此,打分阶段一般由该领域专家完成,根据相对重要性评分表,完成判别矩阵的构建。

各级评价指标确定以后,需要对各评价参数的权重进行赋值,权重的赋值主要运用判断矩阵计算特征向量进而求得。为了判断计算结果的准确性,需要进行随机一致性检验:将判别矩阵导入 MATLAB 程序中进行运算,经不断定义和计算,得到随机一致性条件在可接受范围内的特征向量值;最后,将两级指标进行叠合运算得到各评价参数最终权重。

$CR$ 是一致性指数($CI$)与随机一致性指数($RI$)的比值。其中,$CI=(\lambda_{max}-n)/(n-1)$;

$CR=CI/RI$,$n$ 指示矩阵的阶。$n$ 值的不同,$CR$ 值所需满足的条件也会存在差异。一般来说,若 $CR \leqslant 0.1$,判别矩阵不一致性能够被接受,结果可直接使用;若 $CR > 0.1$,则表示判断矩阵需要被重新设定与计算,直到其一致性条件在可接受范围之内。

表 8-3-3　准噶尔盆地南缘甜点区多层次分析模型判别矩阵

| 判别矩阵 | | | | | 特征向量 | 最大特征根 | 随机一次性比率 |
|---|---|---|---|---|---|---|---|
| | $U$ | $O_1$ | $O_2$ | | $W_O$ | $\lambda_{\max}$ | $CR$ |
| $U_2 \sim O$ | $O_1$ | 1 | 1.25 | | 0.56 | 1.968 2 | −0.031 8 |
| | $O_2$ | 0.75 | 1 | | 0.44 | | |
| | $O_1$ | $P_{11}$ | $P_{12}$ | $P_{13}$ | $W_{P_1}$ | | |
| $O_1 \sim P_1$ | $P_{11}$ | 1 | 1.2 | 1.2 | 0.368 3 | 3.058 1 | 0.050 1 |
| | $P_{12}$ | 0.9 | 1 | 0.8 | 0.292 8 | | |
| | $P_{13}$ | 0.9 | 1.25 | 1 | 0.338 9 | | |
| | $O_2$ | $P_{21}$ | $P_{22}$ | | $W_{P_2}$ | | |
| $O_2 \sim P_2$ | $P_{21}$ | 1 | 0.5 | | 0.348 3 | 1.935 4 | −0.064 6 |
| | $P_{22}$ | 1.75 | 1 | | 0.651 7 | | |

表 8-3-4　准噶尔盆地南缘甜点段多层次分析模型判别矩阵

| 判别矩阵 | | | | | 特征向量 | 最大特征根 | 随机一次性比率 |
|---|---|---|---|---|---|---|---|
| | $U$ | $Q_1$ | $Q_2$ | | $W_Q$ | $\lambda_{\max}$ | $CR$ |
| $U_3 \sim Q$ | $Q_1$ | 1 | 1.5 | | 0.603 | 1.987 4 | −0.012 6 |
| | $Q_2$ | 0.65 | 1 | | 0.397 | | |
| | $Q_1$ | $S_{11}$ | $S_{12}$ | $S_{13}$ | $W_{S_1}$ | | |
| $Q_1 \sim S_1$ | $S_{11}$ | 1 | 1.5 | 1.2 | 0.399 6 | 2.962 1 | −0.032 6 |
| | $S_{12}$ | 0.65 | 1 | 0.4 | 0.211 6 | | |
| | $S_{13}$ | 0.85 | 2 | 1 | 0.388 8 | | |
| | $Q_2$ | $S_{21}$ | $S_{22}$ | | $W_{S_2}$ | | |
| $Q_2 \sim S_2$ | $S_{21}$ | 1 | 1.5 | | 0.603 | 1.987 4 | −0.012 6 |
| | $S_{22}$ | 0.65 | 1 | | 0.397 | | |

最终通过各个层次权重值相乘,得到评价参数所占百分比。从表 8-3-5 可见,对于准噶尔盆地南缘煤层气"甜点"优选评价,主煤层含气量(0.21)、煤体结构(0.28)是甜点区优选的关键参数;煤及顶底板岩石力学参数(0.24)、渗透率(0.24)以及煤体破碎程度(0.23)是甜点段优选的关键参数。整体上体现出随开发程度的加深,煤层气选区评价工作的着重点从资源条件、含气性,逐步转变为工程可改造性、排采高效稳定性。

表 8-3-5　准噶尔盆地南缘选区评价参数及权重

| 目标 | Ⅰ级综合指标 | Ⅰ级权重 | Ⅱ级评价参数 | Ⅱ级权重 | 最终权重 |
| --- | --- | --- | --- | --- | --- |
| 甜点区优选 | 含气性特征 | 0.56 | 主煤层含气量 | 0.37 | 0.21 |
|  |  |  | 甲烷浓度 | 0.29 | 0.17 |
|  |  |  | 含气饱和度 | 0.34 | 0.19 |
|  | 开发关键参数 | 0.44 | 吸附时间 | 0.35 | 0.15 |
|  |  |  | 煤体结构 | 0.65 | 0.28 |
| 甜点段优选 | 可改造性指标 | 0.60 | 煤岩力学参数 | 0.40 | 0.24 |
|  |  |  | 有效压裂厚度 | 0.21 | 0.13 |
|  |  |  | 煤体破碎程度 | 0.39 | 0.23 |
|  | 排采关键参数 | 0.40 | 渗透率 | 0.60 | 0.24 |
|  |  |  | 临储压力比 | 0.40 | 0.16 |

## 二、煤层气"甜点"优选

### 1. 平面"甜点"区优选

甜点区优选是从有利区中寻找更具有开发潜力的区块,即优中选优,为下一步勘探开发部署提供有利靶区,规避不适合勘探部署的区域。准噶尔盆地南缘地区褶皱构造的广泛发育以及水动力的长期作用使得大倾角煤层含气性特征存在显著差异,同一构造的不同构造部位含气量明显不同。即便是在有利区范围内,仍然存在煤层气资源品质较低的地区。因此,该阶段的甜点区优选工作,就是为了解决优质靶区的分布问题,在上一步有利区优选的基础上,再次筛选出优质煤层气资源分布位置,同时厘定有利的构造部位、埋深范围。

基于模糊数学评价模型,得到各地区"甜点"阶段开发潜力值 $U_2$(表 8-3-6),评价结果显示:四工河、白杨河矿区最优,乌鲁木齐矿区次之。

根据评价井分布的不同位置以及煤层构造-埋深发育特征(图 8-3-2),可以得到该矿区甜点区的分布情况。四工河矿区主要位于阜康向斜部位,煤层甲烷含量高,向斜转折端附近具良好的孔渗条件,受水动力作用影响,构造深部煤层为局部滞留水体环境,于向斜转折端及核部形成优势区域。白杨河矿区主要位于黄山-二工河倒转向斜北翼,煤层含气量高(最高达 21.23m³/t),资源丰度大,煤层以原生结构煤为主,可改造性强。乌鲁木齐矿区主要分为河东与河西矿区,其中乌鲁木齐河东矿区主要位于八道湾向斜北翼,矿区整体含气性相对较差,但发育巨厚西山窑组煤层(单煤层厚 53.3m)且随埋深增加,含气性有所改善;河西矿区主要位于西山单斜构造带和头屯河向斜,煤层含气饱和度高(最高达 121%),主煤层含气量为 17.06m³/t,含气性略优于河东地区。整个乌鲁木齐矿区可作为二级甜点区域。

表 8-3-6 准噶尔盆地南缘甜点区优选煤层基础数据表

| 地区 | 井位 | 主煤层含气量(m³/t)[厚度(m)] | 甲烷浓度 | 含气饱和度 | 吸附时间(d) | 煤体结构 | $U_2$ 值 |
|---|---|---|---|---|---|---|---|
| 呼图壁矿区 | 新呼地1井 | 4.77(12.35) | 0.81~0.93 / 0.85 | 0.29~0.58 / 0.43 | 1.84~9.84 / 5.99 | 原生—碎裂结构 | 0.66 |
| 硫磺沟矿区 | LHG-10-01 | 5.03(17.30) | 0.75 | 0.42~0.78 / 0.58 | 0.29~245.46 / 111.56 | — | 0.32~0.60* |
| 硫磺沟矿区 | LHG-08-01 | 5.57(10.43) | 0.86~0.99 / 0.94 | 0.29~0.96 / 0.70 | — | — | 0.37~0.81* |
| 乌鲁木齐河西矿区 | WXC-1 | 17.06(23.32) | 0.69~1.00 / 0.80 | 0.59~1.21 / 0.94 | 3.52~27.55 / 14.57 | 原生—碎裂结构 | 0.82 |
| 乌鲁木齐河西矿区 | WXC-2 | 4.89(4.51) | 0.51~1.00 / 0.91 | 0.55~1.05 / 0.88 | 33.10~176.59 / 85.51 | 原生结构 | 0.72 |
| 乌鲁木齐河东矿区 | WS-1 | 3.55(7.30) | 0.06~1.00 / 0.61 | 0.12~0.65 / 0.31 | 1.26~19.73 / 7.41 | 原生结构 | 0.59 |
| 乌鲁木齐河东矿区 | WS-2 | 4.80(53.30) | 0.76~1.00 / 0.90 | 0.01~0.63 / 0.28 | 10.20~17.76 / 15.19 | 原生结构 | 0.63 |
| 乌鲁木齐河东矿区 | WCS-7 | 5.35(30.00) | 0.60~0.89 / 0.76 | 0.38~0.74 / 0.51 | 6.61~15.70 / 9.09 | 碎裂—碎粒结构 | 0.62 |
| 乌鲁木齐河东矿区 | WCS-14 | 12.25(24.29) | 0.72~0.73 / 0.725 | 0.49~0.91 / 0.70 | 0.15~0.38 / 0.26 | 碎粒—糜棱结构 | 0.74 |
| 四工河矿区 | D-1 | 12.35(17.45) | 0.9~0.92 / 0.91 | 0.49~0.62 / 0.55 | 0.25~1.21 / 0.56 | 碎裂结构 | 0.86 |
| 四工河矿区 | F-X1 | 13.20(26.00) | 0.91~0.93 / 0.92 | 0.87~0.94 / 0.89 | 0.60~0.75 / 0.675 | 碎粒结构 | 0.84 |
| 四工河矿区 | B-X4 | 11.53(14.38) | 0.92 | 0.86~0.64 / 0.75 | 0.97 | 碎裂—碎粒结构 | 0.81 |
| 四工河矿区 | C-01 | 11.65(19.8) | 0.94 | 0.89~1.02 / 0.96 | 6.89 | 原生结构 | 0.96 |
| 白杨河矿区 | Z-24 | 15.15(20.30) | 0.74~0.90 / 0.81 | 0.41~0.85 / 0.67 | 0.80~6.08 / 2.64 | 碎裂结构 | 0.90 |
| 白杨河矿区 | Z-60 | 9.55(10.30) | 0.80~0.90 / 0.83 | 0.56~0.75 / 0.60 | 1.83~3.60 / 2.92 | 碎裂结构 | 0.80 |
| 白杨河矿区 | Z-61 | 14.25(30.70) | 0.61~0.79 / 0.68 | 0.20~0.58 / 0.43 | 0.80~1.30 / 1.00 | 原生结构 | 0.83 |
| 白杨河矿区 | ZC-3 | 16.86(27.66) | 0.70~0.91 / 0.80 | 0.55~0.85 / 0.75 | 1.80~13.88 / 6.53 | 原生结构 | 0.94 |

注："*"代表当赋予缺省参数为最差或最优时所对应潜力值范围;横线下方为平均值。

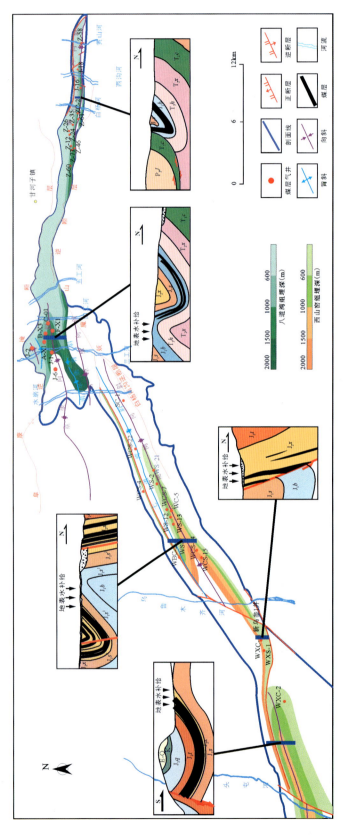

图8-3-2 准噶尔盆地南缘甜点区构造-埋深发育特征

## 2. 垂向"甜点"段优选

甜点段优选即在平面甜点区优选的基础上,优选出最佳的煤层段。准噶尔盆地南缘地区煤层数量多,厚度大,开发过程中常常会钻遇多套煤层。不同煤层之间物性、含气性、可改造性和排采稳定性不同,选择最佳层段或最佳层段组合进行排采,对提高煤层气井开发的商业价值具有重要意义。现今我国煤层气产能建设主要集中在鄂东地区,大多为单煤层开发,选区评价工作也主要围绕着主力单煤层进行,少有涉及到多煤层优选以及多煤层合采的工作(秦勇等,2012)。吴财芳等(2018)针对滇东黔西多煤层特征提出了垂向有利层段优选的方案,为多煤层地区有利层段优选提供了新思路;杨兆彪等(2018)基于聚类分析这一数学方法对优势产层组合的判别,实现了对多煤层组合关系的间接描述。

煤层与顶底板力学性质是评价其可改造性的关键参数。阜康地区发育多套煤层,四工河矿区主要发育 A1~A9 号煤层,白杨河矿区主要发育 39~45 号煤层。据现有的岩石力学参数可知(图 8-3-3,表 8-3-7),顶底板力学强度(抗拉强度、抗压强度和弹性模量)普遍大于对应煤层。四工河矿区煤层抗压强度分布在 1.63~12.26MPa 之间,平均为 7.63MPa,顶底板抗压强度为 9.6~78.25MPa,平均为 32.25MPa;白杨河矿区煤层抗压强度在 2.1~24.04MPa 之间,顶底板抗压强度为 23.6~61.66MPa,平均为 39.57MPa。四工河矿区 A2 号、A3 号、A4 号、A5 号、A7 号和 A8 号煤层顶底板抗压强度分别约为煤层的 5.33、2.79、4.01、3.9、3.02 和 2.55 倍;白杨河矿区 39 号、41 号、42 号、43 号和 44 号煤层顶底板抗压强度分别约为其煤层的 17.27、9.58、5.03、1.77 和 20.3 倍。整体来看,白杨河矿区煤层岩石力学匹配关系优于四工河矿区(图 8-3-3),单煤层力学可改造性以 A2 号、A4 号、A5 号、39 号、41 号、42 号、44 号煤层为优。

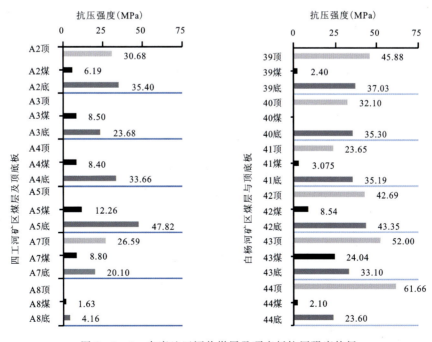

图 8-3-3 阜康地区评价煤层及顶底板抗压强度特征

表 8-3-7　阜康地区煤层顶底板岩石力学参数

| 矿区 | 层位 | 抗压强度（MPa） | 抗拉强度（MPa） | 弹性模量（×10⁴MPa） | 泊松比 |
|---|---|---|---|---|---|
| 四工河矿区 | A1 顶板 | 78.25 | 3.77 | 3.547 | 0.19 |
| | A1 底板 | 9.60 | 0.45 | 1.158 | 0.24 |
| | A2 顶板 | 14.88～41.93 / 30.68 | 0.76～1.95 / 1.355 | 1.156～1.956 / 1.566 | 0.20～0.24 / 0.21 |
| | A2 底板 | 16.25～50.80 / 35.4 | 0.82～2.10 / 1.61 | 0.942～3.4 / 2.058 | 0.21～0.30 / 0.24 |
| | A3 底板 | 23.68 | 0.95 | 1.469 | 0.18 |
| | A4 顶板 | 23.61～43.7 / 33.66 | 1.60 | 1.243～2.900 / 2.070 | 0.25～0.3 / 0.275 |
| | A5 底板 | 47.82 | — | 2.367 | 0.21 |
| | A7 顶板 | 26.59 | — | 1.192 | 0.23 |
| | A7 底板 | 9.27～30.93 / 20.1 | 0.45 | 1.329～1.536 / 1.430 | 0.22 |
| | A8 底板 | 4.16 | 0.27 | 1.028 | 0.24 |
| 白杨河矿区 | 39 顶板 | 8.61～67.8 / 45.88 | 0.31～3.25 / 2.28 | 1.156～3.168 / 2.553 | 0.17～0.23 / 0.195 |
| | 39 底板 | 2.73～62.01 / 37.03 | 0.18～2.86 / 1.60 | 0.560～2.741 / 1.574 | 0.19～0.3 / 0.24 |
| | 40 顶板 | 29.4～34.8 / 32.1 | 0.25～1.84 / 1.05 | 2.25 | 0.21 |
| | 40 底板 | 35.3 | 0.24 | — | — |
| | 41 顶板 | 7.70～34.00 / 23.65 | 0.05～0.33 / 0.22 | 0.853～1.293 / 0.220 | 0.22 |
| | 41 底板 | 21.73～69.10 / 35.19 | 0.13～8.39 / 2.47 | 1.093～2.042 / 1.508 | 0.20～0.25 / 0.23 |
| | 42 顶板 | 24.06～68.20 / 42.69 | 0.22～1.58 / 0.94 | 1.296～1.716 / 1.506 | 0.25 |
| | 42 底板 | 34.40～51.80 / 43.35 | 0.18～6.56 / 2.68 | 1.460～2.713 / 1.920 | 0.19～0.25 / 0.23 |
| | 43 顶板 | 52.00 | 0.44 | — | — |
| | 43 底板 | 26.6～39.60 / 33.1 | 0.22～1.37 / 0.80 | 1.283 | 0.25 |
| | 44 顶板 | 51.69～73.70 / 61.66 | 0.2～9.02 / 4.06 | 1.590～2.843 / 2.210 | 0.18～0.22 / 0.20 |
| | 44 底板 | 8.59～38.60 / 23.60 | 0.24～0.41 / 0.33 | 0.928 | 0.25 |

注：横线下数据为平均值。

# 第八章 煤层气开发"甜点"评价

综合阜康地区煤层可改造性指标以及排采关键参数进行模糊数学综合评判可知：以潜力值 $U_3>0.75$ 为甜点层段优选节点可优选出 A2、A5、39、41、42 号共 5 套煤层（表 8-3-8），其中四工河矿区以 A2 号煤层最优（$U_3=0.94$），具有良好的资源条件、孔渗条件以及相对较高的临储比，具有高产、稳产的开发潜力。白杨河矿区则以 42 号煤层为优（$U_3=0.91$），可改造性强，煤层气资源丰度大，区域上煤层发育稳定，相比于矿区其他煤层，具有优先开发的基础条件。

**表 8-3-8 准噶尔盆地南缘甜点段优选煤层基础数据表**

| 矿区 | 煤层 | 抗压强度（MPa） | 弹性模量（×10⁴MPa） | 有效压裂厚度(m) | 煤体破坏程度 | 试井渗透率（×10⁻³μm²） | 临储压力比 | $U_3$ 值 |
|---|---|---|---|---|---|---|---|---|
| 四工河矿区 | A1 | — | — | $\frac{1.00\sim17.00}{3.84}$ | 0.5 | — | 0.29 | 0.19~0.69* |
| | A2 | $\frac{2.21\sim8.66}{6.19}$ | $\frac{0.457\sim0.900}{0.635}$ | $\frac{4.00\sim36.00}{19.86}$ | $\frac{0\sim0.67}{0.37}$ | $\frac{1.620\sim16.640}{9.020}$ | $\frac{0.31\sim0.80}{0.57}$ | 0.94 |
| | A3 | 8.50 | 0.700 | $\frac{1.00\sim20.70}{7.04}$ | $\frac{0.58\sim0.83}{0.69}$ | $\frac{0.050\sim0.988}{0.367}$ | $\frac{0.18\sim0.55}{0.37}$ | 0.53 |
| | A4 | 8.40 | 0.800 | $\frac{1.00\sim14.00}{4.58}$ | $\frac{0.37\sim0.60}{0.53}$ | $\frac{0.17\sim0.243}{0.207}$ | 0.59 | 0.60 |
| | A5 | 12.26 | 0.592 | $\frac{0.80\sim35.00}{17.51}$ | $\frac{0.10\sim0.61}{0.41}$ | $\frac{0.010\sim0.350}{0.180}$ | 0.49 | 0.78 |
| | A7 | $\frac{7.18\sim10.42}{8.80}$ | $\frac{0.538\sim0.643}{0.590}$ | $\frac{1.00\sim6.00}{4.05}$ | $\frac{0.33\sim0.35}{0.34}$ | — | $\frac{0.19\sim0.21}{0.20}$ | 0.45~0.70* |
| | A8 | 1.63 | 0.475 | $\frac{5.00\sim7.40}{6.20}$ | $\frac{0.34\sim0.40}{0.37}$ | | 0.28 | 0.45~0.69* |
| 白杨河矿区 | 39 | 2.40 | — | $\frac{1.10\sim33.20}{9.50}$ | $\frac{0\sim0.36}{0.27}$ | $\frac{0.030\sim4.230}{1.537}$ | $\frac{0.16\sim0.60}{0.37}$ | 0.85 |
| | 40 | — | — | $\frac{4.40\sim5.60}{5.00}$ | $\frac{0.26\sim0.50}{0.38}$ | 0.100 | $\frac{0.24\sim0.52}{0.36}$ | 0.46~0.73* |
| | 41 | $\frac{2.40\sim3.75}{3.08}$ | 0.593 | $\frac{3.12\sim19.80}{9.47}$ | $\frac{0.05\sim0.58}{0.32}$ | $\frac{0.005\sim1.450}{0.379}$ | $\frac{0.15\sim0.57}{0.39}$ | 0.78 |
| | 42 | $\frac{1.90\sim16.43}{8.54}$ | $\frac{0.572\sim0.629}{0.600}$ | $\frac{12.30\sim53.60}{33.50}$ | $\frac{0\sim0.36}{0.20}$ | $\frac{0.050\sim7.300}{1.034}$ | $\frac{0.16\sim0.52}{0.36}$ | 0.91 |
| | 43 | 24.04 | 0.634 | $\frac{4.30\sim18.90}{9.02}$ | $\frac{0\sim0.46}{0.30}$ | 0.110 | 0.33 | 0.59 |
| | 44 | 2.10 | 0.320 | $\frac{3.00\sim33.48}{14.64}$ | $\frac{0.03\sim0.58}{0.33}$ | $\frac{0.027\sim0.260}{0.144}$ | $\frac{0.12\sim0.54}{0.32}$ | 0.74 |

注："*"代表当赋予缺省参数为最差或最优时所对应潜力值范围；横线下方数值为平均值。

### 3. 多煤层组合开发优选

多煤层合采评价是针对多煤层地区选段评价的重要环节,不仅仅要考虑煤层的资源条件,更是需要考虑不同煤层之间干扰作用。不同煤层段具有独立的含气系统,排采过程中若煤层之间储层特征差异过大,会导致层间干扰加剧,不利于合层开发,同时合采煤层埋深间距要尽可能小,过大容易增加经济成本。因此,合层排采产层的优选要选择差异性尽可能小的煤层组合。考虑到经济开发价值、煤层含气系统差异性、煤储层物性非均质性以及生产过程中排水降压制度,优选出相对埋深、煤层含气量、储层压力梯度、渗透率以及临储比5个关键参数(表8-3-9),利用聚类分析对优势合采层段进行预测。

表8-3-9 多煤层合采性评价数据表

| 矿区 | 煤层号 | 相对埋深(m) | 含气量(m³/t) | 临储比 | 压力梯度(MPa/100m) | 渗透率($\times 10^{-3} \mu m^2$) |
|---|---|---|---|---|---|---|
| 四工河矿区 | A2 | 0 | 12.30 | 0.57 | 0.53 | 9.020 |
| | A3 | 66 | 7.97 | 0.42 | 0.71 | 0.367 |
| | A4 | 82 | 11.44 | 0.39 | 0.71 | 0.207 |
| | A5 | 168 | 12.41 | 0.49 | 0.78 | 0.180 |
| | A7 | 189 | 6.46 | 0.20 | 0.73 | 0.024 |
| | A8 | 241 | 7.37 | 0.26 | 0.73 | 0.015 |
| 白杨河矿区 | 39 | 0 | 11.09 | 0.37 | 0.79 | 1.537 |
| | 40 | 22 | 14.24 | 0.36 | 0.79 | 0.100 |
| | 41 | 66 | 12.03 | 0.39 | 0.86 | 0.379 |
| | 42 | 128 | 12.80 | 0.36 | 0.89 | 1.034 |
| | 43 | 199 | 7.90 | 0.33 | 0.96 | 0.110 |
| | 44 | 250 | 14.45 | 0.32 | 0.83 | 0.144 |

注:相对埋深指该煤层与第一套评价煤层之间的距离。

阜康地区皱褶构造广泛发育,煤层在区域上物性、应力状态等差异性较大,不同构造部位优势产层组合不同。因此,在产层组合优选过程中,基于目前基础数据,四工河矿区以阜康向斜近转折端南翼煤层为主,白杨河矿区则以黄山-二工河倒转向斜北翼煤层为主。

从第一级别聚类结果来看(图8-3-4):四工河矿区煤层组合中,A3~A4号煤层和A7~A8号煤层储层条件相似,适合合层开采,而A2号煤层渗透率高(试井渗透率最大至$16.64 \times 10^{-3} \mu m^2$),与其他煤层相差较大,容易"屏蔽"其他煤层,适合单层开发;白杨河矿区煤层组合中41~42号煤层适合组合开发,具有相似的渗透率、压力梯度以及临储比,合层排采过程中易达到生产"同步",提高排采稳定性。

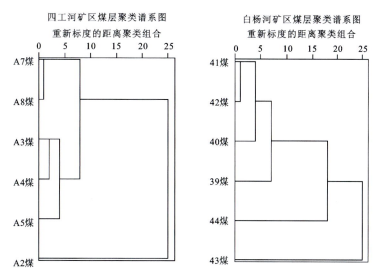

图 8-3-4 多煤层合采性评价聚类谱系图

## 三、示范区开发地质与产能验证

**1. 乌鲁木齐矿区**

乌鲁木齐矿区主要包括河东和河西两个矿区,煤层气井主要集中于河东矿区,主要排采层段为西山窑组 43 号和 45 号煤层,煤层展布受八道湾向斜与七道湾背斜构造控制,隶属于米泉水文地质单元(Fu et al,2019);河西矿区煤层展布受西山单斜以及头屯河向斜构造控制,可采层段为西山窑组 B6 号和 B7 号煤层,隶属于硫磺沟水文地质单元。

乌鲁木齐矿区整体开发潜力略低于阜康矿区,河东矿区八道湾向斜受逆断层影响,煤层含气性较差,西山窑组煤层含气量为 3.55~12.25m³/t,含气饱和度为 28%~70%,明显低于四工河与白杨河矿区;河西矿区西山单斜构造带主要可采煤层为 B6 号、B7 号,浅部煤层段(600m)含气量便高达 17.06m³/t,含气饱和度最高达 121%,头屯河向斜可采煤层含气性稍差,含气量平均为 6.54m³/t,含气饱和度最高达 105%,均属于典型过饱和煤层气藏。

矿区内煤层气井多为单煤层排采,河东矿区以 43 号、45 号煤层为主,排采效果良好,产能特征稳定,平均日产气量最高可达 1170m³/d(表 8-3-10),厚煤层发育弥补了区域含气性差的不足,提高了煤层气井持续、稳定的产气潜力;河西矿区采用顺煤层井"钻、压、排"技术施工了 WXS-1 井、新乌参 1 井,排采效果良好,现阶段 WXS-1 井日产气达 5000m³/d 以上,并处于持续增产中,新乌参 1 井现日产气量为 4000m³/d,并处于持续增产中(图 8-3-5)。

**2. 四工河矿区**

四工河矿区煤层气井主要分布在阜康向斜,隶属于阜康水文地质单元。矿区排采层段为八道湾组 A1~A8 号煤层,主力煤层为 A2 号、A5 号煤层。煤层产能特征整体表现为相同埋深范围内向斜核部及转折端高于翼部,同一构造部位浅部气井产量高于深部气井。

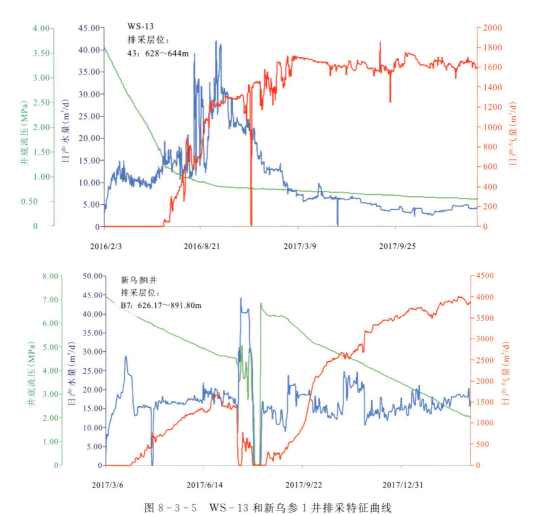

图 8-3-5 WS-13 和新乌参 1 井排采特征曲线

表 8-3-10 乌鲁木齐矿区煤层气井产能特征

| 井位 | 排采埋深（m） | 排采煤层号 | 平均日产气量(m³/d) | 平均日产水量(m³/d) | 最高日产气量(m³/d) | 最高日产水量(m³/d) | 排采时长(d) |
|---|---|---|---|---|---|---|---|
| WS-12 | 616~638 | 45 | 576 | 12 | 1347 | 86 | 770 |
| WS-13 | 628~644 | 43 | 1170 | 11 | 1857 | 42 | 768 |
| WS-21 | 596~601 | 45 | 837 | 1 | 2880 | 8 | 432 |
| WCS-22 | 810~813 | 19 | 717 | 0 | 2620 | 9 | 492 |
| 新乌参1井 | 626~892 | B7 | 1789 | 17 | 4021 | 44 | 371 |

煤层含气量、渗透性、埋深、构造、水动力等多因素的耦合作用是四工河矿区高产的主要影响因素。煤层含气量受构造控制显著，不同构造部位煤层含气量明显不同，水动力作用下，向斜近核部区域处于滞留水体环境，有利于煤层气赋存。煤层气井产量与储层渗透性表现

出良好的匹配关系,一方面相同构造部位气井平均日产气量整体上表现出随埋深增大而降低的特征;另一方面相同埋深范围内,向斜核部及转折端附近煤层早期受构造挤压作用影响,改善了原始储层渗透性(最高达 $16.42\times10^{-3}\mu m^2$),此构造部位的井组产量明显高于两翼井组。同时,浅部 C 井组附近煤层受煤矿采动区影响,煤储层局部压力释放,压力梯度降至 0.53MPa/100m,导致吸附气大量解吸并赋存于煤层中,提供了气井高产潜力。

矿区单煤层排采效果中,整体来看 A5 号煤层最优(图 8-3-6),平均日产气量达 8033$m^3$/d(C-X1 井),排采曲线呈双峰特征,整个生产过程中修井、停井次数少,产能稳定;A2 号煤层则次之,平均日产气量为 6973$m^3$/d(C-01 井),早期受工程施工等因素影响,多次停井、修井,因此早期产能效果相对较差。若排除工程因素干扰,对比其稳产期间产能效果可以发现,A2 号煤层稳产期间日产气量达 12 000$m^3$/d 以上,最高日产气量达 17 125$m^3$/d,优于 A5 号煤层稳产期间日产气量 10 000$m^3$/d,与预测结果基本一致。

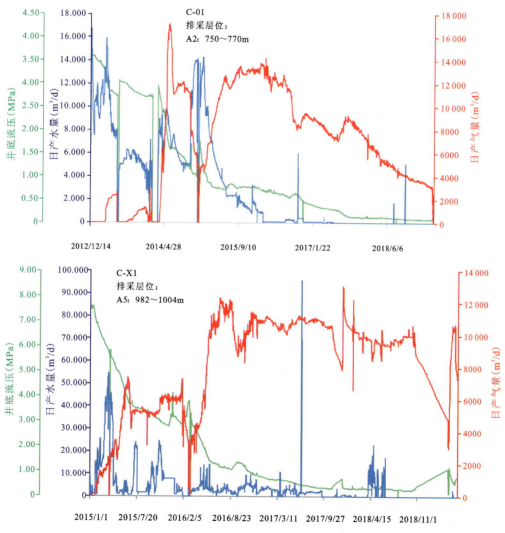

图 8-3-6　C-01 井和 C-X1 井排采特征曲线

多煤层组合排采中，四工河矿区排采井多为 A1～A4 号煤层进行组合排采，由于 C 井组 A2 号煤层渗透性较好，与其余煤层物性差异性较大，多煤层组合排采优劣性不明显。对比 C 井组定向井之间单煤层、多煤层产气效果(表 8-3-11)，可以发现气井产量主要由 A2 号、A5 号优势煤层贡献，两套煤层共同开发时，日产气量达到最高值(C-X2 井)。

表 8-3-11 四工河矿区煤层气井产能特征

| 井位 | 排采埋深(m) | 排采煤层 | 平均日产气量($m^3/d$) | 平均日产水量($m^3/d$) | 最高日产气量($m^3/d$) | 最高日产水量($m^3/d$) | 排采时长(d) |
|---|---|---|---|---|---|---|---|
| C-X1 | 982～1004 | A5 | 8033 | 4 | 13 077 | 95 | 1573 |
| C-X2 | 613.5～908 | A1～A5 | 16 336 | 7 | 29 876 | 153 | 1472 |
| C-01 | 750～770 | A2 | 6973 | 3 | 17 125 | 17 | 2323 |
| C-02 | 927～951 | A2(未压裂) | 2582 | 2 | 4724 | 53 | 1386 |
| C-03 | 856～986 | A1～A4 | 5409 | 6 | 13 200 | 158 | 1575 |
| C-04 | 902～1049 | A1～A4 | 7965 | 3 | 15 733 | 74 | 1575 |
| C-05 | 755～882 | A1～A4 | 4262 | 7 | 9916 | 73 | 1575 |
| C-1H | 845～861 | A2 | 20 562 | 5 | 35 848 | 104 | 1575 |
| G | 1139～1218 | A2～A4 | 4116 | 2 | 10 148 | 11 | 1191 |
| G-X1 | 1186～1265 | A2～A4 | 1981 | 3 | 6707 | 20 | 1188 |
| G-X2 | 999～1084 | A1～A4 | 4170 | 3 | 9975 | 75 | 1188 |
| G-X3 | 1015～1082 | A2～A4 | 6406 | 3 | 14 115 | 19 | 1040 |
| G-X4 | 1195～1342 | A2～A5 | 3126 | 4 | 10 032 | 25 | 1188 |
| G-X6 | 1365～1482 | A2～A4 | 2736 | 2 | 6796 | 52 | 1188 |
| F-X1 | 1339～1410 | A1～A3 | 1103 | 6 | 3683 | 51 | 1065 |
| F-X2 | 1542～1572 | A2 | 985 | 6 | 4449 | 38 | 1060 |
| F-X4 | 1925～2028 | A2～A3 | 362 | 4 | 1903 | 103 | 1027 |
| F-X5 | 1588～1730 | A1～A6 | 761 | 12 | 2458 | 51 | 996 |
| F-X6 | 1615～1701 | A2～A4 | 1249 | 5 | 5445 | 68 | 1050 |

### 3. 白杨河矿区

白杨河矿区煤层气井大多分布在黄山-二工河倒转向斜北翼，隶属于阜康水文地质单元。矿区可采煤层主要为八道湾组煤层，其中 39 号、41 号、42 号和 44 号煤层为主力煤层，基本全区分布，40 号和 43 号煤层局部发育。矿区煤层气井产能整体上受煤体结构控制作用显著，煤体破碎程度与产能相关性较好，破碎程度越高，气井产气量越低(图 8-3-7)。其中，Z-77 号排采煤层以原生结构为主，后期压裂改造效果良好，气井平均日产气量为 2137$m^3$/d，基本实现日稳产 4200$m^3$/d；Z-19 号排采煤层破碎程度 40% 以上，以碎粒结构为主，日产气量为

47m³/d,明显低于其他排采井。此外,基于准噶尔盆地南缘"中低煤阶、高倾角、多煤层、低热演化程度及厚煤层"的主要特征,白杨河矿区Z-77号、Z-79号煤层采用了五段三点两控制排采法(彭兴平,2014),实现了对井下压力和储层内部流体流速的双控,同时也减少了储层应力敏感性伤害,目前气井产能曲线特征稳定,排采效果良好。

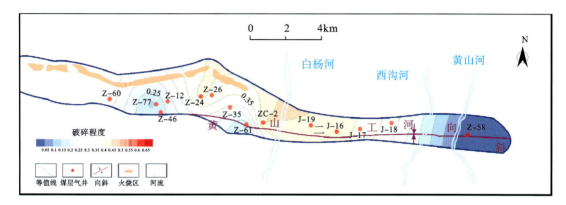

图8-3-7 白杨河矿区煤体破碎程度等值线图

单煤层排采效果与预测结果一致,以42号煤层为优(表8-3-12),主要排采气井为J-17井和ZL-2井,其中ZL-2井为顺煤层井,J-17井平均日产气量为555m³/d,最高日产气量达1442m³/d;43号煤层排采效果最差,J-19井平均日产气量为47m³/d,排采162天,最高日产气量为317m³/d;44号煤层尽管资源条件较好,但局部地区煤体结构破坏严重,且埋深大,煤层渗透性差,产气效果不理想。

表8-3-12 白杨河矿区煤层气井产能特征

| 井位 | 排采埋深(m) | 排采煤层 | 平均日产气量(m³/d) | 平均日产水量(m³/d) | 最高日产气量(m³/d) | 最高日产水量(m³/d) | 排采时长(d) |
|---|---|---|---|---|---|---|---|
| J-17 | 800~851 | 42 | 555 | 2 | 1442 | 18 | 233 |
| ZL-2 | 593~1019 | 42 | 1599 | 2 | 2303 | 15 | 1004 |
| J-19 | 1239~1259 | 43 | 47 | 6 | 317 | 12 | 162 |
| Z-72 | 1148~1156 | 44 | 163 | 2 | 738 | 6 | 1195 |
| Z-77 | 960~965 | 41、42 | 2137 | 9 | 4964 | 12 | 474 |
| Z-79 | 1117~1184 | 41、42 | 652 | 7 | 1723 | 10 | 477 |
| Z-9 | 704~909 | 42、44 | 16 | 18 | 250 | 63 | 1800 |
| Z-45 | 703~761 | 39、41 | 267 | 2 | 978 | 38 | 1236 |
| Z-27 | 750~894 | 39、41、42 | 693 | 48 | 3104 | 111 | 1190 |
| Z-43 | 702~845 | 39、41、42 | 1081 | 4 | 1750 | 19 | 1191 |

多煤层组合排采中,多数以39-41-42和41-42煤层组合排采(表8-3-12);其中Z-77井41-42煤层组合最优(图8-3-8),日产气量峰值可达4964m³/d,远高于其他煤层组合,目前处于稳定产气阶段;其次则为39-41-42煤层组合,若不考虑仅局部发育的40号煤层,则产能特征与合采预测结果基本匹配,整体上优势煤层组合排采效果优于单煤层排采和其他煤层组合排采(39-41组合、42-44组合)。

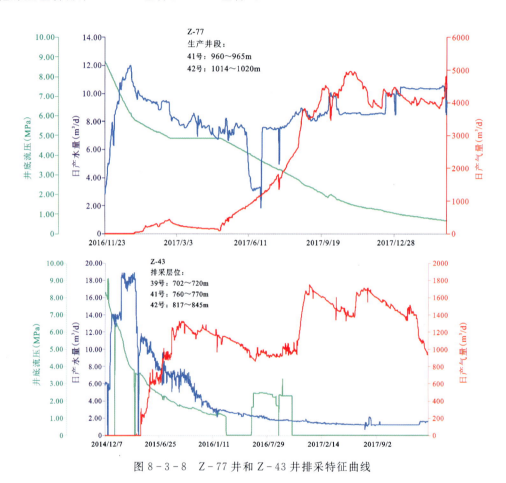

图8-3-8　Z-77井和Z-43井排采特征曲线

# 主要参考文献

白斌,周立发,邹才能,等.准噶尔盆地南缘若干不整合界面的厘定[J].石油勘探与开发,2010,37(03):270-280.

白俊萍.霍西煤田襄汾矿区南部煤层贫气成因分析[J].中国煤炭地质,2016,28(7):20-25.

鲍清英,东振,张义,等.低煤阶应力敏感性机理及其对产气的影响——以二连盆地为例[J].煤炭学报,2017,42(3):671-679.

陈刚,秦勇,杨青,等.不同煤阶煤储层应力敏感性差异及其对煤层气产出的影响[J].煤炭学报,2014,39(3):504-509.

陈立超,王生维,何俊铧,等.煤层气藏非均质性及其对气井产能的控制[J].中国矿业大学学报,2016,45(1):105-110.

陈世达,汤达祯,陶树,等.煤层气储层地应力场宏观分布规律统计分析[J].煤炭科学技术,2018,46(06):57-63.

陈贞龙,郭涛,李鑫,等.延川南煤层气田深部煤层气成藏规律与开发技术[J].煤炭科学技术,2019,47(9):112-118.

崔思华,刘洪林,王勃,等.准噶尔盆地低煤级煤层气成藏地质特征[J].现代地质,2007,21(4):719-724.

单衍胜,毕彩芹,张家强,等.准噶尔盆地南缘探获中侏罗统低煤阶煤层气高产工业气流[J].中国地质,2018,45(5):1078-1079.

邓泽,康永尚,刘洪林,等.开发过程中煤储层渗透率动态变化特征[J].煤炭学报,2009,34(7):947-951.

丁伟,夏朝辉,韩学婷,等.澳大利亚Bowen盆地M气田中煤阶煤层气水平井开发优化[J].新疆石油地质,2014,35(5):614-617.

樊明珠,王树华.影响煤层气可采性的主要地质参数[J].天然气工业,1996,17(6):53-57.

房亚男,吴朝东,王熠哲,等.准噶尔盆地南缘中—下侏罗统浅水三角洲类型及其构造和气候指示意义[J].中国科学:技术科学,2016,46(7):737-756.

冯宁,彭小龙,王祎婷,等.澳大利亚煤层气开发现状综述[J].中国煤层气,2019,16(1):44-47.

冯文光.煤层气藏工程[M].北京:科学出版社,2010.

伏海蛟,汤达祯,许浩,等.准南中段煤层气富集条件及成藏模式研究[J].煤炭科学技术,2015,43(9):94-98.

傅雪海,秦勇,薛秀谦,等.煤储层孔、裂隙系统分形研究[J].中国矿业大学学报,2001,30(3):225-228.

郭晨,秦勇,卢玲玲.中国含煤层气系统研究综述与展望:2013年煤层气学术研讨会论文集[C].北京:地质出版社,2013:14-21.

郭晨.多层叠置含煤层气系统及其开发模式优化——以黔西比德-三塘盆地上二叠统为

例[D]. 徐州:中国矿业大学,2015.

何学秋,聂百胜. 孔隙气体在煤层中扩散的机理[J]. 中国矿业大学学报,2001,30(1):1-4.

侯淞译. 近年国内煤层气产业发展现状[J]. 中国煤层气,2018,15(1):42-45.

胡奇,王生维,张晨,等. 沁南地区煤体结构对煤层气开发的影响[J]. 煤炭科学技术,2014,42(8):65-68.

黄曼,邵龙义,鲁静,等. 柴北缘老高泉地区侏罗纪含煤岩系层序地层特征[J]. 煤炭学报,2007,32(5):485-489.

接铭训. 鄂尔多斯盆地东缘煤层气勘探开发前景[J]. 天然气工业,2010,30(6):1-6.

晋香兰. 鄂尔多斯盆地侏罗系煤层含气性分析及地质意义[J]. 煤炭科学技术,2015,43(7):111-116.

康红普,林健,颜立新,等. 山西煤矿矿区井下地应力场分布特征研究[J]. 地球物理学报,2009,52(7):1782-1792.

雷怀玉,孙钦平,孙斌,等. 二连盆地霍林河地区低煤阶煤层气成藏条件及主控因素[J]. 天然气工业,2010,30(6):26-30.

李登华,高媛,刘卓亚,等. 中美煤层气资源分布特征和开发现状对比及启示[J]. 煤炭科学技术,2018,46(1):252-261.

李景明,刘飞,王红岩,等. 煤储集层解吸特征及其影响因素[J]. 石油勘探与开发,2008(1):52-58.

李丕龙. 准噶尔盆地构造沉积与成藏[M]. 北京:地质出版社,2010.

李庆,陈霞,王博. 澳大利亚箭牌公司苏拉特区块煤层气开发地面集输工艺技术[J]. 石油规划设计,2017,28(5):12-15.

李升,葛燕燕,杨雪松,等. 准噶尔盆地阜康西区块西山窑组构造-水文地质控气特征[J]. 新疆石油地质,2016,37(6):631-636.

李松,汤达祯,许浩,等. 应力条件制约下不同埋深煤储层物性差异演化[J]. 石油学报,2015(36):68-75.

李小彦,李静,杨利军,等. 铁法煤田煤储层渗透性预测[J]. 煤田地质与勘探,1998(01):34-36.

李勇. 鄂尔多斯盆地柳林地区煤储层地应力场特征及其对裂隙的控制作用[J]. 煤炭学报,2014,39(S1):164-168.

李志军,李新宁,梁辉,等. 吐哈和三塘湖盆地水文地质条件对低煤阶煤层气的影响[J]. 新疆石油地质,2013,34(2):158-161.

蔺亚兵,申小龙,刘军. 黄陇煤田低煤阶煤储层孔隙特征及吸附储集性能研究[J]. 煤炭科学技术,2017,45(5):181-186.

刘大锰,李俊乾. 我国煤层气分布赋存主控地质因素与富集模式[J]. 煤炭科学技术,2014,42(6):19-24.

刘得光,罗晓静,万敏,等. 准噶尔盆地东部煤层气成藏因素及勘探目标[J]. 新疆石油地质,2010,31(4):349-351.

刘豪,王英民,王媛. 浅析准噶尔盆地侏罗系煤层在层序地层中的意义[J]. 沉积学报,2002,20(2):197-202.

刘洪林,李景明,王红岩,等. 内蒙古东部低煤阶含煤盆地群的煤层气勘探前景[J]. 天然气地球科学,2005,16(6):771-775.

刘洪林,李景明,王红岩,等.浅议我国低煤阶地区的煤层气勘探思路[J].煤炭学报,2006,31(1):50-53.

刘洪林,李景明,王红岩,等.水文地质条件对低煤阶煤层气成藏的控制作用[J].天然气工业,2008(7):20-22+131-132.

刘焕杰,秦勇,桑树勋.山西南部煤层气地质[M].徐州:中国矿业大学出版社,1998.

刘燕,高小康.鄂尔多斯盆地彬县—长武地区低煤阶煤层气成藏特点[J].油气藏评价与开发,2014,4(2):70-75.

刘贻军,李曙光.我国煤层气勘探开发工艺技术展望:煤层气勘探开发理论与技术——2010年全国煤层气学术研讨会论文集[C].北京:石油工业出版社,2010.

龙玲,王兴.陕西彬长矿区煤层气赋存特征及资源利用[J].中国煤炭地质,2005,17(5):44-46.

龙胜祥,李辛子,叶丽琴,等.国内外煤层气地质对比及其启示[J].石油与天然气地质,2014,35(5):696-703.

鲁静,邵龙义,魏克敏,等.扬子准地台西缘宝鼎断陷盆地层序格架下古地理演化与聚煤作用[J].煤炭学报,2009,34(4):433-437.

吕嵘.准噶尔盆地南缘陆内前陆盆地构造演化与油气关系[D].北京:中国地质大学(北京),2005.

门相勇,韩征,高白水,等.我国煤层气勘查开发现状与发展建议[J].中国矿业,2017,26(增刊2):1-4.

孟贵希.地应力场特征及其对煤储层压力和渗透率的影响研究[J].中国煤炭地质,2017,29(3):21-27+36.

孟艳军,汤达祯,许浩,等.煤层气解吸阶段划分方法及其意义[J].石油勘探与开发,2014,41:612-617.

孟艳军,汤达祯,许浩.煤层气产能潜力模糊数学评价研究——以河东煤田柳林矿区为例[J].中国煤炭地质,2010,22(6):17-20.

孟召平,蓝强,刘翠丽,等.鄂尔多斯盆地东南缘地应力、储层压力及其耦合关系[J].煤炭学报,2013,38(1):122-128.

孟召平,田永东,李国富.沁水盆地南部地应力场特征及其研究意义[J].煤炭学报,2010,35(6):975-981.

倪小明,苏现波,李玉魁.多煤层合层水力压裂关键技术研究[J].中国矿业大学学报,2010,39(5):728-732+739.

倪小明,苏现波,张小东.煤层气开发地质学[M].北京:化学工业出版社,2010.

倪小明,王延斌,李全中.煤层气直井储层改造技术与应用[M].北京:化学工业出版社,2017.

聂百胜,何学秋.瓦斯气体在煤孔隙中的扩散模式[J].矿业安全与环保,2000,27(5):14-16.

潘新志,叶建平,孙新阳,等.鄂尔多斯盆地神府地区中低阶煤层气勘探潜力分析[J].煤炭科学技术,2015,43(9):65-70.

逄思宇,贺小黑.地应力对煤层气勘探与开发的影响[J].中国矿业,2014,23(S2):173-177.

彭兴平.鄂尔多斯盆地东南缘高煤阶煤层气井排采制度研究与应用——以延川南煤层气田为例[J].油气藏评价与开发,2014,4(2):55-60.

秦勇,傅雪海,岳巍,等.中国煤层甲烷稳定碳同位素分布与成因探讨[J].中国矿业大学学报,2000,29(2):113-119.

秦勇,熊孟辉,易同生,等.论多层叠置独立含煤层气系统——以贵州织金-纳雍煤田水公河向斜为例[J].地质论评,2008,54(1):65-70.

秦勇,袁亮,胡千庭,等.我国煤层气勘探与开发技术现状及发展方向[J].煤炭科学技术,2012,40(10):1-6.

戎虎仁,蔡图,贺彬,等.中美中煤阶煤层气开采现状及差距分析[J].科技创新导报,2009(9):39.

桑逢云.国内外低阶煤煤层气开发现状和我国开发潜力研究[J].中国煤层气,2015,12(3):7-9.

申建,杜磊,秦勇,等.深部低阶煤三相态含气量建模及勘探启示——以准噶尔盆地侏罗纪煤层为例[J].天然气工业,2015,35(3):30-35.

沈玉林,秦勇,郭英海,等.黔西上二叠统含煤层气系统特征及其沉积控制[J].高校地质学报,2012,18(3):427-432.

石永霞,陈星,赵彦文,等.阜康西部矿区煤层气井产能地质影响因素分析[J].煤炭工程,2018,50(2):133-136.

宋岩,柳少波,赵孟军,等.煤层气藏边界类型、成藏主控因素及富集区预测[J].天然气工业,2009,29(10):5-9.

苏现波,陈江峰,孙俊民,等.煤层气地质学与勘探开发[M].北京:科学出版社,2001.

苏现波,张丽萍.煤层气储层异常高压的形成机制[J].天然气工业,2002,22(4):15-18.

孙斌,杨敏芳,杨青,等.准噶尔盆地深部煤层气赋存状态分析[J].煤炭学报,2017,42(S1):195-202.

孙粉锦,李五忠,孙钦平,等.二连盆地吉尔嘎朗图凹陷低煤阶煤层气勘探[J].石油学报,2017,38(5):485-492.

孙钦平,孙斌,孙粉锦,等.准噶尔盆地东南部低煤阶煤层气富集条件及主控因素[J].高校地质学报,2012,18(3):460-464.

孙钦平,王生维,田文广,等.二连盆地吉尔嘎朗图凹陷低煤阶煤层气富集模式[J].天然气工业,2018,38(4):59-64.

孙钦平.二连盆地低煤阶煤层气富集特征与开发工艺优选——以霍林河、吉尔嘎朗图凹陷为例[D].武汉:中国地质大学(武汉),2018.

汤达祯,刘大锰,唐书恒,等.煤层气开发过程储层动态地质效应[M].北京:科学出版社,2014.

汤达祯,王生维,等.煤储层物性控制机理及有利储层预测方法[M].北京:科学出版社,2010.

汤达祯,赵俊龙,许浩,等.中—高煤阶煤层气系统物质能量动态平衡机制[J].煤炭学报,2016,41(1):40-48.

陶树,王延斌,汤达祯,等.沁水盆地南部煤层孔隙-裂隙系统及其对渗透率的贡献[J].高校地质学报,2012,18(3):522-527.

陶树.沁南煤储层渗透率动态变化效应及气井产能响应[D].北京:中国地质大学(北京),2011.

田冲,汤达祯,周志军,等.彬长矿区水文地质特征及其对煤层气的控制作用[J].煤田地质与勘探,2012,40(1):43-46.

田继军,杨曙光.准噶尔盆地南缘下—中侏罗统层序地层格架与聚煤规律[J].煤炭学报,2011,36:58-64.

万天丰,王亚妹,刘俊来,等.中国东部燕山期和四川期岩石圈构造滑脱与岩浆起源深度[J].地学前缘,2008,15(3):1-35.

王安民,张强,任会康,等.淮南硫磺沟矿区及周边地区煤层气保存条件分析[J].中国煤炭地质,2014,26(12):7-10.

王刚,王德利.煤层气田增产与提高采收率技术研究进展[J].煤,2015(186):45-48.

王刚,杨曙光,舒坤,等.新疆乌鲁木齐河东矿区煤系气的地质特征及气测录井评价方法[J].地质科技情报,2018,37(6):148-153.

王刚,杨曙光,张娜,等.新疆低煤阶煤层气的特殊地质条件及研究方向[J].中国煤层气,2016,13(4):7-10.

王敏芳,焦养泉,任建业,等.准噶尔盆地侏罗纪沉降特征及其与构造演化的关系[J].石油学报,2007(1):27-32.

王生全.褶皱中和面效应对煤层瓦斯的控制作用[J].东北煤炭技术,1999(3):14-16.

王一兵,赵双友,刘红兵,等.中国低煤阶煤层气勘探探索——以沙尔湖凹陷为例[J].天然气工业,2004,24(5):21-23.

王有智.珲春盆地低煤阶煤层气富集规律[J].煤田地质与勘探,2015,43(3):28-32.

魏迎春,张强,王安民,等.准噶尔盆地南缘煤系水矿化度对低煤阶煤层气的影响[J].煤田地质与勘探,2016,44(1):31-37.

温声明,文桂华,李星涛,等.地质工程一体化在保德煤层气田勘探开发中的实践与成效[J].中国石油勘探,2018,23(2):69-74.

温声明,周科,鹿倩.中国煤层气发展战略探讨——以中石油煤层气有限责任公司为例[J].经济管理,2019,39(5):129-135.

吴财芳,刘小磊,张莎莎.滇东黔西多煤层地区煤层气"层次递阶"地质选区指标体系构建[J].煤炭学报,2018,43(6):1647-1653.

吴财芳,秦勇,周刚龙.沁水盆地南部煤层气藏的有效运移系统[J].中国科学:地球科学,2014,44(12):2645-2651.

吴世祥.试论煤层气系统[J].中国海上油气,1998:390-393.

吴晓智,王立宏,宋志理.准噶尔盆地南缘构造应力场与油气运聚的关系[J].新疆石油地质,2000,21(2):97-100.

吴因业.煤层——一种陆相盆地中的成因层序边界[J].石油学报,1996,17(4):28-35.

鲜保安,夏柏如,张义,等.开发低煤阶煤层气的新型径向水平井技术[J].煤田地质与勘探,2010,38(4):25-29.

谢富仁,崔效锋,陈建涛,等.中国大陆及邻区现代构造应力场分区[J].地球物理学报,2004,47(4):654-662.

徐凤银,肖芝华,陈东,等.我国煤层气开发技术现状与发展方向[J].煤炭科学技术,2019,47(10):205-215.

许浩,张君峰,陶树,等.非常规能源流体地质学[M].北京:地质出版社,2016.

杨曙光,许浩,王刚,等.淮南乌鲁木齐矿区低煤阶煤层气甲烷风化带划分方法及影响因素[J/OL].煤炭学报,2019:1-9. http://kns.cnki.net/kcms/detail/11.2190.TD.20191219.1359.002.html.

杨兆彪,秦勇,高弟,等.煤层群条件下的煤层气成藏特征[J].煤田地质与勘探,2011,39(5):22-26.

杨兆彪,张争光,秦勇,等.多煤层条件下煤层气开发产层组合优化方法[J].石油勘探与开发,2018,45(2):297-304.

姚艳斌,刘大锰.煤储层精细定量表征与综合评价模型[M].北京:地质出版社,2013.

叶建平,秦勇,林大扬,等.中国煤层气资源[M].北京:中国矿业大学出版社,1999a.

叶建平,史保生,张春才.中国煤储层渗透性及其主要影响因素[J].煤炭学报,1999b,24(2):118-122.

叶建平,武强,王子和.水文地质条件对煤层气赋存的控制作用[J].煤炭学报,2001,26(5):459-462.

尤陆花,史应武,高雁,等.新疆低阶煤微生物产甲烷特征比较[J].新疆农业科学,2014,51(1):98-102.

于春雷.保德区块中低阶煤煤层气田的资源特征及开发实践研究[D].北京:中国石油大学(北京),2017.

于洪观,周丽丽,杨翠英,等.中国煤层气采收潜力的研究[J].天然气工业,2006,26(10):95-98.

于姣姣,张越,崔景云,等.低阶煤层气田排采的问题及对策研究——以苏拉特盆地为例[J].煤炭科学技术,2018,46(S1):222-225.

余牛奔,木合塔尔·扎日,傅雪海,等.基于层次分析法的煤层气区块优选评价——以新疆阜康矿区东部区块为例[J].湖北大学学报(自然科学版),2015,37(6):532-539+580.

俞益新,唐玄,吴晓丹,等.澳大利亚苏拉特盆地煤层气地质特征及富集模式[J].煤炭科学技术,2018,46(3):160-167.

员争荣,韩玉芹,李建武,等.中外低煤阶盆地煤层气成藏及资源开发潜力对比分析——以中国吐哈盆地和保德河盆地为例[J].煤田地质与勘探,2003,31(5):27-29.

张奥博,汤达祯,唐淑玲,等.准噶尔盆地南缘沉积控制下含煤层气系统构成研究[J].煤炭科学技术,2019,47(1):260-269.

张培河.影响我国煤层气可采性主要储层参数特征[J].天然气地球科学,2008,18(6):880-884.

张群,降文萍.我国低煤阶煤层气地面开发产气潜力研究[J].煤炭科学技术,2016,44(6):211-215.

张群,杨锡禄.平衡水分条件下煤对甲烷的等温吸附特性研究[J].煤炭学报,1999,24(6):566-570.

张新民,张遂安.中国的煤层甲烷[M].西安:陕西科学技术出版社,1991.

张玉垚,程晓茜,弓小平,等.新疆典型矿区低煤阶煤层气成藏差异对比研究[J].中国矿业,2019,28(6):172-178.

张玉柱,闫江伟,王蔚.基于褶皱中和面的煤层气藏类型[J].安全与环境学报,2015(1):153-157.

赵俊龙,汤达祯,许浩,等.煤基质甲烷扩散系数测试及其影响因素分析[J].煤炭科学技术,

2016,44(10):77-82+145.

赵力,杨曙光.新疆煤层气产业发展现状及存在的问题[J].中国煤层气,2018,15(3):3-6.

赵丽娟,秦勇,林玉成.煤层含气量与埋深关系异常及其地质控制因素[J].煤炭学报,2010, 35(7):1165-1169.

赵丽娟,秦勇.国内深部煤层气研究现状[J].中国煤层气,2010,7(3):38-40.

赵庆波,孔祥文,赵奇.煤层气成藏条件及开采特征[J].石油与天然气地质,2012,33(04):552-560.

赵庆波,田文广.中国煤层气勘探开发成果与认识[J].天然气工业,2008,28(3):16-18.

赵庆波.煤层气地质与勘探技术[M].北京:石油工业出版社,1999.

赵少磊,朱炎铭,曹新款,等.地质构造对煤层气井产能的控制机理与规律[J].煤炭科学技术, 2012,40(9):108-111+116.

郑超,刘宜文,魏凌云,等.准噶尔盆地南缘霍尔果斯背斜构造解析及有利区带预测[J].断块油气田,2015,22(6):692-695.

周三栋,刘大锰,孙邵华,等.准噶尔盆地南缘硫磺沟煤层气富集主控地质因素及有利区优选[J].现代地质,2015,29(1):179-189.

周梓欣,李瑞明,张伟.新疆深部煤层气资源勘探潜力[J].中国煤炭地质,2018,30(7):28-31.

朱庆忠,杨延辉,陈龙伟,等.我国高煤阶煤层气开发中存在的问题及解决对策[J].中国煤层气,2017,14(1):3-6.

朱庆忠,张小东,杨延辉,等.影响沁南-中南煤层气井解吸压力的地质因素及其作用机制[J].中国石油大学学报(自然科学版),2018,42(2):47-55.

朱艺文,王宏图,阳兴洋,等.煤层气在煤中的扩散模式研究[J].中国科技信息,2012(10):52+65.

朱志敏,沈冰,闫剑飞,等.煤层气系统——一种非常规含油气系统[J].煤田地质与勘探, 2006a,34(4):30-33.

朱志敏,杨春,沈冰,等.煤层气及煤层气系统的概念和特征[J].新疆石油地质,2006b,27(6):763-765.

邹才能,杨智,黄士鹏,等.煤系天然气的资源类型、形成分布与发展前景[J].石油勘探与开发,2019,46(3):433-442.

Ayers W B. Coalbed gas systems, resources, and production and a review of contrasting cases from the San Juan and Powder River basins[J]. AAPG Bulletin, 2002, 86(11):1853-1890.

Bachu S, Michael K. Possible controls of hydrogeological and stress regimes on the producibility of coalbed methane in upper cretaceous tertiary strata of the alberta basin, Canada[J]. AAPG Bulletin, 2003, 87(11):1729-1754.

Bates B L, Mcintosh J C, Lohse K A, et al. Influence of groundwater flowpaths, residence times and nutrients on the extent of microbial methanogenesis in coal beds: powder river basin, USA[J]: Chemical Geology, 2011, 284(1-2):45-61.

Bergins C, Hulston J, Strauss K, et al. Mechanical/thermal dewatering of lignite. Part 3: Physical properties and pore structure of MTE product coals[J]. Fuel, 2007, 86(1):3-16.

Bredehoeft J D,Wolff R G,Keys W S,et al. Hydraulic fracturing to determine the regional in situ stress field,Piceance Basin,Colorado[J]. Geological Society of America Bulletin,1976,87(2):250.

Brown E T,Hoek E. Trends in relationships between measured in-situ stresses and depth[J]. International Journal of Rock Mechanics and Mining Sciences & Geomechanics Abstracts,1978,15(4):211-215.

Busch A,Gensterblum Y. CBM and $CO_2$ - ECBM related sorption processes in coal:a review[J]. International Journal of Coal Geology,2011(87):49-71.

Bustin R M,Guo Y. Abrupt changes (jumps) in reflectance values and chemical compositions of artificial charcoals and inertinite in coals[J]. International Journal of Coal Geology,1999,38(3-4):237-260.

Cai Y D,Liu D M,Pan Z J,et al. Pore structure and its impact on $CH_4$ adsorption capacity and flow capability of bituminous and subbituminous coals from Northeast China[J]. Fuel,2013(103):258-268.

Cai Y D,Liu D M,Yao Y B,et al. Geological controls on prediction of coalbed methane of No. 3 coal seam in Southern Qinshui Basin,North China[J]. International Journal of Coal Geology,2011,88(2):101-112.

Chen S D,Tang D Z,Tao S,et al. In-situ stress measurements and stress distribution characteristics of coal reservoirs in major coalfields in China:Implication for coalbed methane (CBM) development[J]. International Journal of Coal Geology,2017(182):66-84.

Chen Y,Tang D Z,Xu H,et al. Structural controls on coalbed methane accumulation and high production models in the eastern margin of Ordos Basin,China[J]. Journal of Natural Gas Science and Engineering,2015(23):524-537.

Chung H M,Gormly J R,Squires R M. Origin of gaseous hydrocarbons in subsurface environments:theoretical considerations of carbon isotope distribution[J]. Chemical Geology,1988(71):97-104.

Clarkson C R,Bustin R M. Variation in micropore capacity and size distribution with composition in bituminous coal of the Western Canadian Sedimentary Basin:Implications for coalbed methane potential[J]. Fuel,1996,75(13):1483-1498.

Clarkson C R,Solano N R,Bustin R M,et al. Pore structure characterization of North American shale gas reservoirs using USANS/SANS,gas adsorption,and mercury intrusion[J]. Fuel,2013(103):606-616.

Colosimo F,Thomas R,Lloyd J R,et al. Biogenic methane in shale gas and coal bed methane:A review of current knowledge and gaps[J]. International Journal of Coal Geology,2016(165):106-120.

Connell L D,Mazumder S,Sander R,et al. Laboratory characterisation of coal matrix shrinkage,cleat compressibility and the geomechanical properties determining reservoir permeability[J]. Fuel,2016(165):499-512.

Crank J. The mathematics of diffusion[M]. 2nd ed. London:Oxford University Press,1979.

Dow W G. Application of oil correlation and source-rock data to exploration in Williston basin[J]. AAPG bulletin,1974,58(7):1253-1262.

Flores R M,Rice C A,Stricker G D,et al. Methanogenic pathways of coal-bed gas in the powder river basin,united states:the geologic factor[J]. International Journal of Coal Geology,2008,76(1):52-75.

Fu H J,Tang D Z,Pan Z J,et al. A study of hydrogeology and its effect on coalbed methane enrichment in the southern Junggar Basin,China[J]. AAPG Bulletin,2019,103(1):189-213.

Fu H J,Tang D Z,Xu H,et al. Geological characteristics and CBM exploration potential evaluation:A case study in the middle of the southernJunggar Basin,NW China[J]. Journal of Natural Gas Science and Engineering,2016(30):557-570.

Fu H J,Tang D Z,Xu T,et al. Preliminary research on CBM enrichment models of low-rank coal and its geological controls:A case study in the middle of the southernJunggar Basin,NW China[J]. Marine and Petroleum Geology,2017(83):97-110.

Geng Y G,Tang D Z,Xu H,et al. Experimental study on permeability stress sensitivity of reconstituted granular coal with different lithotypes[J]. Fuel,2017(202):12-22.

Gentzis T. Stability analysis of a horizontal coalbed methane well in the Rocky Mountain Front Ranges of southeast British Columbia,Canada[J]. International Journal of Coal Geology,2009,77(3-4):328-337.

Ghosh S,Jha P,Vidyarthi A S. Unraveling the microbial interactions in coal organic fermentation for generation of methane-A classical to metagenomic approach[J]. International Journal of Coal Geology,2014(125):36-44.

Gray J A. Perspectives on anxiety and impulsivity:A commentary[J]. Journal of Research in Personality,1987(21):493-509.

Gusyev M A,Toews M,Morgenstern U,et al. Calibration of a transient transport model to tritium data in streams and simulation of ages in the western Lake Taupo catchment,New Zealand[J]. Hydrology and Earth System Sciences,2013,17(3):1217-122.

Gürgey K,Philp R P,Clayton C,et al. Geochemical and isotopic approach to maturity/source/mixing estimations for natural gas and associated condensates in the thrace basin,NW turkey[J]. Applied Geochemistry,2005,20(11):2017-2037.

Hamilton S K,Golding S D,Baublys K A,et al. Stable isotopic and molecular composition of desorbed coal seam gases from the walloon subgroup,eastern surat basin,Australia[J]. International Journal of Coal Geology,2014,122(1):21-36.

Hinrichs K U,Hayes J M,Bach W,et al. Biological formation of ethane and propane in the deep marine subsurface[J]. Proceedings of the National Academy of Sciences of the United States of America,2006,103(40):14684-14689.

Hodot B B. Outburst of Coal and Coalbed Gas [M]. Beijing:China Industry Press,1966.

Hoek E,Brown E T. Empirical strength criterion for rock masses[J]. Journal of the Geotechnical Engineering Division,1980,106(15715):1013-1035.

James A T,Burns B J. Microbial alteration of subsurface natural gas accumulation[J]. AAPG

Bulletin,1984,68(8):957-960.

Jia T R,Zhang Z M,Wei G Y. Mechanism of stepwise tectonic control on gas occurrence:A study in North China[J]. International Journal of Mining Science and Technology,2015, 25(4):601-606.

Jones D M,Head I M,Gray N D,et al. Crude-oil biodegradation via methanogenesis in subsurface petroleum reservoirs[J]. Nature,2008,451(7175):176-180.

Kalam S,Khan R A,Baig M T,et al. A Review of Recent Developments and Challenges in IGIP Estimation of Coal Bed Methane Reservoirs[C]. SPE Saudi Arabia Section Annual Technical Symposium and Exhibition,2015,SPE178022:1-22.

Kalam S,Khan R A,Baig M T,et al. A Review of Recent Developments and Challenges in IGIP Estimation of Coal Bed Methane Reservoirs[J]. In SPE Saudi Arabia Section Annual Technical Symposium and Exhibition. Society of Petroleum Engineers,2015:1-22.

Kang H F,Zhang X,Si L,et al. In-situ stress measurements and stress distribution characteristics in underground coal mines in China[J]. Engineering Geology,2010,116(3-4): 333-345.

Kang H F,Zhang X,Si L. Study on in-situ stress distribution law in deep underground coal mining areas[C]. In:ISRM International Symposium on Rock Mechanics SINOROCK 2009[A]. The University of Hong Kong,China,2009:19-22.

Kang J Q,Fu X H,Gao L,et al. Production profile characteristics of large dip angle coal reservoir and its impact on coalbed methane production:A case study on theFukang west block,southern Junggar Basin,China[J]. Journal of Petroleum Science and Engineering, 2018(171):99-114.

Karacan C Ö,Goodman G V R. Analyses of geological and hydrodynamic controls on methane emissions experienced in a Lower Kittanning coal mine[J]. International Journal of Coal Geology,2012(98):110-127.

Karaiskakis G,Gavril D. Determination of diffusion coefficients by gas chromatography[J]. Journal of Chromatography A,2004,1037(1-2):147-189.

Katz A J,Thompson A H. Prediction of rock electrical conductivity from mercury injection measurements[J]. Journal of Geophysical Research,1987,92(B1):599-607.

Kinnon E C P,Golding S D,Boreham C J,et al. Stable isotope and water quality analysis of coal bed methane production waters and gases from the Bowen Basin,Australia:International Journal of Coal Geology,2010,82(3-4):219-231.

Kinnon E C P,Golding S D,Borehan C J,et al. Isotope and water quality analysis of coal seam methane production waters and gases from the Bowen Basin,Australia[J]. International Journal of Coal Geology,2010(82):219-231.

Kolo G N,Everson R C,Neomagus H W J P,et al. Comparing the porosity and surface areas of coal as measured by gas adsorption,mercury intrusion and SAXS techniques[J]. Fuel,2015(141):293-304.

Kotarba M J,Rice D D. Composition and origin of coalbed gases in the lower silesian basin, southwest Poland[J]. Applied Geochemistry,2001,16(7-8):895-910.

Kropotkin P N. The state of stress in the Earth's crust as based on measurements in mines and on geophysical data[J]. Physics of the Earth & Planetary Interiors,1972,6(4):214-218.

Kuuskraa V A,Wyman R E. Deep Coal Seams:An Overlooked Sourcefor Long-Term Natural Gas Supplies[J]. Society of Petroleum Engineers. doi:10.2118/26196-MS,1993.

Lamarre R A,Burns T D. Drunkard's wash unit:Coalbed methane production from Ferron coals in east-central Utah,USA[J]. Fuel and Energy Abstracts 1998,39(1):23-23.

Lamarre R A. Hydrodynamic and Stratigraphic Controls for a Large Coalbed Methane Accumulation in Ferron Coals of East-Central Utah[J]. International Journal of Coal Geology,2003,56(1):97-110.

Laubach S E,Marrett R A,Olson J E,et al. Characteristics and origins of coal cleat:A review[J]. International Journal of Coal Geology,1998,35(1-4):175-207.

Li X,Fu X,Ge Y,et al. Research on sequence stratigraphy,hydrogeological units and commingled drainage associated with coalbed methane production:a case study in Zhuzang syncline of Guizhou Province,China[J]. Hydrogeology Journal,2016,24(8):1-17.

Li Y,Tang D Z,Fang Y,et al. Distribution of stable carbon isotope in coalbed methane from the east margin of Ordos Basin[J]. Science China Earth Sciences,2014,57(8):1741-1748.

Li Y,Tang D Z,Xu H,et al. Insitu stress distribution and its implication on coalbed methane development inLiulin area,eastern Ordos basin,China[J]. Journal of Petroleum Science and Engineering,2014(122):488-496.

Li Z T,Liu D M,Cai Y D,et al. Investigation of methane diffusion in low-rank coals by a multiparous diffusion model[J]. Journal of Natural Gas Science and Engineering,2016(33):97-107.

Lisle R J. Predicting patterns of strain from three-dimensional fold geometries:neutral surface folds and forced folds[J]. Geological Society,London Special Publications,1999,169(1):213-221.

Magoon L B,Dow W. The petroleum system-from source to trap:American Association of Petroleum Geologists [J]. AAPG Memoir,1994(60):51-72.

Martini A M,Walter L M,McIntosh J C. Identification of microbial and thermogenic gas components from upper devonian black shale cores,illinois and michigan basins[J]. AAPG Bulletin,2008,93(3):327-339.

Mckee C R,Bumb A C,Koenig R A. Stress-dependent permeability and porosity of coal and other geologic formations[J]. SPE Formation Evaluation,1988,3(1):81-91.

Medhurst T P,Brown E T. A study of the mechanical behaviour of coal for pillar design[J]. International Journal of Rock Mechanics and MiningSciences and Geomechanics Abstracts,1998,35(8):1087-1105.

Meng Y J,Tang D Z,Xu H. CBM Potential Productivity Assessment through Fuzzy Mathematics-A Case Study in Liulin Mine Area,Hedong Coalfield[J]. Coal Geology of China,2010,22(6):17-20.

Meng Z P,Zhang J C,Wang R. In-situ stress,pore pressure,and stress-dependent permeability in the southern Qinshui Basin[J]. International Journal of Rock Mechanics and Mining Sciences,2011,48(1):122-131.

Michael S G,Keith C F,Patrick C G. Characterization of a methanogenic consortium ebriched trom a coalbed methane well in the Powder River Basin,U. S. A[J]. International Journal of Coal Geology,2008(76):34-45.

Milkov A V,Etiope G. Revised genetic diagrams for natural gases based on a global dataset of＞20,000 samples[J]. Organic Geochemistry,2018(125):109-120.

Milkov A V,Zou L D. Geochemical evidence of secondary microbial methane from very slight biodegradation of undersaturated oils in a deep hot reservoir[J]. Geology,2007,35(5):455-458.

Milkov A V. Worldwide distribution and significance of secondary microbial methane formed during petroleum biodegradation in conventional reservoir[J]. Organic Geochemistry,2011(42):184-207.

Okolo G N,Everso R C,Neomagus H,et al. Comparing the porosity and surface areas of coal as measured by gas adsorption,mercury intrusion and SAXS techniques[J]. Fuel,2015(141):293-304.

Oremland R S,Whiticar M J,Strohmaier F E,et al. Bacterial ethane formation from reduced,ethylated sulfur compounds in anoxic sediments[J]. Geochimica et Cosmochimica Acta,1988,52(7):1895-1904.

Palmer I,Mansoori J. How permeability depends upon stress and pore pressure in coalbeds:a new model[J]. SPE Reservoir Evaluation Engineering,1998(12):539.

Pan Z J,Connell L D,Camilleri M,et al. Effects of matrix moisture on gas diffusion and flow in coal[J]. Fuel,2010,89(11):3207-3217.

Pashin J C,Mcintyre-Redden M R,Mann S D,et al. Relationships between water and gas chemistry in mature coalbed methane reservoirs of the black warrior basin[J]. International Journal of Coal Geology,2014,126(2):92-105.

Paul S,Chatterjee R. Determination of insitu stress direction from cleat orientation mapping forcoal bed methane exploration in south-eastern part of Jharia coalfield,India[J]. International Journal of Coal Geology,2011,87(2):87-96.

Peng X P. Research and application of CBM production in high coal rank of southeast margin,Ordos basin-taking CBM of South Yanchuan block for example[J]. Reservoir Evaluation and Development,2014,4(2):55-60.

Pitman J K,Pashin J C,Hatch J R,et al. Origin of minerals in joint and cleat systems of the pottsville formation,black warrior basin,alabama:implications for coalbed methane generation and production[J]. AAPG Bulletin,2003,87(5):713-731.

Quillinan S A,Frost C D. Carbon isotope characterization of powder river basin coal bed waters:key to minimizing unnecessary water production and implications for exploration and production of biogenic gas[J]. International Journal of Coal Geology,2014,126(3):

106-119.

Ren P F,Xu H,Tang D Z,et al. The identification of coal texture in different rank coal reservoirs by using geophysical logging data in northwest Guizhou,China:Invetigation by prinivpal component analysis[J]. Fuel,2018(230):258-265.

Rice D D. Composition and origins of coalbed gas[J]. In:Law B E,Rice D D,eds. Hydrocarbons From Coal:AAPG studies in Geology Series 38 Tulsa,Oklahoma. USA:AAPG,1993:159-184.

Rightmire C T,Eddy G E,Kirr J N. Coalbed methane resources of the United States[J]. AAPG Studies in Geology series 17. Tulsa,Oklahoma,1984:1-4.

Robert R T,Jennifer L M. A conventional look at an unconventional reservoir:coalbed methane production potential in deep environments[J]. AAPG Annual Convention and Exhibition,New Orleans,Louisiana,2010,Apill:11-14.

Ruckenstein E,Vaidyanathan A S,Youngquist G R. Sorption by solids with bidisperse pore structures[J]. Chemical Engineering Science,1971,26(9):1305-1318.

Ryan B,Branch N V. Cleat development in some British Columbia coals[J]. Geological fieldwork,2002:2003-2004.

Saaty L Thomas. The Modern Science of Multicriteria Decision Making and Its Practical Applications:The AHP/ANP Approach[J]. Operations Research,2013,61(5):1101-1118.

Scott A R,Kaiser W R,Ayers W B. Thermogenic and secondary bio-genic gases San Juan basin,Colorado and New Mexico-Implications for coalbed gas producibility[J]. AAPG Bulletin,1994,78(8):1186-1209.

Shi J Q,Durucan S. A bidisperse pore diffusion model for methane displacement desorption in coal by $CO_2$ injection[J]. Fuel,2003,82(10):1219-1229.

Siemons N,Bruining J,Krooss B M. Upscaled diffusion in coal particles[J]. Geologica Belgica,2004(7):129-135.

Smith D M,Williams F L. Diffusion models for gas production from coals:Application to methane content determination[J]. Fuel,1984(63):251-255.

Smith J W,Pallasser R J. Microbial origin of australian coalbed methane[J]. AAPG Bulletin,1996,80(6):891-897.

Tang S L,Tang D Z,Li S,et al. Fracture system identification of coal reservoir and the productivity differences of CBM wells with different coal structures:A case in theYanchuannan Block,Ordos Basin[J]. Journal of Petroleum Science and Engineering,2018(161):175-189.

Tang S L,Tang D Z,Tang J C,et al. Controlling factors of coalbed methane well productivity of multiple superposed coalbed methane systems:A case study on theSonghe mine field,Guizhou,China[J]. Energy Exploration & Exploitation,2017,35(6):665-684.

Tassi F,Fiebi J,Vaselli O,et al. Origins of methane discharging from volcanic-hydrothermal,geothermal and cold emissions in Italy[J]. Chemical Geology,2012,310-311(3):36-48.

Toki T, Uehara Y, Kinjo K, et al. Methane production and accumulation in the Nankai accretionary prism: results from IODP Expeditions 315 and 316[J]. Geochemical Journal, 2012,46(2):89 – 106.

Tonnsen R R, Miskimins J L. Simulation of deep coalbed methane permeability and production assuming variable pore volume compressibility[J]. Journal of Canadian Petroleum Technology,2010,50(5):23 – 31.

Walter B, Ayers Jr. Coalbed gas systems, resources, and production and a review of contrasting cases from the San Juan and Powder River basins[J]. AAPG Bulletin, 2002, 86(11):1853 – 1890.

Wang S G, Elsworth D, Liu J S. Permeability evolution in fractured coal: The roles of fracture geometry and water-content[J]. International Journal of Coal Geology, 2011, 87(1):13 – 25.

Wang Y, Pu J, Wang L H, et al. Characterization of typical 3D pore networks of Jiulaodong formation shale using nano-transmission X-ray microscopy[J]. Fuel,2016(170):84 – 91.

Whiticar M J, Faber E, Schoell M. Biogenic methane formation in marine and freshwater environments: $CO_2$ reduction vs. acetate fermentation-isotope evidence[J]. Geochimica et Cosmochimica Acta,1986,50(5):693 – 709.

Whiticar M J. Carbon and hydrogen isotope systematics of bacterial formation and oxidation of methane[J]. Chemical Geology,1999,161(1 – 3):291 – 314.

Yao Y B, Liu D M, Che Y, et al. Non-destructive characterization of coal samples from China using microfocus X-ray computed tomography[J]. International Journal of Coal Geology,2009,80(2):113 – 123.

Yao Y B, Liu D M, Yan T T. Geological and hydrogeological controls on the accumulation of coalbed methane in the Weibei field, southeastern Ordos Basin[J]. International Journal of Coal Geology,2014,121(Complete):148 – 159.

Yuan W N, Pan Z J, Li X, et al. Experimental study and modelling of methane adsorption and diffusion in shale[J]. Fuel,2014(117):509 – 519.

Zang J, Wang K. Gas sorption-induced coal swelling kinetics and its effects on coal permeability evolution: Model development and analysis[J]. Fuel,2017(189):164 – 77.

Zhang T W, Ellis G S, Ruppel S C, et al. Effect of organic-matter type and thermal maturity on methane adsorption in shale-gas systems[J]. Organic Geochemistry, 2012 (7): 120 – 131.

Zhao J L, Tang D Z, Xu H, et al. Characteristic of in situ stress and its control on the coalbed methane reservoir permeability in the eastern margin of the Ordos basin, China[J]. Rock Mechanics & Rock Engineering,2016,49(8):1 – 16.

Zhou S D, Liu D M, Cai Y D, et al. Gas sorption and flow capabilities of lignite, subbituminous and high-volatile bituminous coals in the Southern Junggar Basin, NW China[J]. Journal of Natural Gas Science and Engineering, 2016(34):6 – 21.